Die unsichtbare Sprache der Natur

Ivan G. Ivanov

Die unsichtbare Sprache der Natur

Wie Pflanzen und Tiere chemische Signale nutzen

Übersetzt von Hans-Günther Grigoleit

Ivan G. Ivanov
Institut für Molekularbiologie „Rumen Tsanev"
Bulgarische Akademie der Wissenschaften
Sofia, Bulgaria

Übersetzt von
Hans-Günther Grigoleit
Wiesbaden, Deutschland

ISBN 978-3-662-71130-9   ISBN 978-3-662-71131-6 (eBook)
https://doi.org/10.1007/978-3-662-71131-6

Die Deutsche Nationalbibliothek verzeichnet diese Publikation in der Deutschen Nationalbibliografie; detaillierte bibliografische Daten sind im Internet über https://portal.dnb.de abrufbar.

Übersetzung der bulgarischen Ausgabe: „ХИМИЧЕСКИТЕ ПОСЛАНИЯ НА ЖИВАТА ПРИРОДА" von Hans-Günther Grigoleit, © Prof. Marin Drinov Publishing House of Bulgarian Academy of Sciences 2022. Veröffentlicht durch Prof. Marin Drinov Publishing House of Bulgarian Academy of Sciences. Alle Rechte vorbehalten.

© Der/die Herausgeber bzw. der/die Autor(en), exklusiv lizenziert an Springer-Verlag GmbH, DE, ein Teil von Springer Nature 2025

Das Werk einschließlich aller seiner Teile ist urheberrechtlich geschützt. Jede Verwertung, die nicht ausdrücklich vom Urheberrechtsgesetz zugelassen ist, bedarf der vorherigen Zustimmung des Verlags. Das gilt insbesondere für Vervielfältigungen, Bearbeitungen, Übersetzungen, Mikroverfilmungen und die Einspeicherung und Verarbeitung in elektronischen Systemen.
Die Wiedergabe von allgemein beschreibenden Bezeichnungen, Marken, Unternehmensnamen etc. in diesem Werk bedeutet nicht, dass diese frei durch jede Person benutzt werden dürfen. Die Berechtigung zur Benutzung unterliegt, auch ohne gesonderten Hinweis hierzu, den Regeln des Markenrechts. Die Rechte des/der jeweiligen Zeicheninhaber*in sind zu beachten.
Der Verlag, die Autor*innen und die Herausgeber*innen gehen davon aus, dass die Angaben und Informationen in diesem Werk zum Zeitpunkt der Veröffentlichung vollständig und korrekt sind. Weder der Verlag noch die Autor*innen oder die Herausgeber*innen übernehmen, ausdrücklich oder implizit, Gewähr für den Inhalt des Werkes, etwaige Fehler oder Äußerungen. Der Verlag bleibt im Hinblick auf geografische Zuordnungen und Gebietsbezeichnungen in veröffentlichten Karten und Institutionsadressen neutral.

Einbandabbildung: © Tima / Generated with AI / Stock.adobe.com

Planung/Lektorat: Sarah Koch
Springer ist ein Imprint der eingetragenen Gesellschaft Springer-Verlag GmbH, DE und ist ein Teil von Springer Nature.
Die Anschrift der Gesellschaft ist: Heidelberger Platz 3, 14197 Berlin, Germany

Wenn Sie dieses Produkt entsorgen, geben Sie das Papier bitte zum Recycling.

Inhaltsverzeichnis

Einführung	1
Chemische Kommunikation in der Natur	5
Die chemischen Botschaften der Insekten: die Moleküle der Liebe	13
Wie nehmen die Insekten Liebesbotschaften wahr?	27
Seit wann gibt es Pheromone?	31
Warum untersuchen wir Sexualpheromone?	37
Vorteil von Pheromonen gegenüber Insektiziden	41
Chemie der Modellgesellschaft	43
Die chemischen Signale des Benthos	59
„Ärger!" in der Sprache der Fische	67
Wie nehmen Fische Alarmsignale wahr?	71

Der lebende Gasanalysator	77
Wie nehmen Menschen und Säugetiere Gerüche wahr?	79
Wie interagiert der Geruchsstoff mit dem Geruchsrezeptor?	83
Moleküle und Gerüche	89
Warum herrscht in der Geruchskunde Chaos?	95
Die unsichtbaren Botschaften der Säugetiere	99
Moschusdrüsen	103
Chemische Natur des Moschus	105
Duftende Visitenkarten	113
Die biologische Bedeutung von duftenden Visitenkarten	117
Moschus und Demografie	119
Noch etwas über Moschus	123
In der eigenen Haut mit einem fremden Geruch	125
Die Sprache unserer Vorfahren	127
Ein Dialog zwischen zwei Königreichen: „Ja" und „Nein" in der Sprache der Chemie	133
Phytoalexine	139
Räuberische Pilze und Nematoden	145
Fleischfressende Pflanzen	149

Das Geheimnis der Galläpfel	153
Chemische Waffen der Tiere	157
Die tödliche Waffe der Schlangen	163
Welche Schlangen sind giftig?	165
Wie stark ist Schlangengift und wie gefährlich ist es für den Menschen?	169
Was ist in Schlangengift enthalten?	173
Das Gift der lebenden Fossilien – Skorpione	181
Die chemische Waffe der Spinnen	185
Mit einem Hauch von Mandeln	189
Die chemische Waffe der Hautflügler	193
Was enthalten die Gifte der Hautflügler?	197
Großer Bombardierkäfer	201
Verfügen Säugetiere über chemische Waffen?	205
Was Tiergifte für die Menschheit leisten können	209
Schlussfolgerungen	223
Glossar	227
Weiterführende Literatur	231

Einführung

Jede lebende Zelle, jeder lebende Organismus ist ein komplexes chemisches Labor, vor dessen Vollkommenheit sich schon mehr als ein Chemiker verneigt hat. In jeder Minute finden in der Zelle Tausende von chemischen Reaktionen statt, bei denen komplexe Synthesen wichtiger Stoffe auf Kosten des Abbaus anderer, einfacherer Verbindungen ablaufen. Ein lebender Organismus ist untrennbar mit seiner Umwelt verbunden. Er tauscht ständig chemische Substanzen mit ihr aus. Mineralsalze und Nahrungsstoffen werden aufgenommen, Produkte seiner Lebenstätigkeit scheidet er aus. Da unsere Umwelt aus unbelebter Materie und lebenden Organismen besteht, ist jeder Bewohner unseres Planeten direkt oder indirekt sowohl mit der unbelebten als auch mit der belebten Natur verbunden. Diese komplexen Beziehungen wurden erstmals von dem großen französischen Chemiker Antoine Lavoisier (1743–1794; Entdecker des Sauerstoffs und Siliziums) erkannt. In seinem historischen Werk „Die Zirkulation der Elemente auf der Erdoberfläche" schreibt er: „Die Pflanzen beziehen die für ihr Leben notwendigen Stoffe aus der sie umgebenden Luft, dem Wasser und der gesamten unbelebten Natur. Die Tiere ernähren sich entweder von Pflanzen oder von Tieren, die sich von Pflanzen ernähren, sodass die Stoffe, aus denen ihr Organismus besteht, letztlich aus der Luft und aus dem Mineralreich stammen. Schließlich werden durch Gärung, Fäulnis und Verbrennung all diese Stoffe, die den Pflanzen und Tieren entnommen wurden, ständig wieder in die Luft und das Mineralreich zurückgeführt."

Lebende Organismen sind in komplexen Nahrungsketten miteinander verbunden und die Störung eines einzelnen Glieds führt zu einem Ungleichgewicht in der gesamten Kette. Aber die Verbindung zwischen ihnen ist bei weitem nicht nur auf die Ernährung ausgerichtet. Sie sind in einem viel umfassenderen Sinne aufeinander angewiesen. Mikroorganismen werden zum Beispiel als Sanitäter der Natur bei der Zersetzung der Kadaver toter Tiere und Pflanzen benötigt. Dadurch wird Lebensraum für neue Generationen frei. Darüber hinaus leben viele Mikroorganismen in Symbiose mit Tieren und Pflanzen und versorgen sie mit wichtigen biologisch aktiven Substanzen, die sie selbst nicht herstellen können. Einige niedere Organismen wie Pilze, Flechten, Moose usw. sind Bodenbildner. Ihr Erscheinen geht in der Regel dem höherer Pflanzen voraus. Insekten werden von Pflanzen zur Bestäubung und von diesen zur Ernährung benötigt. Die eingeschlechtlichen Individuen sind gegenseitig unentbehrlich für den Fortbestand der Arten usw. Für jeden Menschen lassen sich die anderen Erdbewohner grob in nützliche und schädliche einteilen. Je nachdem unterscheidet sich auch seine Einstellung zu ihnen.

Im Laufe der Evolution haben die Lebewesen eine Vielzahl von Mitteln und Wegen entwickelt und etabliert, um sowohl mit ihren Artgenossen zu kommunizieren als auch sich gegen Feinde zu verteidigen. Eines der am weitesten verbreitete und häufigste Kommunikationsmittel aller Lebewesen ist die Chemie. Schon die ältesten Bewohner der Erde produzierten Stoffe, die nicht direkt für das Funktionieren ihres eigenen Organismus notwendig waren, sondern für ihre Interaktion mit anderen Organismen im gleichen Lebensraum. Für die einen sind sie Lockstoffe (mit anziehender Wirkung), für die anderen Abwehrstoffe (mit abstoßender Wirkung) und für wieder andere Gifte. Mit dem Aufkommen höherer Organismen, insbesondere der Tiere, haben sich spezialisierte Organe für die Produktion und Aufnahme solcher Stoffe entwickelt.

Auf der Grundlage von Lockstoffen und Abwehrstoffen hat sich eine hochsensible und effiziente Form der Kommunikation entwickelt, durch die Individuen derselben Art lebenswichtige Informationen austauschen können. Die freigesetzten chemischen Substanzen sind sowohl für den produzierenden als auch für den empfangenden Organismus von Vorteil. Es gibt aber auch Stoffe, die die Lebensprozesse der empfangenden Organismen empfindlich stören oder ganz hemmen und zu deren Untergang führen können. Solche Stoffe nützen nur dem Erzeuger und schaden dem betroffenen Individuum. So entstand die chemische Waffe der Verteidigung und des Angriffs, die bei einigen Arten eine unglaubliche Perfektion erreicht hat.

Die Tatsache, dass chemische Kommunikation sowohl bei niederen als auch bei höheren Organismen zu beobachten ist, zeigt, dass sich der chemische Kommunikationsmodus im Laufe der Zeit bewährt und zur Erhaltung vieler biologischer Arten beigetragen hat. Herodot schrieb: „Auf lange Sicht tritt nur das Wahrscheinlichste ein" und der chemische Ökologe Michel Barbie sagt: „Auf lange Sicht bleibt nur das Stabilste und Notwendigste". Im Sinne des Letzteren können wir sagen, dass die chemischen Kommunikationsmittel der lebenden Natur, einschließlich der Mittel zur Verteidigung und zum Angriff, für die Organismen, die sie produzieren, lebenswichtig sind. Für die meisten von ihnen sind sie kein Luxus, sondern erforderlich zum Überleben. Für alle Erdbewohner, mit Ausnahme des Menschen, stellt sich nicht die Frage, wie sie besser leben können, sondern wie sie überhaupt leben können. Tausende von Pflanzen- und Tierarten verdanken ihre Existenz der Perfektion ihrer chemischen Laboratorien.

Während giftige Pflanzen und Tiere dem Menschen schon seit der Antike bekannt sind, wurde die Möglichkeit des Informationsaustauschs über chemische Verbindungen erst im letzten Jahrhundert entdeckt. Damals entdeckte man die Pheromone – eine äußerst wichtige Klasse biologisch aktiver Verbindungen. Artgenossen teilen sich damit wichtige Informationen über sich selbst, Nahrungsquellen, drohende Gefahren, die Aufrechterhaltung von Ordnung und Harmonie in ihren Gemeinschaften, die Kontrolle der Bevölkerungsdichte usw. mit. Aufgrund ihrer geringen Konzentration in der belebten Umwelt war die Untersuchung ihrer chemischen Natur und der Mechanismen ihrer Wirkung keine leichte Aufgabe. Erst mit dem Aufkommen hochempfindlicher instrumenteller Methoden für strukturchemische und physiologische Untersuchungen konnten diesbezügliche Erfolge verzeichnet werden.

Ziel dieses Buches ist es, den Leser in die Grundlagen der chemischen Kommunikation zwischen lebenden Organismen, Pflanzen und Tieren, einzuführen. Die Bedeutung chemischer Signale für das Leben niederer Organismen wird nur kursorisch behandelt, vor allem um den universellen Charakter der chemischen Sprache in der lebenden Natur zu betonen.

Der größte Teil des Buches ist den chemischen Stoffen gewidmet, die dem Informationsaustausch zwischen Organismen dienen. Weniger Raum wird den chemischen Verteidigungs- und Angriffsmitteln, d. h. den chemischen Waffen biogenen Ursprungs gewidmet. Wir haben uns dabei von der Tatsache leiten lassen, dass über biologische Gifte bereits viel geschrieben wurde, während die Informationen über Pheromone und Moschus eher spärlich sind. Von den giftigen Tieren haben wir diejenigen ausgewählt, deren chemische Waffen relativ gut erforscht und für den Menschen von Interesse sind.

Chemische Kommunikation in der Natur

Die chemische Kommunikation ist die älteste Form der Interaktion zwischen Organismen. Sie entstand zu Beginn des Lebens auf der Erde und wurde durch natürliche Selektion perfektioniert.
Prof. Y. D. Kirshenblat

Warum ist die chemische Art der Kommunikation zwischen Organismen so alt? Um diese Frage zu beantworten, braucht man ein wenig Fantasie und eine Menge wissenschaftlicher Fakten. Stellen wir uns unseren Planeten vor 3–4 Mrd. Jahren vor. Damals wurde er von mächtigen Vulkanen, Meteoriteneinschlägen und starken tektonischen Aktivitäten erschüttert. Aus riesigen Rissen und Kratern auf seiner Oberfläche traten Gase aus und wurden Teil seiner Atmosphäre. Da es keine Ozonschicht gab, wurden die kargen Felsen viel stärker von der Sonne bestrahlt als heute. Jedes Lebewesen, das damals zufällig auf die Erde geriet, wäre durch die starke Strahlung und die giftige Primäratmosphäre sofort getötet worden. Auf der Erde mussten radikale Veränderungen stattfinden, bevor Leben entstand. Und das Vorhandensein großer Wassermassen war erforderlich. Wasser sammelte sich in den Niederungen und bildete Seen, die wiederum in Meere und Ozeane übergingen. Wie viele Jahre es dauerte, bis sich die Weltmeere füllten, ist nicht bekannt. Wahrscheinlich aber war der Wasserstand vor 2–3 Mrd. Jahren ungefähr so hoch wie heute. Mit der Bildung großer Wassermassen begann der Kreislauf des Wassers auf der Erde. Es verdunstete, sättigte die Atmosphäre mit Wasserdampf und kehrte nach der Kondensation in die Ozeane zurück. Das Vorhandensein von Wasserdampf in der Atmosphäre ist ein wichtiger Faktor für die Entstehung des Lebens, da er zusammen mit dem Ozon der Ozonschicht die tödlichen ultravioletten Strahlen absorbiert.

Die erste Atmosphäre der Erde enthielt Kohlendioxid, Wasserdampf, Stickstoff, Ammoniak und andere Gase. In ihrem Zusammenspiel entstanden auch die ersten einfachen organischen Verbindungen. Der Regen trug sie in den Ozean, wo sie in komplexere Moleküle umgewandelt wurden – Prototypen der heute bekannten Kohlenhydrate, Proteine und Nukleinsäuren. Im Laufe der Jahrmillionen hat sich ihre Konzentration erhöht, was zur Bildung der „Primär- oder Ursuppe" geführt hat – dem Milieu, in dem das Leben entstanden sein soll. Wie dies genau geschah, ist nicht ganz klar und wird wahrscheinlich nie vollständig geklärt werden können. Nach den Theorien der Spontanentstehung waren die ersten lebenden Organismen das Produkt einer zunehmend komplexeren Gestaltung der organischen Materie unseres Planeten. Die Hypothese der Panspermie wiederum besagt, dass sich einfache Lebensformen über große Distanzen durch das Universum bewegten und so die Anfänge des Lebens auf die Erde brachten. In diesem Fall war die Ursuppe einfach eine üppige Mahlzeit für die Besucher des Planeten Erde (Abb. 1).

Wir wissen auch nicht genau, wie die ersten Erdbewohner aussahen. Möglicherweise sahen sie nicht wie die Lebewesen aus, die wir heute kennen. Sehr wahrscheinlich ähnelten sie Bakterien. Unabhängig von ihren biologischen Merkmalen können wir mit großer Sicherheit sagen, dass sie einzellige heterotrophe Organismen waren, d. h. sie lebten auf Kosten der fertigen, abiogen synthetisierten organischen Substanzen. Letztere wurden in einfachere Verbindungen aufgespalten und die aus ihnen freigesetzte Energie wurde zur Deckung des Lebensenergiebedarfs verwendet. Die Nahrung war jedoch ungleichmäßig über die Erdoberfläche verteilt und die ersten Erdenbewohner, so primitiv sie auch waren, mussten ausreichende Nahrungsquellen suchen und finden und fressbare von giftigen chemischen Verbindungen unterscheiden.

Daher müssen die ersten Zellen bereits zu Beginn des Lebens die Bedeutung der chemischen Botschaften aus der Umwelt „verstanden" haben. Ihre Wahrnehmung ist nichts anderes als Chemorezeption, und die Reaktion – Chemotaxis. Je nachdem, ob die chemische Quelle das Lebewesen anzieht oder abstößt, kann die Chemotaxis positiv oder negativ sein. Nur Zellen, die in der Lage waren, chemische Signale richtig zu deuten, konnten überleben und sich weiterentwickeln.

Als die Zahl der lebenden Organismen zunahm, wurde die Ursuppe allmählich erschöpft. Um nicht zu sterben, sahen sich die Erdbewohner mit dem Dilemma konfrontiert, entweder Kohlendioxid und Stickstoff aus der

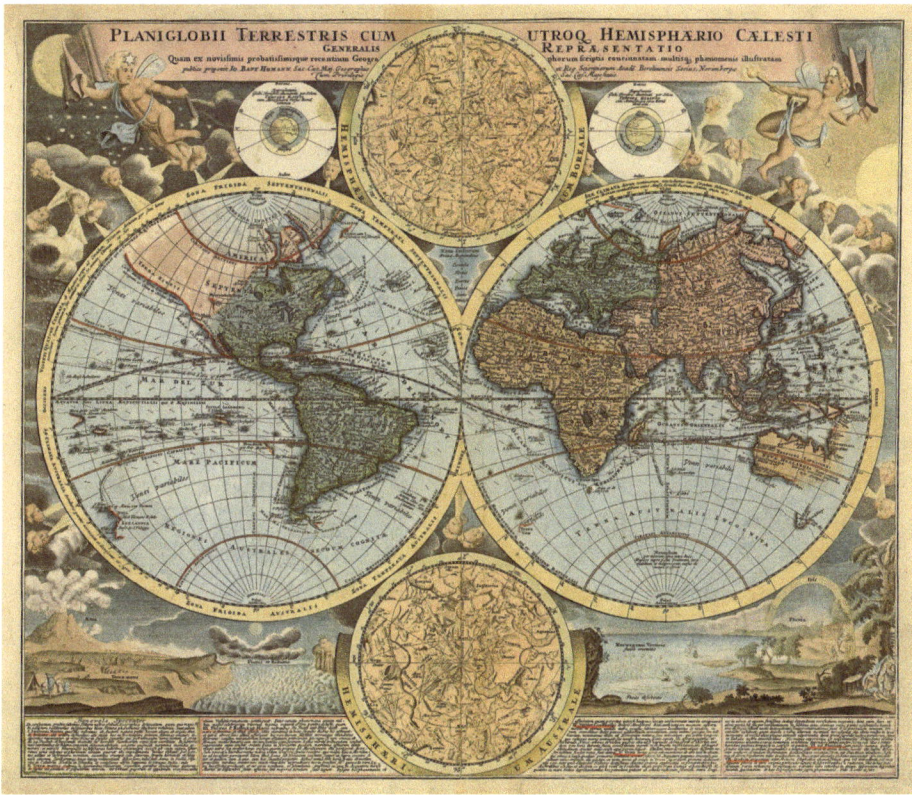

Abb. 1 Der Planet Erde nach Ansicht der alten Geografen und Philosophen. (© katatonia82/Getty Images/iStock)

Umwelt aufnehmen zu müssen oder sich von ihren Konkurrenten und Artgenossen zu ernähren. Es überrascht nicht, dass beide Ansätze ihre „Anhänger" hatten. Die erste Methode führte zu autotrophen fotosynthetisierenden Organismen wie Cyanobakterien und Grünpflanzen, die zweite zu heterotrophen Organismen. Letztere erfanden wahrscheinlich die ersten chemischen Waffen, die Antibiotika (griechisch ἀντί- anti- „gegen" und βίος- bios „Leben"), mit denen sie ihre Konkurrenten vernichteten. Dies wiederum veranlasste die friedlichen autotrophen Organismen, nach einem Mittel zum Schutz vor ihren Feinden zu „suchen". Um mehr Macht zu erlangen, wandten sie sich ebenfalls der Chemie zu und begannen, Phytonzide zu produzieren. Auch die später aufgekommenen Tiere profitierten von den Diensten der Chemie. Als ihre Populationen wuchsen, entwickelten sie ausgeklügelte chemische Schutzmittel, die sie in einigen Fällen nicht nur zum Schutz, sondern auch zum Angriff einsetzten.

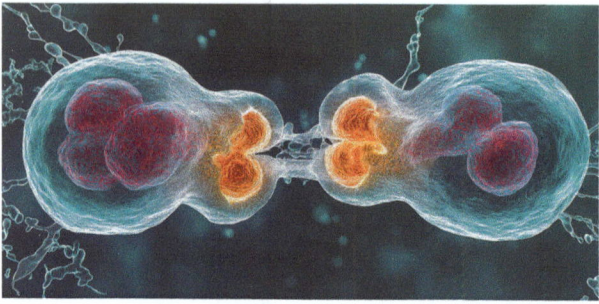

Abb. 2 Konjugation bei Bakterien. (© Andres Mejia/Generated with AI/Stock.adobe.com)

Mit dem Auftreten der ersten Einzeller begann der komplexe Prozess der Speziation. Das Entstehen verschiedener biologischer Arten führte zu der Notwendigkeit, Individuen der gleichen Art zu erkennen. Heute wissen wir, dass die periodische Auffrischung des genetischen Materials durch die sogenannte Konjugation für eine stabile Arterhaltung bei Bakterien notwendig ist (Abb. 2). Dies geschieht durch den Kontakt zweier artgleicher Zellen, welcher zur Bildung einer interzellulären Brücke führt. Durch diese wird genetisches Material von einer Zelle auf die andere übertragen. Dieser Prozess ähnelt dem sexuellen Prozess bei höheren Organismen.

Damit eine Konjugation stattfinden kann, müssen sich die beiden Zellen in dem riesigen Raum, der ihnen zur Verfügung steht, gegenseitig entdecken und erkennen. Da sie über keine anderen Sinne verfügen, besteht die einzige Möglichkeit, sich gegenseitig zu erkennen, im Austausch chemischer Signale. Zu diesem Zweck begannen Bakterien und später auch höhere Organismen, artspezifische Substanzen abzusondern, die nur von Individuen der gleichen Art erkannt werden. Indem sie sich in Richtung der steigenden Konzentration (Gradient) der abgesonderten Substanz bewegten, konnten sie die Quelle des chemischen Signals unmissverständlich erkennen. Dieses Phänomen wird als positive Chemotaxis bezeichnet.

Im Laufe der Evolution sind langsam auch mehrzellige Organismen entstanden. Ihre Vorläufer waren Kolonien von Einzellern, wie sie auch heute noch zu finden sind. Um eine Kolonie von Artgenossen zu erhalten, wurde begonnen, zwei Arten von Botenstoffen zu produzieren: einen für die Kommunikation zwischen den Zellen innerhalb der Kolonie, den anderen für die Kommunikation zwischen den einzelnen Kolonien. Erstere können als Prototyp der Hormone, letztere als der der Pheromone angesehen werden.

Obwohl sich in der Folgezeit bei höheren Organismen hoch entwickelte sensorische Kommunikationssysteme wie visuelle und auditive Systeme („Augen" und „Ohren") herausgebildet haben, hat die chemische Kommunikation

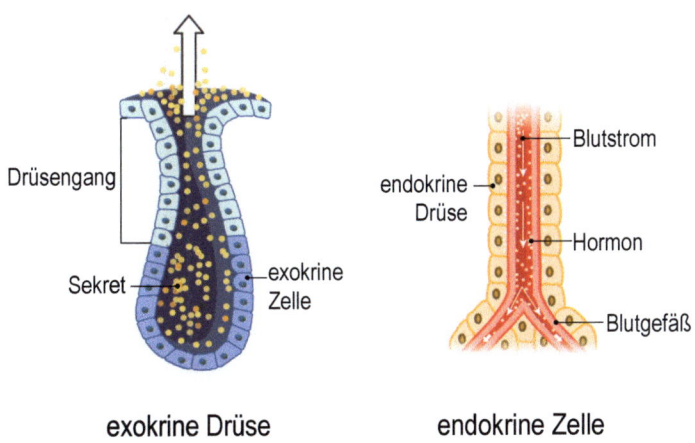

Abb. 3 Schema einer exokrinen Drüse. (© ttsz/Getty Images/iStock)

nicht nur nicht an Bedeutung verloren, sondern wurde in vielen Fällen sogar noch weiterentwickelt. Im Laufe der Evolution haben sich spezialisierte Sekretionsorgane, sogenannte endokrine Drüsen (Sekretion in den Organismus), entwickelt sowie solche mit Sekretion in die Umwelt (exokrine Drüsen – Abb. 3). Dazu kamen Organe zur Wahrnehmung chemischer Signale – Geruchsorgane. Der Informationsgehalt chemischer Signale wurde so weit verfeinert, dass heute lebende Tiere nicht nur ihre Artgenossen, sondern auch ihre Feinde am Geruch erkennen können.

Die chemische Signalgebung ist die Grundlage für Organisation und Aufrechterhaltung der Ordnung in einigen der geordnetsten Gemeinschaften auf unserem Planeten – den Kolonien der sozialen Insekten (Bienen, Ameisen, Termiten usw.).

Die Evolution hat einige Tiere in eine enge Abhängigkeit von Pflanzen gebracht und umgekehrt. Aus der Sicht der Pflanze sind die Tiere, die sie als Nahrung nutzen, entweder schädlich (wenn sie sie zerstören) oder nützlich (wenn sie ihr helfen, sich zu verändern/zu vermehren). Daraus ergibt sich ihre unterschiedliche Haltung gegenüber den beiden Gruppen von Tieren. Sie stößt die schädlichen ab und zieht die nützlichen an. Chemische Signale liegen auch den komplexen Beziehungen zwischen Pflanzen und Tieren zugrunde. Die Pflanze ist in der Lage, Stoffe zu produzieren, die für die einen anziehend, für die anderen abstoßend oder giftig sind. Mit anderen Worten: Die universelle Sprache der Chemie ist selbst für die Vertreter der verschiedenen Reiche der belebten Natur verständlich.

Lebende Zellen scheiden also Chemikalien zu unterschiedlichen Zwecken aus. Im Allgemeinen können wir sagen, dass die endokrinen Drüsen Signalstoffe (Hormone) produzieren, die für die Kommunikation mit den Zellen eines Organismus bestimmt sind, während die exokrinen Drüsen für die Kommunikation mit Zellen eines anderen Organismus zuständig sind. Letztere leisten einen wichtigen Beitrag zur Erhaltung der Population und der Art. Aus wissenschaftlicher Sicht sind die beiden Drüsentypen nicht mit der gleichen Sorgfalt und Tiefe untersucht worden. Während über die endokrinen Drüsen und ihre Produkte viel bekannt ist und die Bibliotheken von Original- und Übersichtsliteratur wimmeln, ist unser Wissen über die exokrinen Drüsen und ihre Produkte wesentlich bescheidener.

Die von den exokrinen Drüsen produzierten Stoffe werden als Semiochemikalien bezeichnet, ein Begriff, der sich vom griechischen Wort σημεῖον (semeion) ableitet und Signal bedeutet. Mit anderen Worten: Semiochemikalien sind Signalstoffe, die dem Austausch lebenswichtiger Informationen zwischen Organismen dienen. Je nachdem, ob sie von der gleichen oder einer anderen Art stammen, sind Semiochemikalien intraspezifisch oder interspezifisch. Pheromone gehören zu den ersteren, Allomone, Kairomone und Synomone zu den letzteren. Der Unterschied zwischen Allomonen und Kairomonen besteht darin, dass erstere für den Erzeugerorganismus und letztere für den Empfängerorganismus von Vorteil sind. Zu den Allomonen gehören die verschiedenen Stoffe zur Abwehr von Feinden, Antibiotika, Gifte, Gegenmittel, Köder usw., während zu den Kairomonen Stoffe gehören, die Organismen zu Nahrungsquellen locken, Gefahrensignale, Wachstumsfaktoren oder Stimulanzien usw. sind. Synomone wiederum sind sowohl für den Produzenten als auch für den Empfänger von Nutzen. Dazu gehören die von einigen Orchideenarten abgesonderten Stoffe, die die weiblichen Sexualpheromone bestimmter Fluginsekten nachahmen und deren Männchen dazu anregen, die produzierenden Pflanzen anzufliegen und zu bestäuben.

Vertreter der intraspezifischen Semiochemikalien sind die Pheromone. Der Begriff wurde erstmals von P. Carlsson und M. Lüscher 1959 eingeführt und leitet sich von den griechischen Wörtern φερο (fero, tragen) und ορμόνη (Hormon) ab. Je nach ihrem Zweck werden bei den Pheromonen Sexual-, Sozial-, Alarm- und Spurenpheromone unterschieden. M. Florkin war einer der Begründer der Biosemiotik (Leben als biologischer Zeichen- und Kommunikationsprozess) und bezog alle Stoffe, bei denen eine der vorher genannten Funktionen gegeben ist, mit ein. Kirshenblat nannte alle biologisch aktiven Substanzen, die von lebenden Organismen an die äußere Umgebung abgegeben werden, Telergone. Er schlägt vor, intraspezifische Stoffe als Homotelergone und solche mit interspezifischer Wirkung als Heterotelergone zu bezeichnen.

In Anbetracht der umfassenden und komplexen Natur chemischer Interaktionen in der Natur, stellt sich natürlich die Frage, welche Wissenschaft die chemische Signalübertragung in der Biosphäre untersuchen sollte. Die Erforschung der materiellen Natur chemischer Signale, d. h. der molekularen Struktur der ausgeschiedenen biologisch aktiven Substanzen, ist natürlich Aufgabe der Chemie und insbesondere der Chemie der Naturstoffe. Die Biosynthese wird von der Biochemie im Teilbereich des Sekundärstoffwechsels untersucht. Die Wirkungsmechanismen der Semiochemikalien werden wiederum von Teams aus Biochemikern, Biophysikern, Physiologen usw. studiert. Da ihre Wirkung mit bestimmten Verhaltensreaktionen verbunden ist, fällt die Untersuchung ihres Einflusses auf das Verhalten von Tieren in die Zuständigkeit der Ethologie (Verhaltensforschung). Und weil die Wirkung von Signalmolekülen über einzelne Arten hinausgeht, werden ihre Auswirkungen auf Tiergemeinschaften von der Ökologie untersucht.

In den letzten Jahren hat sich die Auffassung durchgesetzt, dass die komplexe Untersuchung von Stoffen, die von lebenden Organismen produziert und in die äußere Umwelt abgegeben werden, Gegenstand einer eigenen wissenschaftlichen Disziplin, einem Zweig der Ökologie, sein sollte. Vor Jahren wurde diese Wissenschaft als „chemische Ökologie" bezeichnet. Dieser unpräzise Name wurde mit der Begründung vorgeschlagen, dass die in Rede stehenden chemischen Stoffe in die äußere Umwelt freigesetzt werden und die Ökologie die Wissenschaft ist, die die Beziehungen zwischen Organismus und Umwelt untersucht. Auch wenn der Begriff chemische Ökologie immer noch gebräuchlich ist, so ist er doch nicht der geeignetste. In Analogie dazu müsste man den Teil der Physik, der sich mit biogenen Schall- und Lichtsignalen befasst, als „physikalische Ökologie" bezeichnen, was nur zum Teil korrekt ist. Vielleicht wird sich der Name ergeben, wenn sich der Gegenstand des neuen Wissenschaftsgebiets etabliert hat. Der französische Wissenschaftler Michel Barbier ist der Ansicht, dass der Begriff „biozönotische Ökologie" angemessener ist, da er sowohl intraspezifische als auch interspezifische Zusammenhänge zwischen Organismen aufzeigt.

Die chemische Ökologie hofft, viele bisher unbekannte Ursache-Wirkungs-Beziehungen in der belebten Natur sowie zwischen belebter und unbelebter Natur aufdecken zu können. Die Entschlüsselung der Bedeutung chemischer Signale wird es dem Menschen ermöglichen, mit wesentlich subtileren und umweltfreundlicheren Mitteln wirksamer und umweltschonender in das Leben der Ökosysteme einzugreifen. Im Gegensatz zu den bisher eingesetzten Mitteln werden sie keine kollateralen zerstörerischen Auswirkungen haben.

Die chemischen Botschaften der Insekten: die Moleküle der Liebe

Unzählige Kurzgeschichten und Romane sind der Liebe gewidmet. Die Gefühle der Liebe bewegen die Hand des Künstlers, der das Bild der geliebten Frau erschafft, des Dichters, der seine Muse verewigt und des Komponisten, der seine Gefühle in Noten gießt. Jeder findet seinem Talent entsprechend einen geeigneten Weg, um seine Gefühle auszudrücken. Aber die Liebe ist nicht nur ein Attribut des *Homo sapiens,* des Menschen. Sie ist auch den Vertretern des Tierreichs eigen, obwohl sie nicht schreiben, sprechen oder komponieren können. Über ihre Liebesspiele ist viel geschrieben worden. Der wissbegierige Leser kann in der umfangreichen populärwissenschaftlichen Literatur fast alles finden, was ihn interessiert. Im Folgenden wollen wir uns mit einer besonderen und weniger bekannten Form der Liebeskommunikation befassen – dem Werben durch chemische Signale.

Sentimentale Naturen werden beim Lesen dieser Zeilen sagen: Was hat Chemie mit Liebe zu tun? Sie sollten nicht vorschnell urteilen. Versetzen wir uns für einen Moment in die Lage der Milliarden von Bewohnern unseres Planeten, die im Gegensatz zu uns keine Vernunft besitzen und die Welt auf eine ganz andere Weise wahrnehmen. Wir sollten nicht vergessen, dass unsere Wahrnehmung der Realität mehr oder weniger subjektiv ist. Wenn zum Beispiel für einen sehenden Menschen mit normalem Sehvermögen die Natur bunt ist, so ist sie für Farbenblinde schwarz-weiß; für den Hörenden ist die Welt laut, aber für den Gehörlosen ist sie still. Unsere Wahrnehmung der Welt basiert auf den Informationen, die über die fünf grundlegenden Sinne – Sehen, Hören, Riechen, Schmecken und Tasten – in unser Gehirn gelangen. Für den Menschen sind diese Sinne nicht gleich wichtig und stehen in einem ausgewogenen Verhältnis zueinander. Ca. 80 % der externen Informationen werden über das Sehen und Hören, d. h. über die Augen und Ohren, aufgenommen. Bei Tieren hingegen haben die verschiedenen Sinne je nach Lebensweise eine unterschiedliche Bedeutung für die Informationsaufnahme. Ein Hund zum Beispiel nimmt 80 % der ihn umgebenden Welt über den Geruchssinn wahr. G. Dekar, Autor von Arbeiten über tierische Sinnessysteme schreibt: „Würde ein Hund ein Buch über die Sinnesorgane schreiben, wäre das längste Kapitel zweifellos dem Geruchssinn gewidmet." Nicht weniger und sogar noch wichtiger ist die Bedeutung des Geruchssinns für andere Tiere wie Insekten, Fische, Kaninchen usw. Mit anderen Worten: Während für uns und die Primaten die Welt zu 80 % aus Schall und Licht besteht, besteht sie für viele Lebewesen zu 80 % aus chemischen Signalen. Und dann stellt sich logischerweise die Frage: Warum sollte der Liebestanz von Tieren mit entwickeltem Sehvermögen oder das Liebeslied von Tieren mit entwickeltem Gehör nicht durch chemische Liebesbotschaften bei Tieren mit entwickeltem Geruchssinn ersetzt werden?

Der erste Beweis für die Existenz von Liebesmolekülen findet sich in den Arbeiten des berühmten französischen Entomologen Jean-Henri Fabre (Abb. 1). Im Jahr 1904 legte er ein frisch geschlüpftes Schmetterlingsweibchen der Art *Saturnia pyri* (Großes Nachtpfauenauge, Abb. 2) in einen Karton und deckte es mit einer Mulldecke ab. Noch am selben Abend stellte der Wissenschaftler fest, dass das junge Weibchen von etwa 40 Balzenden der gleichen Art umgeben war. Dieser Versuch wurde an den folgenden Tagen mit identischem Ergebnis wiederholt. Die Männchen fanden das Weibchen selbst dann, wenn Geruchsstoffe wie Naphthalin, ätherische Öle usw. um sie herum versprüht wurden. Die Anziehungskraft des Weibchens war so groß, dass die Freier durch die Fenster des Büros des Professors eindrangen oder durch den Schornstein, wenn die Fenster geschlossen waren.

Schon damals nahm Fabre an, dass der weibliche Schmetterling chemische Signale aussendet, die die Männchen über den Geruchssinn wahrnehmen. Für seine Hypothese sprach die Tatsache, dass der leere Kasten auch nach der Entfernung des Weibchens weiterhin Männchen anlockte. Die Anziehungskraft war umso größer, je unebener und poröser die Oberfläche des Behälters war. Pappe, Ton und Sand hatten die größte Wirkung, während Marmor- und Metalloberflächen schwächer wirkten.

Ähnliche Versuche wurden mit der Seidenraupe *Bombyx mori* (Abb. 3b) von Adolf Butenandt (Abb. 3a), deutscher Chemiker und Nobelpreisträger für Chemie des Jahres 1939, durchgeführt. Er sperrte weibliche Seidenraupen in speziell präparierte Käfige und ließ markierte Männchen zu ihnen fliegen.

Abb. 1 Jean Fabre (1823–1915). (© opale.photo/Darchivio/picture alliance)

Abb. 2 *Saturnia pyri*. (© Alexey Protasov/Getty Images/iStock)

Es wurden Fälle registriert, in denen die Männchen die Weibchen aus einer Entfernung von 11 km fanden.

Butenandt versuchte, den Liebesduft von *Bombyx mori* zu isolieren, indem er die Hinterleiber von 7000 Schmetterlingen mit Benzol extrahierte. Auf diese Weise erhielt er 1,5 g eines wachsartigen Stoffes, der eine starke Anziehungskraft auf die Männchen ausübte. Ein mit diesem Extrakt getränktes Filterpapier erregte die Falter so stark, dass sie versuchten, mit dem Papier

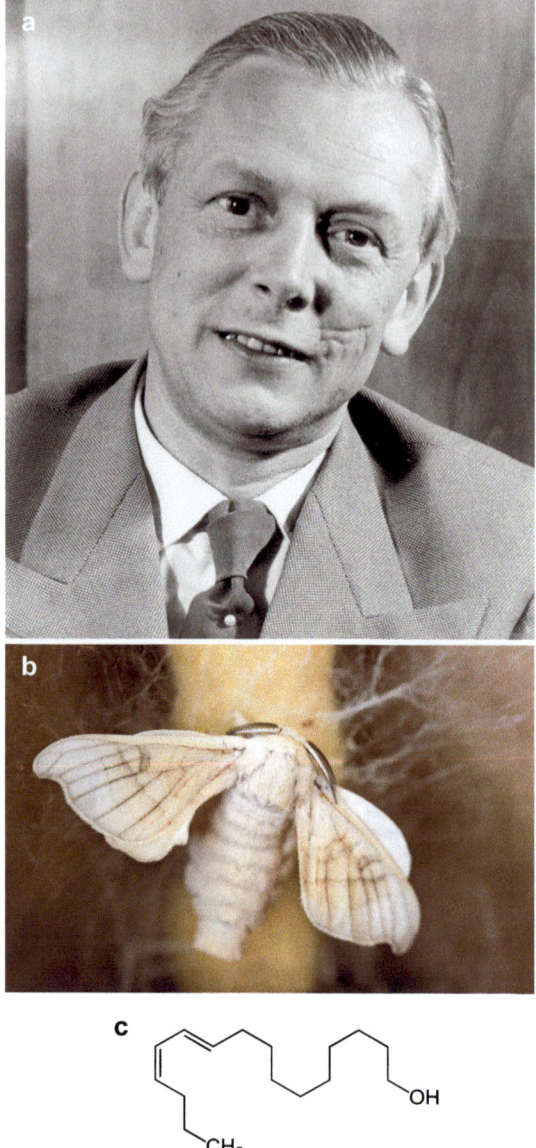

Abb. 3 a Adolf Friedrich Johann Butenandt (1903–1995) (© akg-images/Fritz Eschen/picture alliance), b Seidenspinner *Bombyx mori* (© irem01/Getty Images/iStock), c Bombykol

selbst zu kopulieren. Da der Benzolextrakt viele andere Ballaststoffe enthielt, reichte seine Menge nicht aus, um einen Wirkstoff in reiner Form zu isolieren. Aufgrund der geringen Menge der Substanz konnte der Wissenschaftler nur nachweisen, dass es sich chemisch um eine Art Alkohol handelt.

Die Experimente von Butenandt dauerten 20 Jahre. Jedes Mal erhöhte er die Menge des extrahierten Materials und verbesserte die Reinheit des Wirkstoffs. In der Zwischenzeit wurden auch die Analysemethoden verbessert. Spektralmethoden, die es ermöglichen, die molekulare Struktur schon mit wenigen Milligramm und bis heute sogar mit wenigen Mikrogramm Reinsubstanz zu bestimmen, haben in der Strukturanalyse breiten Eingang gefunden. Den letzten Versuch führte Butenandt mit mehr als 500.000 weiblichen Exemplaren durch, von denen er die letzten Segmente der Abdomina abtrennte und mit einer 3:1-Mischung aus Äthanol und Äthyläther extrahierte. Nachdem er die Wachse entfernt hatte, unterzog er die Alkoholfraktion einer chromatografischen Reinigung und jede Fraktion wurde auf ihre biologische Aktivität untersucht. Die aktiven Fraktionen wurden anhand ihrer Fähigkeit, bei Männchen Flügelflattern auszulösen, identifiziert. Diese wurden gesammelt und der Wissenschaftler isolierte daraus 4 mg einer reinen Substanz, die er Bombykol (Abb. 3c) nannte (nach dem Gattungsnamen des Seidenspinners *Bombyx mori*). Zur Überraschung der Chemiker entpuppte sich Bombykol als eine Verbindung mit einer recht einfachen chemischen Struktur. Zunächst gab es einen Streit über seine räumliche Konfiguration, der sich auf die Lage der Funktionseinheiten bezog. Später wurde festgestellt, dass es sich bei Bombykol um trans-10-cis-12-Hexadien-1-ol handelt. Dies wurde später durch chemische Synthese bestätigt. Da diese Formel die Existenz von vier geometrischen Isomeren voraussetzt, wurden alle vier synthetisiert. Der Bioassay zeigte, dass von diesen nur das trans-10-cis-12-Hexadien-1-ol aktiv war. Seine Aktivität war der des natürlichen Bombykols vergleichbar. Im Zusammenhang mit der Aufklärung der räumlichen Struktur (Isomerie) von Bombykol wurde festgestellt, dass diese von entscheidender Bedeutung für die biologische Aktivität ist. Während die Schwellenkonzentration des natürlichen Bombykol 10^{-15} mg/ml betrug, lag die des trans-10-trans-12-Isomers bei 10^{-2} mg/ml (d. h. 10^{13}-mal niedriger), die des cis-10-cis-12-Isomers bei 10^{-3} mg/ml (10^{12}-mal niedriger) und die des cis-10-trans-12-Isomers bei 10^{-6} mg/ml (10^{9}-mal niedriger).

Lassen sie uns ein wenig über die Schwellenkonzentration von Bombykol nachdenken. Wenn wir uns die obigen Zahlen ansehen, stellen wir eine extrem hohe physiologische Aktivität fest. Eine Konzentration von 10^{-15} mg/ml bedeutet, dass 2500 Bombykol-Moleküle in 1 cm^3 Luft enthalten sind. Berücksichtigt man die Anzahl der Rezeptoren auf den Fühlern der männlichen

Schmetterlinge (siehe unten), so kommt man zu dem Schluss, dass nur ein Bombykol-Molekül pro Rezeptor ausreicht, um eine biologische Reaktion auszulösen. Andere Berechnungen sind noch sensationeller. Berücksichtigt man die Menge der von einem Weibchen abgesonderten Substanz und die Tatsache, dass sie damit Männchen aus 11 km Entfernung anlockt, so stellt sich heraus, dass Bombykol seine Wirkung bereits bei einer Konzentration von einem Molekül pro 1 m^3 Luft entfaltet (berechnet auf der Grundlage der radialen Diffusion in einer Hemisphäre mit einem Radius von 11 km). Dies ist natürlich nicht plausibel, da die Atmosphäre niemals völlig ruhig ist, damit Bombykol gleichmäßig in alle Richtungen diffundieren kann. Bei Vorhandensein einer Luftströmung wird es sich eher kegel- als kugelförmig ausbreiten und damit wird seine Konzentration im Luftstrom höher sein. Nachdem die ersten Moleküle des Lockstoffes die Fühler des Männchens erreicht haben, fliegt dieses in Richtung des Konzentrationsgefälles und entdeckt so zielsicher das Weibchen.

Bombykol ist der erste Vertreter einer großen Gruppe von physiologisch aktiven Verbindungen, die als Sexualpheromone bezeichnet werden.

Zur Gruppe der Pheromone gehören neben den Sexualpheromonen auch andere flüchtige Stoffe biogenen Ursprungs, die jedoch eine andere Zwecke haben. Es handelt sich um Spurenpheromone, Aggressionspheromone, Alarmpheromone, Reviermarkierungspheromone usw. Sie sind für das Verhalten der Tiere von großer Bedeutung und wir werden uns in den folgenden Kapiteln damit beschäftigen. Wenden wir uns nun wieder den Sexualpheromonen zu.

Die Entdeckung des Bombykols eröffnete eine neue Seite in der Erforschung der chemischen Kommunikation zwischen Tieren und trug zur Klärung der Bedeutung chemischer Signale für ihr Verhalten bei. Sexualpheromone werden aufgrund ihrer starken physiologischen Wirkungen und niedrigen Wirkschwellenkonzentrationen in äußerst geringen Konzentrationen synthetisiert und emittiert, sodass es schwierig ist, sie in ausreichenden Mengen für strukturelle Studien zu isolieren. So wurden beispielsweise 500.000 Weibchen des Schmetterlings *Lymantria dispar*, 566.000 von Ephestia kuehniella, 670.000 von *Pectinophora gossypiella*, 1.200.000 von *Cadra cautella* usw. benötigt, um die chemische Struktur ihrer Sexualpheromone zu klären. Nur selten wurden ganze Insekten für Studien verwendet. Um die Reinheit des Wirkstoffs zu verbessern, wurden Pheromondrüsen isoliert. Die reinsten Pheromone werden jedoch auf ganz andere Weise gewonnen. Das ist ethischer, da die Tiere nicht getötet, sondern in eine luftgespülte Kammer gebracht werden. Die flüchtigen Stoffe werden durch Absorption in einem lyophilen Lösungsmittel (Petroleumäther, Benzol usw.) oder durch Verflüssigung bei niedriger Temperatur gewonnen. Die enorme Arbeit endet nicht mit der Sammlung des biologischen Materials. Es folgt ein langer und mühsamer Weg der Fraktionierung und Reinigung der komplexen natürlichen Gemische, meist mittels chromatografischer Techniken. Im Gegensatz zur routinemäßigen Auftrennung komplexer Naturstoffgemische muss der Experimentator hier bei jedem Schritt die biologische Aktivität des untersuchten Materials im Auge behalten, denn nur so kann das gewünschte Pheromon identifiziert werden. Der biologische Test ist das einzige Kriterium für das Vorhandensein des Pheromons. In seiner Empfindlichkeit wird er von keiner chemischen oder physikalischen Methode übertroffen. Während die Detektoren von Gaschromatografen Mikrogrammmengen einer Substanz nachweisen können, erkennen die empfindlichen Sensororgane der Tiere milliardstel Mikrogramm eines Pheromons. Jeder Chemiker ist mit der Dünnschichtchromatografie vertraut und weiß, dass sie eine sehr bequeme und schnelle Methode zur Trennung organischer Verbindungen ist. Ihr Prinzip ist einfach und leicht zu handhaben. Zu diesem Zweck werden dünne Schichten von Adsorptionsmitteln wie Kieselgel, Aluminiumoxid, Kieselgur, Stärke usw. verwendet und auf einer harten, glatten Oberfläche (Glas oder Kalk) fixiert. Auf ein Ende der so vorbereiteten Chromatografieplatte wird mithilfe einer Glaskapillare eine Lösung des zu trennenden Gemisches aufgetragen. Die Platte wird mit dem beladenen Ende vorsichtig in ein geeignetes organisches Lösungsmittel (die sogenannte mobile Phase) in einem dicht verschlossenen Behälter (chromatografisches Bad) eingetaucht, woraufhin das Lösungsmittel durch Kapillarwirkung im Adsorptionsmittel zu steigen beginnt. Auf seinem Weg nach oben nimmt es die aufgebrachten Substanzen mit, die sich je nach ihrer Affinität zum Adsorptionsmittel und ihrer Löslichkeit in der mobilen Phase unterschiedlich schnell bewegen. Wenn das Lösungsmittel das andere Ende der Chromatografieplatte erreicht, sind die Bestandteile des Gemischs bereits getrennt und auf der Platte in Form von chromatografischen Flecken erkennbar (Abb. 4).

Farblose Flecken sind für das Auge unsichtbar, können aber mit geeigneten chemischen Reagenzien oder durch Bestrahlung mit UV-Licht sichtbar gemacht werden (Abb. 4). Je nach Verfahren können einige Milligramm bis zu mehreren Mikrogramm einer Substanz durch Dünnschichtchromatografie nachgewiesen werden. Bei der Arbeit mit Pheromonen sind Auflösung und Empfindlichkeit der Nachweismethode von großer Bedeutung, da deren Gehalt in Rohextrakten äußerst gering ist. Um die Empfindlichkeit der Methode zu erhöhen, insbesondere bei der Suche nach weiblichen Sexualpheromonen, griffen die Forscher zu folgendem Trick: Nach dem Trocknen der Platte ließen sie Männchen darauf laufen. Diese erkannten die Stelle des Pheromons ein-

Abb. 4 Dünnschichtchromatografie: Chromatografische Platte mit darauf aufgebrachten Gemischen organischer Substanzen: Nach dem Einlegen der Platte in die Chromatografiekammer beginnt das Lösungsmittel (die sogenannte mobile Phase) zu kriechen und die organischen Verbindungen entlang der Platte zu trennen. (© mehmet/Stock.adobe.com)

deutig und begannen darauf zu tanzen. Der Experimentator markiert den unsichtbaren chromatografischen Fleck, schabt ihn zusammen mit dem Adsorptionsmittel ab und extrahiert das Pheromon mit einem geeigneten Lösungsmittel.

Da es schwierig ist, hoch gereinigte Pheromon zu erhalten, erfolgt die Bestimmung ihrer chemischen Struktur mit hochempfindlichen und aufwendigen physikalischen Methoden wie Massenspektrometrie, Kernspinresonanz usw.

Von den Sexualpheromonen sind die Pheromone der Insekten, genauer gesagt der Schmetterlinge, am besten untersucht. Chemisch gesehen handelt es sich um ungesättigte primäre Alkohole oder Karbonsäuren mit einer unverzweigten Kohlenstoffkette, bestehend aus 12–16 Kohlenstoffatomen. Bei allen Pheromonen ist die Cis-trans-Isomerie wichtig für ihre biologische Aktivität. Die exokrinen Drüsen, die bei Schmetterlingen Sexualpheromone ausstoßen, befinden sich in der Membranfalte zwischen dem 8. und 9. Abdomensegment. Im Ruhezustand ist die Drüse verborgen. Während der Sekretion wölbt sich der Hinterleib und sie ragt nach außen. Die Abgabe des Pheromons wird durch die zahlreichen Falten und Büschel an der Außenwand der Drüse erleichtert. Bei einigen Insekten münden die Drüsen in die Analöffnung, während andere keine spezialisierten Organe für die Produktion und Abgabe von Sexualpheromonen besitzen. In diesen Fällen übernehmen bestimmte Stoffwechselprodukte die Rolle der Lockstoffe. Bei einigen Käferarten, die sich von Nadelholz ernähren, wird die Rolle der Sexualpheromone beispielsweise von Terpenverbindungen übernommen, die denen im Kiefernharz ähneln. In diesem Fall hängt die Bildung der Pheromone direkt von der Art der verzehrten Nahrung ab. Beim in Nordamerika vorkommenden Schmetterling (Nachtfalter) *Anthera polyphemus* ist für die Bildung von Sexualpheromonen ein bestimmter Stoffwechselfaktor erforderlich, der in den roten Blättern der Eiche *Quercus rubra* enthalten ist. Dieser „Eichenfaktor", wurde als trans-2-Hexenal identifiziert. Es handelt dabei sich um einen flüchtigen Aldehyd, unter dessen Einfluss die Genitalien der weiblichen Schmetterlinge anschwellen und Sexualpheromone produzieren.

Manchmal sind Sexualpheromone recht einfache Substanzen. Im Jahr 1970 isolierte R. Henzel das Pheromon der neuseeländischen Blatthornkäferart *Costelytra zealandica*. Er wies nach, dass es sich um das gut bekannte Phenol (Karbolsäure) handelt. Es wird u. a. in Haushalten häufig zur Desinfektion verwendet (Abb. 5). Zwei Jahre später versuchten der neuseeländische Wissenschaftler D. Hoyt und seine Mitarbeiter, das Organ zu identifizieren, das dieses Pheromon produziert. Zu diesem Zweck isolierten sie ein Drüsengewebe, das im hinteren Teil des Körpers von weiblichen Individuen angelegt ist und fanden es voller Bakterien. Die Analyse ergab, dass es sich tatsächlich um eine Bakterienkolonie handelte, die in Symbiose mit dem Käfer lebte.

Abb. 5 *Costelytra zealandica* und das Sexualpheromon Phenol

Nach einer 5-tägigen Inkubation in vitro begann die Bakterienkultur, Männchen anzuziehen. Das bedeutet, dass die Bakterien Sexualpheromone produzieren. Die Analyse des Nährmediums ergab zweifelsfrei, dass es Phenol und andere phenolische Verbindungen enthielt. Den Autoren zufolge wird das Phenol aus der Aminosäure Tyrosin gebildet, die die Bakterien aus den Proteinen gewinnen, von welchen sich der Käfer ernährt.

Bisher haben wir gesehen, dass weibliche Insekten über ausreichend wirksame chemische Mittel verfügen, um ihre Geschlechtsreife und Paarungsbereitschaft zu zeigen. Aber wie sind die Verhältnisse bei den Männchen? Bleiben sie bei der Balz chemisch stumm? Nein. Wie die Weibchen, so sondern auch die Männchen Sexualpheromone ab. Im Gegensatz zu den weiblichen Signalen sind die männlichen Sexualpheromone weniger gut untersucht. Einer der Hauptunterschiede in der Wirkung von männlichen und weiblichen Sexualpheromonen besteht darin, dass diese auf wesentlich geringere Entfernungen wirken, in der Regel in der Größenordnung von einigen Zentimetern. Wenn das Weibchen den Duft des Männchens aufnimmt, gerät es in einen erregten Zustand, der für eine Kopulation erforderlich ist. Äußerlich zeigt sich dieser Zustand vor allem durch das Aufblähen des Hinterleibs und das Ausbringen eines Legestachels. Nachdem das Männchen dem „Ruf der Liebe" gefolgt ist, erreicht es das Weibchen und löst dabei aber auch ihren Instinkt zum Selbstschutz aus. Um Verletzungen zu vermeiden, will es beim Anblick eines fliegenden Körpers flüchten. Die Aufgabe der männlichen Sexualpheromone besteht darin, diesen Instinkt zu unterdrücken und das Weibchen zum Bleiben zu bewegen. Dadurch wird der Sexualakt überhaupt erst möglich. Die männlichen Sexualpheromone haben nicht nur die Aufgabe, das Weibchen zur Paarung zu bewegen, sondern üben auch eine anziehende Wirkung aus. Unter ihrem Einfluss nähert sich das Weibchen dem Männchen und beginnt, es mit ihren Tentakeln zu berühren. Dies steigert die sexuelle Erregung, die in einem rituellen Paarungstanz zum Ausdruck kommt. Meistens besteht er darin, das Weibchen mit flatternden Flügeln zu umkreisen. Das hat auch eine biologische Bedeutung. Indem das Männchen das Weibchen umkreist und mit den Flügeln flattert, versucht es, so viele Sexualpheromone wie möglich in Richtung des Weibchens zu wedeln, was ihre Erregung steigert. In einigen Fällen wurde beobachtet, dass die Weibchen die Pheromondrüsen der Männchen ableckten und es entstand sogar der Eindruck, dass sie sich von deren Sekret ernähren. Es wird angenommen, dass die Männchen neben den typischen Sexualpheromonen auch Substanzen mit Kontaktwirkung absondern, die die Erregung der Weibchen weiter steigern und physiologische Veränderungen hervorrufen, die den Ablauf des Geschlechtsverkehrs fördern.

Im Jahr 1967 schlug K. Butler vor, dass alle von beiden Geschlechtern abgesonderten Substanzen, die die Paarungspartner zur Kopulation befähigen, als Aphrodisiaka bezeichnet werden sollten. Sexualpheromone können entweder als Lockstoffe oder sowohl als Lockstoffe als auch als Aphrodisiaka wirken. Andererseits können Aphrodisiaka Sexualpheromone sein, müssen es aber nicht.

Sehr interessante Studien wurden mit männlichen Exemplaren der Gattung *Danaus* durchgeführt. Ein Schmetterling aus der Familie der Edelfalter, *Danaus gilippus* (Abb. 6) wurde von einem Team von Wissenschaftlern aus den USA und Deutschland, welchem Spezialisten verschiedener Fachrichtungen (Chemie, Biologie, Elektrophysiologie) angehörten, intensiv studiert. Es ist einer der seltenen Fälle, in denen nicht nur die chemische Natur der Pheromone, sondern auch ihre physiologische Wirkung aufgeklärt werden konnte. Die Männchen dieser Spezies haben am Ende ihres Hinterleibs ein Paar Bürstchen, ähnlich denen zum Färben der Wimpern.

Diese sind mit der Pheromondrüse verbunden. Aus den Bürsten sind zwei Substanzen isoliert worden: Ein vom Pyrrolidin abgeleitetes Keton und ein zweiwertiger ungesättigter Alkohol, der mit Farnesol verwandt ist. Elektrophysiologischen Untersuchungen zufolge hat nur das Pyrrolidinon eine anziehende Wirkung auf das Weibchen. Seine Bedeutung beschränkt sich jedoch nicht auf die Anziehung der Weibchen. Es unterdrückt ihren Bewegungsreflex und zwingt sie, sich niederzulassen und auf die Annäherung des Männchens zu warten. Da sich Schmetterling aus der Familie der Edelfalter (*Danaus*) von alkaloidhaltigen Pflanzen ernähren, nimmt man an, dass

Abb. 6 *Danaus gilippus* und ihr Sexuallockstoff Pyrrolidinon. (Foto: © leekris/Getty Images/iStock)

das Ausgangsmaterial für die Pyrrolidinon-Biosynthese die Abbauprodukte der verzehrten Alkaloide sind. Mithilfe chemischer Verbindungen können einige männliche Insekten auch die „eheliche Treue" sichern. Die männliche Taufliege, *Drosophila funebris* beispielsweise injiziert zusammen mit dem Sperma ein aus 27 Aminosäureresten bestehendes Polypeptid, das das Weibchen zur erneuten Befruchtung anregt.

Einige Insekten scheiden während der Brutzeit Stoffe aus, die Individuen beider Geschlechter anziehen. Dabei handelt es sich um sogenannte Aggregationspheromone. Ihre biologische Bedeutung besteht darin, dass sie dazu beitragen, eine große Anzahl von Insekten an einem Ort zu konzentrieren. Das erhöht erheblich die Wahrscheinlichkeit, einen Partner zu finden. Die Rolle der Aggregationspheromone wird häufig von Abfallprodukten des Stoffwechsels erfüllt, obwohl auch solche bekannt sind, die von spezialisierten Pheromondrüsen produziert werden. Aggregationspheromone sind manchmal auch ein Gemisch aus mehreren Substanzen, die sich gegenseitig verstärken.

Dies ist der Fall bei dem Borkenkäfer *Ips confusus* (Abb. 7), der sich von der Rinde und dem Holz der Gelbkiefer ernährt. Er schleudert eine enorme Menge an verbrauchtem Holz (Holzmehl) aus und mit ihm drei Terpen-

Abb. 7 Borkenkäfer *Ips confusus* (Sarah McCaffrey, Museum Victoria, CC BY 3.0 au, Wikimedia Commons)

Abb. 8 Adamantan

alkohole, die als Aggregationspheromone wirken. Allerdings müssen alle drei gleichzeitig anwesend sein, um effektiv werden.

Borkenkäfer verwenden die Verbindung Adamantan als Lockstoff (Abb. 8). Es wurde ursprünglich in Erdöl gefunden und später synthetisch gewonnen. Adamantan riecht wie Kampfer und sein Molekül ähnelt dem Kristallgitter eines Diamanten, daher sein chemischer Name (altgriechisch Ἀδάμας, adámas, unbezwingbar).

Wie nehmen die Insekten Liebesbotschaften wahr?

Lange schon war bekannt, dass der Geruchssinn für die Paarung bei Insekten wichtig ist. Männliche Schmetterlinge mit amputierten Geruchsorganen waren nicht in der Lage, das Weibchen zu entdecken, während diejenigen, denen das Sehvermögen fehlte, die Paarung normal vollzogen. Wo befinden sich die Geruchsorgane von Insekten und wie sind sie angeordnet?

A. Lefèvre wies 1838 nach, dass das Geruchsorgan der Insekten ein Paar Fühler sind, befindlich auf der Oberseite des Kopfes.

Die erste detaillierte Beschreibung der Anatomie der Fühler erfolgte durch G. Hauser im Jahr 1880.

Die Fühler der Insekten sind unterschiedlich angeordnet. Sie können verzweigt oder unverzweigt sein, sie können aus mehreren Gliedern bestehen oder spitz zulaufen (Abb. 1). Unverzweigte Fühler haben in der Regel eine geringere Reichweite wie die Antennen der weiblichen Falter, die die Aphrodisiaka der Männchen nur dann aufnehmen, wenn sie sich in ihrer Nähe befinden. Umgekehrt sind die Antennen der Männchen stark verzweigt, da sie geringe Pheromonkonzentrationen aus großer Entfernung wahrnehmen müssen. Die Fühler sind, wie der gesamte Körper der Insekten, mit einem harten Chitinpanzer überzogen. Unter starker Vergrößerung sind an den Fühlern kleine stachelähnliche Wucherungen oder ovale Vertiefungen, die sogenannten Sensillen, zu erkennen. Je nach ihrer Form sind die Sensillen trichoid, basokonisch, iglokonisch, plakoid, usw. Die basokonischen Sensillen sind 8–40 µm lang (ein Mikrometer entspricht 10^{-6} m) und werden von einer konischen Chitinkutikula (harte Haut) umhüllt, die Teil der gesamten Chitinhülle der Fühler ist. Unter dem Elektronenmikroskop ist zu sehen, dass die

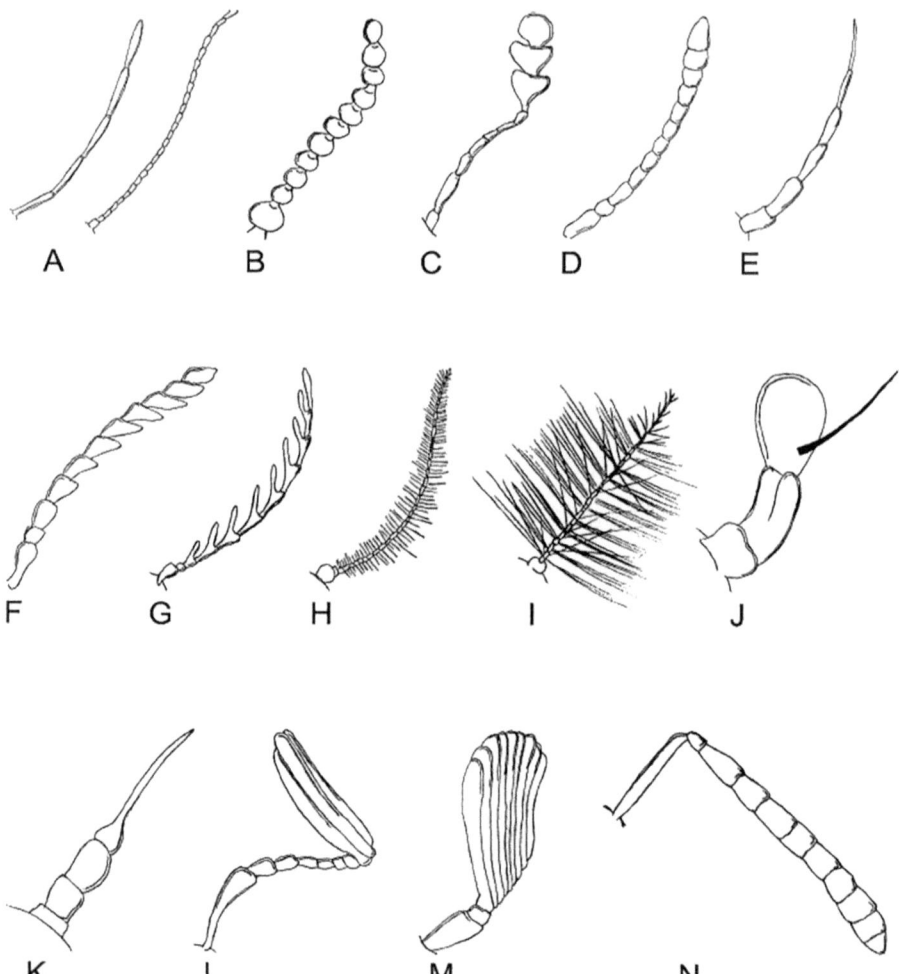

Abb. 1 Arten von Fühlern bei Insekten A = fadenförmig, B = perlschnurartig, C = knochenähnlich, D = keulenförmig, E = borstenartig, F = sägeähnlich, G = kammartig, H = bürstenförmig, I = gefiedert, J = mit Fühlerborste, K = pfriemförmig, L = lamellenförmig, M = gefächert, N = gekniet

Sensillen von zahlreichen Poren durchzogen sind mit Durchmessern zwischen 5 und 100 nm (ein Nanometer entspricht 10^{-9} m). Manchmal sind es auch einige Hundert bis einige Zehntausend Nanometer. Die Poren sind eigentlich Kanäle, durch die die Moleküle der flüchtigen Stoffe zu den Rezeptoren gelangen. In jeder Sensille befinden sich ein bis mehrere Dutzend Nervenzellen (Neuronen), die auf chemische Signale reagieren. Dies sind Chemorezeptoren. Unter dem Einfluss chemischer Reize kommt es zu einer Veränderung des elektrischen Potenzials des Rezeptors, welche als Depolarisation der Zellmembran bezeichnet wird und zum Auftreten eines Signals führt. Das Signal wird über ein Neuron an das Nervenganglion, das bei Insekten die Funktionen des Gehirns übernimmt, weitergeleitet.

Die Funktion des Geruchssystems der Insekten wurde lange Zeit nur anhand von Verhaltensreaktionen untersucht. So wurde die Schwellenkonzentration für die Wirkung zahlreicher chemischer Verbindungen ermittelt. Die eingehende Untersuchung der Mechanismen, durch die Nervenimpulse erzeugt und weitergeleitet werden und die Analyse der Feinstruktur der Geruchsrezeptoren wurde erst mit der Einführung der Methoden der Mikroelektrophysiologie möglich. Mit den modernen elektrophysiologischen Techniken lassen sich die elektrischen Potenziale auch eines einzelnen Neurons messen. Dazu wird eine silberne Mikroelektrode mit einem Spitzendurchmesser von 5 µm in das Neuron eingeführt, eine zweite Elektrode wird in das nächstgelegene Blutgefäß eingeführt. Der zwischen den beiden Elektroden fließende Strom wird verstärkt und in einen Rekorder eingespeist, der die Änderung des elektrischen Potenzials aufzeichnet. Die grafische Darstellung dieser Veränderung wird als Elektroantennogramm (EAG) bezeichnet. Die Amplitude des EAG ist proportional zur Konzentration des chemischen Reizstoffs. Durch Untersuchungen mittels EAG lässt sich die Empfindlichkeit der Insekten gegenüber verschiedenen Chemikalien sowie deren Schwellenkonzentrationen genau bestimmen.

Insekten leben in einer Welt der Gerüche. Neben ihren Artgenossen entdecken sie auch Nahrungsquellen über den Geruch. Es ist daher nicht verwunderlich, dass Insekten eine große Anzahl flüchtiger Stoffe unterscheiden können. Die Schwellenkonzentration für die meisten dieser Stoffe ist vergleichbar oder deutlich geringer als diejenige für Säugetiere und Menschen.

Wie bereits erwähnt, reagieren Insekten besonders sensibel auf Sexualpheromone. Es sei daran erinnert, dass die Schwellenkonzentration für Bombykol bei der Seidenspinnerin 10^{-15} mg/ml oder $4{,}2 \times 10^{-17}$ mol/l beträgt. In einer elektrophysiologischen Studie wurden die Fühler von *Bombyx mori* mit Bombykol in einer Konzentration von 10.000 Molekülen in 1 ml besprüht. Es wurde festgestellt, dass nur ein Pheromonmolekül pro Fühler ausreicht, um einen Nervenimpuls zu erzeugen. Es mussten jedoch mindestens 200 Neuronen erregt werden, damit eine reflexartige Reaktion (Flügelflattern) auftrat. Das wirksamste Sexualpheromon ist das der Schabe mit einer Schwellenkonzentration von 10^{-17} mg/ml, also 4×10^{-19} mol/l.

Pheromone werden über nur für sie empfindliche hochspezifische Rezeptoren in den Sensillen wahrgenommen. Neben den hochspezifischen Pheromonrezeptoren enthalten die Sensillen auch andere Rezeptoren mit geringerer

Spezifität, die auf andere Gerüche reagieren. So wurde beispielsweise in den Sensillen des Fichtenrüsselkäfers *Hylobius abietis* ein Rezeptor gefunden, der nur durch den Geruch von Anethol (der geruchsbestimmenden Substanz von Anis und Fenchel) erregt wird. Die Fühler der Wanderheuschrecke *Locusta migratoria* enthalten dagegen 4 spezialisierte Rezeptoren für Fettsäuren, Amine, feuchte bzw. trockene Luft. Die Sensillen der Schabe *Periplaneta americana* enthalten ebenfalls 4 spezialisierte Rezeptoren (für Pentanol, Octanol, Buttersäure und Ameisensäure) und die der Honigbiene haben 9 Arten solcher Rezeptoren.

Der Geruchssinn der Insekten unterscheidet sich jedoch grundlegend von dem der Wirbeltiere (siehe unten). Während bei Wirbeltieren die Aromastoffe durch die eingeatmete Luft in das Riechorgan eindringen und die Riechschleimhaut in einer Richtung umströmt wird, fallen bei Insekten die Moleküle der flüchtigen Substanz aus allen Richtungen auf die Fühler. Um die Quelle des Geruchs zu lokalisieren, dreht das Wirbeltier seinen Kopf und sucht die Richtung, aus der der Geruch kommt. Dies ist bei Insekten nicht notwendig. Dank der spezifischen Struktur der Fühler sind Insekten in der Lage, den Geruch unverwechselbar zu lokalisieren. Sie finden die richtige Richtung der Duftquelle, ohne ihren Kopf zu bewegen.

Karl von Frisch, Nobelpreisträger für Physiologie und Medizin des Jahres 1973, stellte die Hypothese auf, dass Insekten durch den Geruchssinn einen volumetrischen Einblick in geruchsintensive Objekte erhalten. Er verglich ihren Geruchssinn mit einem visuellen Analysator. Wie das Augenpaar, das es uns ermöglicht, die Welt volumetrisch (dreidimensional) zu sehen, verfügen Insekten über ein Paar Antennen, die es ihnen ermöglichen, einen volumetrischen Blick auf geruchsabgebende Objekte zu werfen. Wir können uns kaum vorstellen, dass ein Apfel „kugelförmig" riecht und der aus ihm herausgeschnittene Würfel „kubisch", aber für Insekten ist dies wahrscheinlich möglich. Dies erklärt auch die hervorragende Orientierung von Bienen und Ameisen in völliger Dunkelheit.

Seit wann gibt es Pheromone?

Einer der bekanntesten Pheromonspezialisten, Edward O. Wilson von der Harvard University, ist der Ansicht, dass „Pheromone in gerader Linie mit den Hormonen verwandt sind". Letztere sind weit nach den Pheromonen entstanden als deren Analogon für die chemische Kommunikation zwischen Zellen in einem mehrzelligen Organismus. Die Aggregationspheromone sind wahrscheinlich am ältesten. Schon in der Zeit, in der es noch keine mehrzelligen Organismen auf der Erde gab, haben sie dazu beigetragen, die Kommunikation zwischen Zellen der gleichen Art zu erleichtern. Dank ihnen ist auch die Konjugation von Bakterien möglich. Aggregationspheromone liegen auch der Bildung von einzelligen Kolonien zugrunde, von denen einige so stabil sind, dass sie auch als mehrzellige Organismen bezeichnet werden. Dazu gehören zum Beispiel die Flagellaten aus der Gattung *Volvox* (Abb. 1).

Ihre Kolonien sind häufig in Süßwassersümpfen und Seen zu finden. Sie sehen aus wie kleine Kugeln von 1 mm Durchmesser, aus denen zahlreiche mikroskopisch kleine Geißeln herausragen. Die Betrachtung unter dem Mikroskop zeigt, dass die Kolonie aus etwa 1000 Zellen besteht, die in eine halbflüssige, geleeartige Masse eingebettet sind. Die Zellen sind durch zytoplasmatische Brücken miteinander verbunden, sodass eine Synchronisation ihrer Aktivitäten stattfindet. Bei der Vermehrung sinken einige Zellen in das Innere der Kugel. Dort beginnen sie sich zu teilen und kleinere Kolonien zu bilden. Diese trennen sich anschließend von der Mutterkolonie. Die Aufrechterhaltung einer mehrzelligen Kolonie ist ohne die Beteiligung von Aggregationspheromonen unmöglich.

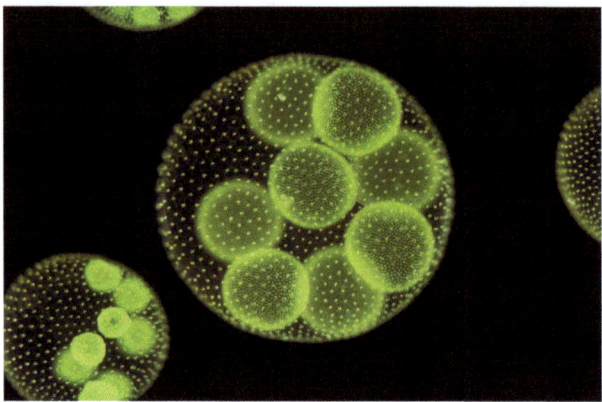

Abb. 1 *Volvox*. (© micro_photo/Getty Images/iStock)

Aggregationspheromone liegen auch dem Lebenszyklus einer anderen interessanten Art zugrunde, der Amöbe *Dictyostelium discoideum* (Abb. 2). Sie steht für den seltenen Fall, in dem ein Lebewesen in zwei Formen – einzellig und mehrzellig – existieren kann. In seiner einzelligen Form ähnelt es einer Amöbe – es vermehrt sich durch Teilung und bewegt sich mittels Ausstülpungen der Zellwand (scheinbaren Beinen, sog. Pseudopodien). Wenn die Umgebung an Nährstoffen verarmt, beginnen einige Zellen Pheromone abzusondern. Andere Zellen werden angelockt und daraus bildet sich eine Kolonie, die einem Plasmodium ähnelt. Parallel zur Aggregation findet eine Differenzierung der Zellen statt. Einige Zellen bilden einen Stiel aus, andere einen Fruchtkörper. Aus den Zellen, die sich an der Spitze befinden und den Fruchtkörper bilden, entwickeln sich echte Sporen mit einer Zellulosehülle.

Pheromone können auch das Geschlecht einiger niederer Eukaryoten bestimmen. Die Pilzfäden (Hyphen) des Pilzes *Achlya bisexualis* beispielsweise sind ungeschlechtlich, werden aber als männlich oder weiblich bezeichnet, je nachdem, welches Geschlecht die nächstgelegene Hyphe hat. Wenn also eine undifferenzierte Hyphe zufällig an eine weibliche Hyphe angrenzt, bilden sich an ihr Verzweigungen, welche sich in Antheridien (männliche Geschlechtsorgane) umwandeln und Spermatozoen bilden. Gleichzeitig bilden sich an den weiblichen Hyphen Eileiter, die Eizellen enthalten. Der Auslösemechanismus für diesen komplexen Prozess der sexuellen Differenzierung ist ein Pheromon aus der Stoffklasse der Steroide (Antheridiol), das von den weiblichen Hyphen abgesondert wird (Abb. 3). Die männlichen Hyphen sezernieren ihrerseits ein anderes Pheromon, das wiederum die Bildung der Eileiter anregt. Ein vergleichbares Phänomen wird auch in *Volvox-aureus*-Kolonien beobachtet.

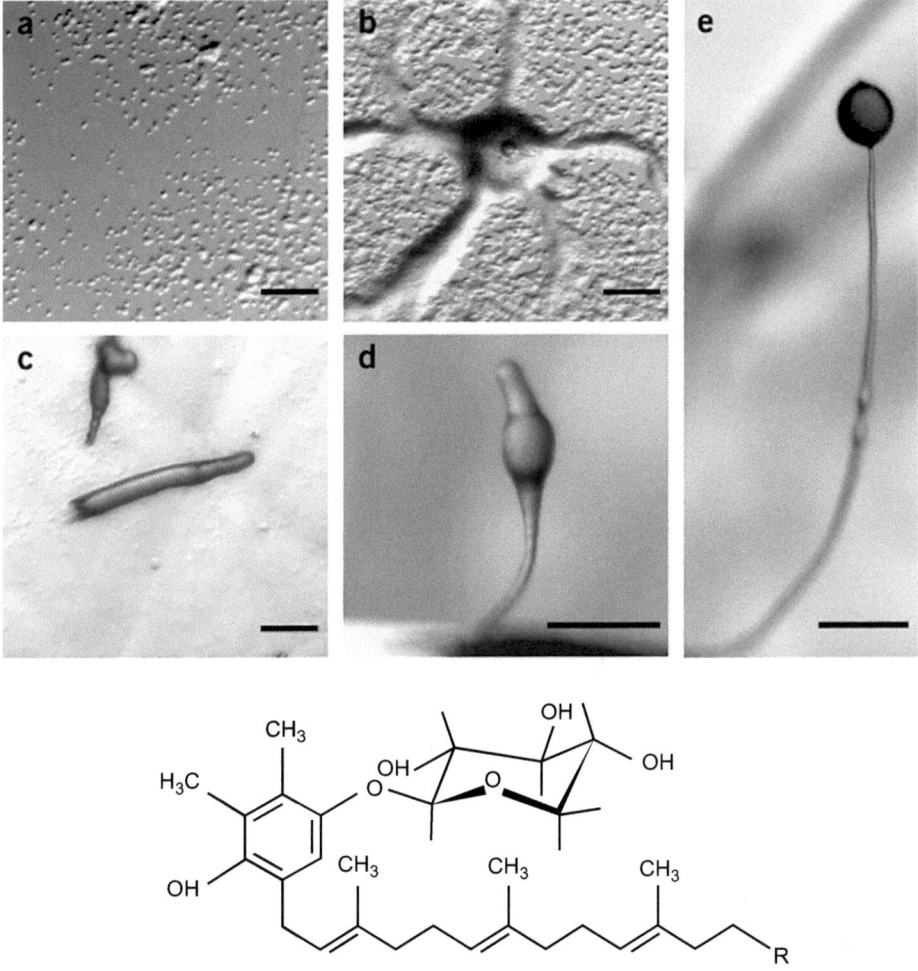

Abb. 2 *Dictyostelium discoideum* und Aggregationspheromon

Wann genau das Leben auf der Erde entstand, ist nicht gesichert. Die ersten heterosexuellen Organismen entwickelten sich. Die Fortpflanzung erfolgte durch die Bildung von zwei Arten von Geschlechtszellen (Gameten), aus denen nach der Verschmelzung (Befruchtung) ein neuer Organismus hervorging. Wie finden sich diese mikroskopisch kleinen Zellen in einem unüberschaubaren wässrigen Raum?

Wahrscheinlich sind in der Natur in diesem für das Leben auf dem Planeten wichtigen Moment Sexualpheromone entstanden, d. h. spezifische chemische Signale, die von der Eizelle abgesondert werden und welche die männliche Geschlechtszelle dazu anregen, sich entgegen Konzentrationsgradienten

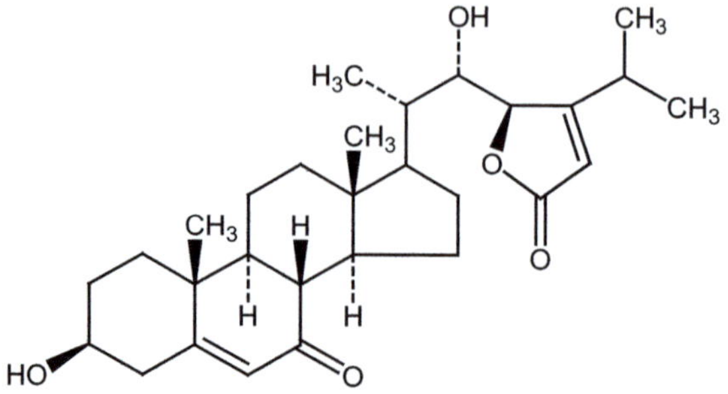

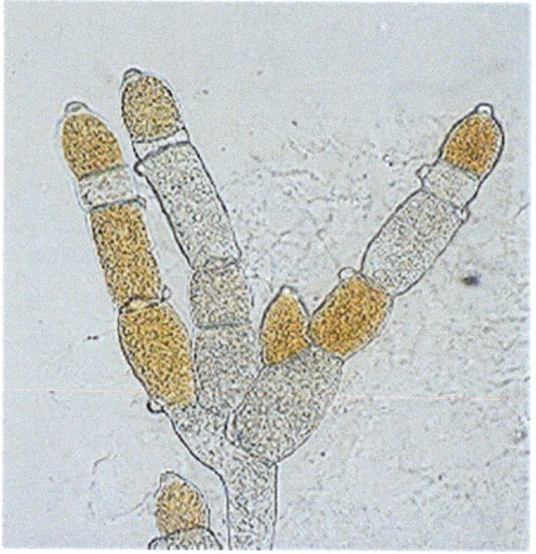

Abb. 3 Sexualpheromon Antheridiol

Abb. 4 *Allomyces macrogynus*

zu bewegen und zielsicher die Eizelle zu erkennen. In diesem Fall muss sich die weibliche Keimzelle nicht bewegen und aktiv nach dem Männchen suchen. Im Gegenteil, wenn sie in einem stationären Zustand verharrt, erhöht sich die Wahrscheinlichkeit, dass sie entdeckt wird. Dies ist der Grund, warum weibliche Gameten keine beweglichen Geißeln haben, die ein obligatorisches Merkmal von Spermien sind.

Zum ersten Mal wurde 1968 aus dem subtropischen Pilz *Allomyces macrogynus* (Abb. 4) ein chemischer Stoff isoliert, der von weiblichen Gameten abgesondert wird und männliche Geschlechtszellen anlockt. Der Pilz wächst auf den Kadavern von Insekten und anderen Tieren und bildet bis zu 1 cm lange Hyphen. Reife Pilze scheiden männliche und weibliche Keimzellen aus. Die Männchen sind aufgrund des Gehaltes an β-Carotin orange gefärbt und 2- bis

3-mal kleiner als die Weibchen. Aus weiblichen Gameten wurde die Substanz Sirenin isoliert (Abb. 5), die ein starker Lockstoff für männliche Gameten ist. Es handelt sich um einen zweiwertigen Sesquiterpenalkohol.

Die Attraktivität von Sirenin zeigt sich darin, dass selbst Konzentrationen von 10^{-10} mol/l, d. h. etwa 0,02 mcg/ml noch wirken. Eine vergleichbare Substanz wurde auch in der Braunalge *Ectocarpus siliculosus* gefunden. Es wird seit langem beobachtet, dass die Eizellen dieser Alge männliche Gameten stark anziehen. Diese sammeln sich in den Algen an und beginnen, sie mit ihren Geißeln zu berühren. Nach der Befruchtung hat die gebildete Zygote (Verschmelzung der Kerne der männlichen und weiblichen Keimzelle) keine Anziehungskraft mehr und die männlichen Gameten zerstreuen sich schnell.

Zur Identifizierung des Lockstoffs wurde die aus 14.900 Petrischalen gewonnene Biomasse verwendet. Daraus konnten 92 mg einer Substanz namens Ektocarpen gewonnen werden. Es handelt sich um einen ungesättigten Kohlenwasserstoff mit 11 Kohlenstoffatomen mit einem 7-atomigen Ring (Abb. 6). Pheromone weiblicher Geschlechtszellen wurden auch aus vielen anderen niederen Organismen isoliert, vor allem aus Algen und Pilzen. Sie sind wohl auch Prototypen von Sexualpheromonen in höheren Organismen und wahrscheinlich sind ähnliche Substanzen an den Befruchtungsprozessen in höheren Organismen beteiligt. Wie wäre sonst der unaufhaltsame Drang der Spermien zur Eizelle und ihre konsequente Bewegung gegen den Strom der physiologischen Flüssigkeiten mit dem einzigen Ziel, sie zu befruchten, zu erklären? Es ist unwahrscheinlich, dass sich neben den chaotischen Bewegungen der Spermien und einer zufälligen Begegnung mit der Eizelle evolutiv nicht noch weitere Mechanismen entwickelt hätten.

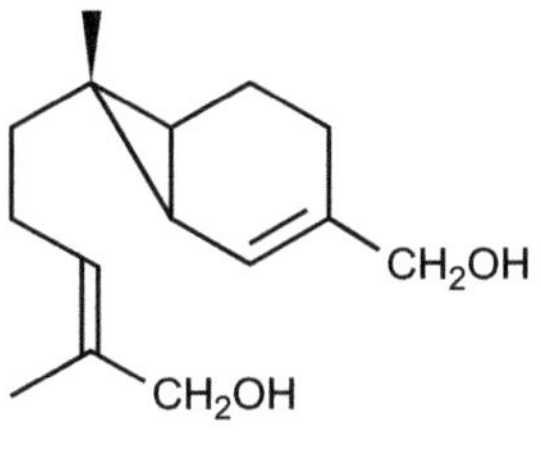

Abb. 5 Sirenin

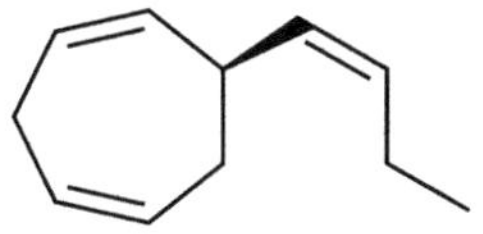

Abb. 6 Ektocarpen

Warum untersuchen wir Sexualpheromone?

Als Adolf Butenandt in einer seiner Vorlesungen über seine lange und intensive Arbeit bei der Suche und Erforschung des Bombykols berichtete und ihre relativ einfache chemische Formel an die Tafel schrieb, fragte eine Studentin, was daran so interessant sei. Bombykol sei doch nur eine chemische Verbindung.

Um die Frage zu beantworten, gehen wir kurz auf die Bedeutung der Pheromone für den Menschen ein, mit einem Fokus auf Insektenpheromone. Wenn die Studentin das Bombykol nur als eine chemische Verbindung betrachtete, hatte sie damit recht. Pheromone sind zwar Lockstoffe für Insekten, aber nicht für Chemiker, da ihre Formeln häufig einfach sind. Aber selbst wenn der Forscher auf eine neue, der Wissenschaft unbekannte Verbindung mit einer schönen und exotischen Formel stößt, die ihm beruflich Freude bereitet, sind Pheromone als Studienobjekt schwierig. Sie sind vor allem für Wissenschaftler von Interesse, die sich eher für ihre Wirkung als für ihre Chemie interessieren.

Mit der Entdeckung der Pheromone fanden viele rätselhafte Phänomene der klassischen Biologie ihre Erklärung. Sie haben sich als mächtiges Werkzeug mit bisher ungeahnten Fähigkeiten zur Aufrechterhaltung des biologischen Gleichgewichts in Ökosystemen erwiesen. Das macht Pheromone zu einer Entdeckung von epochaler Bedeutung für die Ökologie, Ethologie (Verhaltensforschung) und Tierphysiologie. Neben grundlegenden Informationen ist die Erforschung der Pheromone auch von praktischer Bedeutung. Sexualpheromone können zur Bekämpfung von Schädlingen von Nutzpflanzen und von für den Menschen schädlichen Insekten eingesetzt werden.

Für ihre praktische Anwendung gibt es zwei Möglichkeiten: a) als Köder, um Insekten einzusammeln und mit klassischen Insektiziden abzutöten, b) indem sie in hoher Konzentration in der Luft verteilt werden, um die natürlichen Signale der Partner während der Fortpflanzung zu unterdrücken. Zum ersten Mal wurde die Möglichkeit, weibliche Insekten als Köder zur Tötung von Männchen zu verwenden, 1930–1931 von dem tschechischen Entomologen (Insektenkundler) P. Dick eingesetzt. Er platzierte Kokons von Weibchen der Schmetterlingsart *Lymantria monacha* (Nonne, Abb. 1) in Kästen, hängte diese an Bäume und befestigte Klebestreifen in der Nähe. Nachdem die Weibchen geschlüpft waren, versammelten sich die Männchen um diese und blieben an den Streifen kleben. Diese Methode wurde als „Dick's Method of Monk Butterfly Control" bekannt.

Im Jahr 1940 wendet V. Ambros Dicks Methode an, um ein 756 ha großes Gebiet, das von einer Motte befallen war, mit 480 Streichholzschachtelfallen zu säubern. Auf diese Weise konnte er innerhalb von 49 Tagen 384.448 Männchen vernichten. Um die Wirkung der Köder zu verlängern, legte er Baumwolle in die Schachteln, wodurch die Männchen noch 1 oder 2 Wochen nach dem Tod der Weibchen angelockt wurden. Später wurde Dicks Methode auch zur Bekämpfung anderer Insekten eingesetzt. Mit der Zeit wurde sie modifiziert, indem synthetische Pheromone die lebenden Weibchen ersetzten (Abb. 2). Dadurch konnte die Lockwirkung der Fallen auf unbestimmte Zeit verlängert werden. Darüber hinaus wurden die Klebebänder durch stark wirkende Insektizide ersetzt, was die Wirksamkeit der Methode weiter erhöhte. Durch den Einsatz von Aggregationspheromonen als Köder können nicht nur Männchen, sondern auch Weibchen angelockt und vernichtet werden.

Abb. 1 Nonne *Lymantria monacha*. (© neil bowman/Getty Images/iStock)

Abb. 2 Pheromonfalle. (© Ivan Lopez Gonzalez/Getty Images/iStock)

Der zweite Ansatz zur Verwendung von Schädlingspheromonen ist der massive Einsatz weiblicher Lokstoffe. Wir haben bereits gesehen, dass die Wirkschwelle der weiblichen Sexualpheromone äußerst niedrig ist. Wenn ein Pheromon mit einer Konzentration, die das Hundert- oder Tausendfache seiner Schwellenkonzentration übersteigt, in der Atmosphäre verteilt wird, sind die Männchen verwirrt und können die Weibchen nicht entdecken. Aber selbst wenn sie sie fänden, wären sie in ihrem überreizten Zustand nicht in der Lage, die Kopulation wirksam durchzuführen.

Vorteil von Pheromonen gegenüber Insektiziden

In der Vergangenheit wurde die Bekämpfung von Schadinsekten mit Chlorkohlenwasserstoffen wie DDT, Hexachloran usw. durchgeführt. Diese sind für Warmblüter relativ wenig giftig. Da sie jedoch chemisch stabil sind, hat dies dazu geführt, dass sie sich in großen Mengen im Boden und im Wasser anreichern und damit auch in tierischen Lebensmitteln zu finden sind. Dies führte dazu, dass sie weltweit in Produktion und Verwendung gebannt wurden. An ihre Stelle traten phosphororganische Insektizide, die weniger stabil sind und in natürlicher Feuchte schneller abgebaut werden. Im Vergleich zu Chlorkohlenwasserstoffen sind sie für Warmblüter und Menschen noch deutlich weniger giftig. Beide Gruppen von Insektiziden haben ein breites Wirkungsspektrum und töten sowohl Nützlinge als auch Schadinsekten. Sie schaden oft mehr als sie nützen, vor allem, wenn die ökologischen Zusammenhänge zwischen den Organismen außer Acht gelassen werden.

Blattläuse sind weltweit eine Plage und werden überall bekämpft. Sie haben natürliche Feinde wie Marienkäfer, Raubwanzen und Wespen, die es oft schaffen, mit ihnen fertig zu werden. Blattläuse sind jedoch von Natur aus gegen viele synthetische Insektizide resistent, da diese schwerer in ihren Körper eindringen können als in den der Insekten, die sich von ihnen ernähren. Deswegen töten Breitspektruminsektizide vorwiegend Blattlausschädlinge (Entomophagen, Insektenfresser) und in geringerem Maße auch Blattläuse selbst. Infolgedessen ist die Zahl der Blattläuse in den letzten Jahren stark angestiegen. Ein möglicher Ausweg aus dieser Situation ist die Suche nach Insektiziden mit höherer Selektivität, wie z. B. Amifos. Es ist für Rübenblattläuse 300- bis 500-mal giftiger als für ihren natürlichen Feind, den Siebenpunkt-Marienkäfer.

Die Suche nach Wirkstoffen mit höherer Selektivität ist allerdings sehr teuer. Nach Angaben des US-Statistikamtes dauert es etwa 10 Jahre und kostet Hunderte von Millionen Dollar, um ein neues Insektizid in die Praxis einzuführen.

Pheromone sind im Gegensatz zu Insektiziden artspezifisch. Dies ermöglicht die Kontrolle der Population einer bestimmten biologischen Art, ohne die Zahl der Nutzinsekten zu beeinträchtigen. Wie bereits erwähnt, handelt es sich bei Pheromonen um relativ einfache chemische Verbindungen, deren Synthese nicht komplizierter oder teurer ist als die von Insektiziden. Sie haben jedoch den großen Vorteil, dass sie für andere Organismen absolut unschädlich sind und die Umwelt nicht belasten. Selbst wenn sie in Kombination mit Insektiziden eingesetzt werden, haben sie den Vorteil, dass sie selektiv nur eine bestimmte Art von Insekten anlocken und abtöten, und das mit einer wesentlich geringeren Menge an Insektiziden. Das Insektizid „Fly-Tox" wird in den USA seit langem in Kombination mit dem Sexualpheromon der Stubenfliege eingesetzt. Es ist wesentlich wirksamer als Fly-Tox ohne das Pheromon. Es ist davon auszugehen, dass synthetische Sexualpheromone in naher Zukunft eine noch breitere Anwendung als Köder zur Insektenbekämpfung sowohl im häuslichen als auch im industriellen Bereich finden werden.

Chemie der Modellgesellschaft

Eine Gesellschaft ohne Egoismus, Neid, Gemeinheit und Korruption, ohne Reiche und Arme, ohne Bevorzugte und Verachtete, eine Gesellschaft von fleißigen Wesen, die in Frieden und Verständnis leben, in der jeder seine Pflichten kennt und bereit ist, sein Leben für andere zu opfern. Das ist die ideale Gesellschaft, die sich idealistische Philosophen, religiöse Führer, Schriftsteller und andere gute Menschen vorstellen. Für diese Gesellschaft haben Tausende ihr Leben gelassen, ohne das je zu erleben. Im wirklichen Leben gibt es diese Gesellschaft des *Homo sapiens* nicht. In der Natur aber ist das keine Schimäre. So leben die Kolonien der sozialen Insekten wie Bienen, Wespen, Ameisen und Termiten. Um ihre erstaunliche Vollkommenheit kann der Mensch sie mit Recht beneiden. Das Leben dieser Insekten hat schon immer die Neugierde der Menschen auf sich gezogen. Generationen von Gelehrten haben ihrer geheimnisvolle Welt betreten und ihre Vollkommenheit bestaunt.

In vielerlei Hinsicht ähnelt das Verhalten der sozialen Insekten rationalem menschlichem Handeln. Zum Beispiel bauen und unterhalten sie ihre Häuser in vorbildlicher Weise und teilen ihre Aufgaben untereinander auf die rationellste Weise auf. Es gibt eine echte Spezialisierung und Arbeitsteilung sowie eine genaue Koordinierung zwischen den verschiedenen Arten von Arbeit (Bau- und Reparaturarbeiten, Nahrungsbeschaffung, Betreuung der Nachkommen, Sicherheit, Reinigung usw.). Und da der Mensch dazu neigt, in allem, was nicht im Chaos versinkt, einen Grund für die beobachtete Ordnung zu suchen, haben die Menschen viele Jahre lang soziale Insekten als rationale Wesen betrachtet. Aber heute von Vernunft zu sprechen, ist kenntnisfrei. Wir wissen, dass unsere Vernunft ein komplexes Nervensystem und ein hoch organisiertes Gehirn erfordert. Das haben Bienen, Ameisen und Termiten nicht. Ihre Ganglien (das Analogon eines Gehirns) unterscheiden sich nicht von denen anderer Insekten. Bei den Bienen, von denen es etwa 20.000 Arten gibt, machen die sozialen Arten nur etwa 10 % aus und ihr Nervensystem ist dem der nichtsozialen Bienen in keiner Weise überlegen. Wenn wir überhaupt von einem Zusammenhang zwischen „Intelligenz", Nervensystem und Lebensweise sprechen können, dann sind die Ameisen die intelligentesten unter den sozialen Insekten. Im Kopf der meisten Insekten befinden sich zwei Nervenganglien, ein vorderes und ein hinteres. Das vordere fungiert als Gehirn und das hintere steuert die Kiefer des Mundes. Bei Ameisen sind die beiden Ganglien zu einem einzigen Organ vereinigt, offenbar deshalb, weil ihre Ernährungsweise eine erhebliche Vereinfachung des Kopfes ermöglicht hat. Aber was auch immer die Gründe sein mögen, Ameisen gehören zu den Insekten mit den größten „Gehirnen". Bei ihnen ist auch die soziale Lebensweise am weitesten entwickelt. Während bei Bienen und Wespen die soziale Organisation ein Einzelfall ist (wenn man die große Zahl der nichtsozialen Arten bedenkt), ist sie bei Ameisen die einzige Form der Existenz. Nach den Beobachtungen einiger Entomologen sind Ameisen die Insekten, die sich am leichtesten „erziehen" lassen. Diese Eigenheiten haben jedoch nichts mit Vernunft zu tun.

Alle den sozialen Insekten innewohnenden Tätigkeiten werden mechanisch ausgeführt aufgrund eines vorgefertigten, genetisch festgelegten Programms. Jean-Henri Fabre schreibt: „Der Instinkt ist nur in dem ihm zugewiesenen Bereich unfehlbar. Außerhalb davon ist er machtlos". Um den Intellekt der Wespe zu testen, führte Fabre ein einfaches, aber erhellendes Experiment durch. Er beobachtete, dass eine der Raubwespen, die sich von Heuschrecken ernährt, ihr Opfer zunächst durch einen Stich lähmt und dann an den Fühlern des Kopfes zum Nest zieht. Als er die beiden Fühler abtrennte, biss die Wespe das Opfer in die Lippententakel und schleppte es wieder weg. Nun schnitt der Wissenschaftler auch die Mundtentakel ab. Die Wespe beäugte das verstümmelte Opfer und ließ es ohne zu zögern zurück, obwohl es noch viele Auswölbungen am Körper hatte, an denen Anbeißen und Wegschleppen möglich waren. Aber, wie Fabre schreibt: „Einen Fuß statt eines Fühlers zu ergreifen, stellte für sie eine unüberwindbare Schwierigkeit dar. Alles, was sie brauchte, waren Fühler und Tentakel. Würden diese vom Kopf der Opfer verschwinden, würde auch der Wespenstamm verschwinden, der nicht in der Lage ist, die geringste Schwierigkeit zu überwinden".

Dank der Instinkte kann jedes soziale Insekt seine Aufgaben einwandfrei erfüllen, aber der Instinkt allein reicht nicht aus, um das Leben der Gesellschaft als Ganzes zu sichern. Alle Arten von Aktivitäten müssen harmonisiert sein, um die Existenz zu sichern. Es wird ein Mechanismus benötigt, um blinde Instinkte bei Bedarf ein- und auszuschalten und um die Aktivitäten aller Familienmitglieder zu synchronisieren. Es braucht etwas, das die Insekten vereint und ihnen das Gefühl gibt, Teil eines Kollektivs zu sein, gleichbedeutend mit einem Organismus. Lange Zeit blieb diese geheimnisvolle Kraft, die in der Lage ist, Tausende von unvernünftigen Kreaturen zu einem lebendigen und rationalen Kollektiv zu vereinen, dessen Gesamtaktivität in ihrer Komplexität mit der des Menschen vergleichbar ist, ein Rätsel für die Wissenschaft.

Bei der Beschreibung des Lebens der Bienen sprach Maurice Maeterlinck 1901 von den „schwer fassbaren sozialen Kräften", die die Aktivitäten des Bienenvolkes steuern. Er schrieb: „Wo ist der Geist des Bienenstocks, der über den Reichtum und das Glück, die Freiheit und das Leben eines jeden geflügelten Wesens in ihm verfügt?".

Später wurde klar, dass es sich bei diesem geheimnisvollen „Geist" um einen Komplex chemischer Verbindungen handelt, die von den ekkrinen (nach außen absondernd) Drüsen sozialer Insekten abgegeben werden. Es handelt es sich in der Tat um die uns bereits bekannten Pheromone. Um ihre Bedeutung für das Leben von Insektengemeinschaften zu veranschaulichen, nehmen wir das Beispiel von Honigbienenvölkern, die am besten erforscht sind. Hier laufen wir Gefahr, diejenigen Leser zu langweilen, die mit der Struktur und Organisation des Bienenvolkes vertraut sind. Wir sind aber der Meinung, dass dies für ein besseres Verständnis der Bedeutung der Pheromone für das Leben der Bienen notwendig ist.

Die Honigbiene *Apis mellifera* ist seit jeher ein echtes Haustier. Sie bestäubt Obstbäume und liefert dem Menschen Honig, Wachs, Propolis und Bienengift. In freier Wildbahn ist sie nur noch selten anzutreffen. Ein normal entwickeltes Honigbienenvolk besteht aus etwa 60.000 Bienen und umfasst drei Typen von Bienen: eine Bienenkönigin (auch Königin genannt), 100–200 männliche Bienen (Drohnen) und alle anderen – die Arbeitsbienen. Die drei Bienentypen lassen sich leicht durch ihr Aussehen unterscheiden (Abb. 1). Die Königin hat einen lang gestreckten, schlanken Körper, der etwa 1,5-mal länger ist als der der Arbeitsbienen. Der Körper der Drohnen ist dicker und runder.

Obwohl sowohl Königin als auch Arbeitsbienen weiblich sind, ist das einzige voll entwickelte Weibchen die Königin. Ihre Hauptaufgabe ist es, Eier zu legen. Eine gesunde und junge Königin legt täglich 1500–3000 Eier mit einem Gesamtgewicht, das ihrem eigenen entspricht. Im Gegensatz zu den meisten anderen Tieren hat sie jedoch keinen Mutterinstinkt. Nachdem das Ei gelegt ist, kümmert sich die Königin nicht mehr darum. Die mütterliche

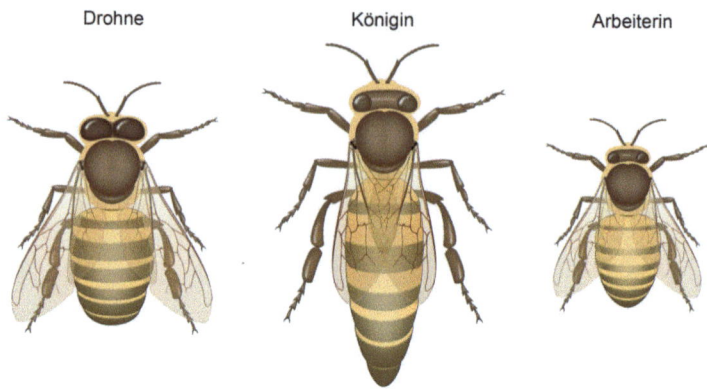

Abb. 1 Typen von Bienen im Bienenvolk der Honigbiene *Apis mellifera*. (© Aldona/Getty Images/iStock)

Fürsorge wird von den Gouvernanten, den Arbeitsbienen, übernommen. Die Drohnen haben die geringste Aufgabe. Sie beschränkt sich auf die Befruchtung der Königin, die von einer der Drohnen durchgeführt wird. Danach werden sie nicht mehr gebraucht und von ihren Schwestern in der Regel aus dem Bienenstock geworfen. Das strenge Gesetz der Bienen, „Wer nicht arbeitet, darf nicht essen", gilt für diese „Blutsbrüder" kompromisslos.

Alle anderen Tätigkeiten im Bienenstock – der Bau der Brutwaben, die Vorbereitung der Zellen für die Eiablage, die Aufrechterhaltung der Hygiene und der konstanten Temperatur im Stock, das Sammeln von Nektar und Pollen, die Aufzucht der Brut (Larven), die Bewachung des Bienenstocks vor Feinden usw. – werden von Arbeitsbienen ausgeführt. Früher ging man davon aus, dass jede dieser Tätigkeiten von „besonderen Spezialisten" ausgeführt wird. Heute weiß man, dass jede Arbeitsbiene alle Arbeitseinheiten durchläuft. Am dritten Tag nach der Eiablage schlüpft eine kleine Larve aus dem Ei, die von den Ammenbienen gefüttert wird. Es ist keine leichte Aufgabe. Die Larve ist so gefräßig, dass sie etwa 1300 Mahlzeiten pro Tag braucht, um satt zu werden. Dank ihres guten Appetits und der reichhaltigen Nahrung wächst sie schnell und füllt ihre sechseckige Behausung in 6 Tagen aus. Dann wickelt sie einen Seidenkokon um sich, der von den Arbeitsbienen mit einer dünnen Wachskappe verschlossen wird, sodass sie in Ruhe zu einer Biene werden kann. Dieser Prozess dauert weitere 12 Tage, sodass die Arbeitsbiene 21 Tage nach der Eiablage schlüpft. Eine Königin tut dies etwa 5 Tage früher, die Drohne 3 Tage später. Unmittelbar nach dem Verlassen der Brutzelle nimmt die Arbeitsbiene aktiv am Leben des Bienenstocks teil. Ihre erste Tätigkeit ist die Hygiene. Sie reinigt die Zellen der Larven und bereitet sie für die Lagerung von Honig vor oder um Eier abzulegen. Nach etwa 6 Tagen wechselt die Arbeiterin zu einer neuen Aufgabe – „Amme" – und kümmert sich um die Fütterung der Larven. Nach einer weiteren Woche ist sie nun Baumeisterin und kümmert sich um die Reparatur der alten und den Bau neuer Wachskammern. Diese Phase ihrer Spezialisierung dauert etwa 10 Tage. In dieser Zeit übt sie auch einige andere Tätigkeiten aus: Sie nimmt den Nektar von den Sammelbienen an und verarbeitet ihn zu Honig, lagert Honig und Pollen in den Zellen, reinigt den Bienenstock von überflüssigen Gegenständen und toten Bienen, hält „Wache" am „Kontrollpunkt" (dem Brutkasten) usw. Während dieser Zeit ist sie als Wächterin des Volkes eine stechende Biene. Erst nach dem 20. Tag des Schlüpfens verlässt die Arbeitsbiene den Bienenstock und geht auf Futtersuche. Dies ist aber eigentlich die Zeit ihres Alters, denn in der aktiven Sommersaison lebt die Arbeitsbiene nur 5–6 Wochen. Die Herbstbienen leben bis zum Frühjahr.

Offenbar wird die Biene mit vorgefertigten, genetisch festgelegten Verhaltensweisen geboren. Aber woher weiß sie, wann sie den Bienenstock verlassen und eine neue Aufgabe übernehmen muss? Das entscheidet die Natur auf eine sehr rationale Weise. Die Biene wird einfach unterentwickelt geboren. Ihre Entwicklung geht nach dem Verlassen der Brutzelle weiter. Am 6. Tag entwickeln sich beispielsweise ihre Speicheldrüsen, die Gelée Royale („Bienenköniginnenfuttersaft") absondern, mit dem sie die Larven füttert. Diese Drüsen sind funktional den Milchdrüsen der Säugetiere vergleichbar. Während dieser Zeit sind die Wachsdrüsen noch unterentwickelt. Am 14. Tag sind die Speicheldrüsen verkümmert, aber die Wachsdrüsen entwickeln sich. Dies bestimmt automatisch den neuen Beruf der Arbeitsbiene. Nach dem 20. Tag gehen die Wachsdrüsen zurück und die Biene beginnt, Nektar und Pollen zu sammeln.

Wir haben bereits gesagt, dass sowohl Königin als auch Arbeitsbienen weiblich und Drohnen männlich sind. Bei Bienen wird das Geschlecht durch einen Haploid-Diploid-Mechanismus bestimmt, was bedeutet, dass aus befruchteten Eiern Weibchen und aus unbefruchteten Eiern Männchen hervorgehen. Ob ein Ei befruchtet wird oder nicht, wird von der Bienenkönigin entschieden. Während des Begattungsflugs füllen die befruchtenden Drohnen ihre Samentasche mit Millionen von Spermien, die etwa 4–5 Jahre lebendig bleiben. Die Samentasche wird über einen dünnen, mit einem Schließmuskel versehenen Kanal mit dem Legebohrer verbunden und bei der Eiablage kann die Königin „nach Belieben" Spermien an das Ei abgeben oder nicht.

Da Drohnenlarven größer sind als die der Arbeiterinnen, werden für sie spezielle Zellen gebaut. Je nach Größe der Zelle krabbelt die Königin um die Zelle herum und legt ein befruchtetes oder unbefruchtetes Ei ab.

Und aus welchen Eiern schlüpft die Königin selbst? Seltsamerweise kommt sie aus denselben Eiern wie die Arbeitsbienen. Ob aus einem Ei eine Arbeiterin oder eine Königin schlüpft, hängt nur von der Ernährung und damit vom „Willen" der Ammenbienen ab. In den ersten Tagen nach dem Schlüpfen werden alle Larven mit Gelée Royale gefüttert. Es ist sehr nahrhaft und äußerst reich an Vitaminen und anderen biologisch aktiven Substanzen. Sobald die Larven der Arbeitsbienen heranwachsen, stellen sie auf eine andere Ernährung um – Gelée Royale, ergänzt durch Honig und Pollen. Nur die Königinnenlarven ernähren sich bis zum Schluss weiterhin von Gelée Royale. Diesem wird eine noch nicht bekannte biologisch aktive Substanz zugesetzt wird, um die Entwicklung des Fortpflanzungssystems zu stimulieren. Man schätzt, dass 1 kg Gelée Royale nur 1 mg dieser Substanz enthält. Da die Königinnenlarven viel größer sind als die der Arbeitsbienen, werden für sie spezielle Königinnenbrutröhren benötigt, die die Form und Größe einer Eichel haben. Diese befinden sich normalerweise am Boden der Wabe. Die Krönung der Königin liegt also ganz in den Händen der Arbeitsbienen. Allerdings wechseln sie ihre Königinnen nicht oft aus. Die Vorbereitung eines Königinnenwechsels, erkennbar am Bau neuer Brutröhren, ist ein Alarmsignal und ein Hinweis darauf, dass im Bienenstock etwas nicht stimmt. Wie alle anderen Tätigkeiten der Bienen ist auch die Aufzucht von Königinnenlarven nichts anderes als ein Instinkt. Aber warum zeigt sich dieser Instinkt nicht immer, sondern nur zu bestimmten Zeiten? Welcher Mechanismus schaltet ihn ein und aus, und wer bestimmt genau, wann mit der Aufzucht einer neuen Königin begonnen wird? Die Antwort auf diese Frage gaben zwei Laboratorien. Eines in England, das andere in Frankreich.

Unabhängig voneinander gelang es ihnen, eine äußerst wichtige chemische Verbindung aus den Mandibeldrüsen (Speicheldrüsen) von Bienenköniginnen zu isolieren. Sie wurde als 9-Keto-2-trans-decensäure = 9-Oxo-trans-2-decensäure identifiziert (Abb. 2) und als Königinsubstanz bezeichnet.

Forschungen zeigen, dass die Königinsubstanz der Magnet ist, der die Arbeitsbienen bei der Königin hält. Es ist der Zauberstab, mit dem die Bienenkönigin Ordnung und Frieden in ihr Volk bringt. Die Königinsubstanz ist ein Pheromon, das sich jedoch im Gegensatz zu anderen typischen Pheromonen durch ein breiteres Wirkungsspektrum auszeichnet. Es unterscheidet sich von den Pheromonen auch in der Art und Weise, wie es verbreitet wird. Ein

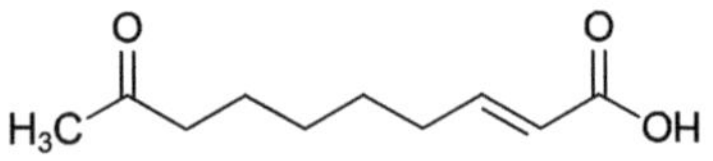

Abb. 2 Die Königinsubstanz von *Apis mellifera* (9-Keto-2-trans-decensäure)

Teil der Substanz wird im Bienenstock über die Luft verteilt und wie die Sexualpheromone über die Fühler wahrgenommen. Sie hat eine starke anziehende Wirkung und veranlasst die Bienen, sich um die Königin zu scharen zwecks Versorgung. Über diesen Kontakt und den ständigen Kontakt untereinander, wobei Wasser, Nektar und Pollen von Mund zu Mund ausgetauscht werden, verbreiten sie die Königinsubstanz unter sich. Dieses Phänomen ist bei sozialen Insekten weit verbreitet und wird Trophallaxis (Weitergabe von flüssiger Nahrung) genannt. Diese Art der Übertragung der königlichen Substanz war zunächst hypothetisch, wurde aber inzwischen experimentell mit der Methode markierter Moleküle nachgewiesen. Zu diesem Zweck wurde mehreren Bienen mit radioaktiven Isotopen markierte Königinsubstanz verabreicht. Diese konnte bereits nach wenigen Stunden bei fast allen Bienen des Bienenstocks nachgewiesen werden. Mit radioaktiven Isotopen wurde auch nachgewiesen, dass die königliche Substanz relativ schnell verstoffwechselt wird. Innerhalb weniger Stunden wird sie in 9-Hydroxydecansäure und 9-Hydroxydecylensäure umgewandelt. Der schnelle Stoffwechsel wiederum setzt voraus, dass die Substanz kontinuierlich und in ausreichend großen Mengen produziert wird. Es wurde festgestellt, dass für den normalen Betrieb eines durchschnittlich großen Bienenstocks etwa 0,1 mg Königinsubstanz pro Tag erforderlich sind.

Die Königinsubstanz kann auch mit einem Beruhigungsmittel verglichen werden. Sie beruhigt das Nervensystem der Bienen und schafft die Voraussetzungen für eine normale Arbeit. Aber sie ähnelt auch einer Droge, von der sie stark abhängig werden. Ohne die königliche Substanz erleben die Bienen Entzugserscheinungen, werden unruhig, aufgeregt, irren ziellos im Bienenstock umher, summen und flattern mit den Flügeln. Dieses Bild ist immer dann zu beobachten, wenn die Königin entfernt wird. Aufgrund des schnellen Stoffwechsels der Substanz weiß der gesamte Bienenstock bereits 2–3 h nach der Entnahme der Königin, dass diese verschwunden ist. Die Substanz hat auch die Fähigkeit, eine Reihe von Instinkten der Bienen zu unterdrücken, vor allem aber den Instinkt, Königinnen zu bilden und die Königinnenlarven zu füttern. Mit dem Entfernen der Königin werden diese Instinkte freigesetzt, und der Bienenstock beginnt, die Krönung einer neuen Königin vorzubereiten. Wie geschieht das?

Die Bienen bauen eilig mehrere Brutzellen, in die sie eines der zuletzt gelegten Eier (nicht älter als 3 Tage) übertragen und beginnen, die frisch geschlüpften Larven mit Gelée Royale zu füttern, versetzt mit etwas des bereits erwähnten unbekannten Wirkstoffs. So haben sie bereits nach 16 Tagen eine neue Königin. Um das Risiko eines Misserfolgs bei der Königinnenproduktion zu vermeiden, legen die Bienen mehrere Brutzellen gleichzeitig an, aus denen vorübergehend mehrere Königinnen schlüpfen. Es gibt jedoch nur einen Thron. Daher verschlingt die erste Bienenkönigin nach dem Schlüpfen aus dem Brutnest die andere Brut und tötet so ihre Konkurrentinnen. Wenn eine von ihnen überlebt, beginnt ein heftiger Kampf, der mit dem Tod einer von ihnen endet.

Am sechsten Tag nach dem Schlüpfen ist die junge Königin reif und begibt sich auf einen Begattungsflug einschließlich mehrerer Suchflüge. Das Signal zum Abflug geben die Sexualpheromone. Es wurde festgestellt, dass die Königinsubstanz auch hier wirkt. Daneben werden in dieser Zeit eine weitere Substanz mit ähnlicher chemischer Struktur (9-Hydroxy-2-trans-decensäure) und möglicherweise noch nicht identifizierte synergistische Substanzen ausgeschieden. Die Befruchtung der Königin, die nur wenige Sekunden dauert, wird in der Luft von einer der begleitenden Drohnen durchgeführt. Es wurde beobachtet, dass die Königin die Drohnen am stärksten in einer Höhe von etwa 12 m anlockt. Unterhalb von 4,5 m und über 30 m folgen sie ihr nicht mehr.

Die Königinsubstanz wirkt auch wie ein Antihormon, das die Funktionen des Fortpflanzungssystems der Arbeitsbienen unterdrückt. Wie bereits gesagt, sind sie weiblich und haben das Potenzial, Eier zu legen. In Gegenwart einer Königin geschieht dies nicht. Die Königinsubstanz unterdrückt diese Aktivität vollständig.

Wie erwähnt, produzieren die Bienen sofort eine neue Königin, wenn der Bienenstock ohne Königin bleibt (durch Tod oder experimentelle Entfernung). Was aber, wenn es gerade kein geeignetes, frisch gelegtes Ei gibt für diesen Prozess?

Nach der Befreiung von der unterdrückenden Wirkung der Königinsubstanz entwickeln sich die Geschlechtsorgane einer oder mehrerer Arbeitsbienen rasch und sie beginnen, Eier zu legen. Ihre Eier sind jedoch unbefruchtet und aus ihnen schlüpfen Drohnen, die den gesammelten Honig schnell auffressen. Dies führt in der Regel zum Absterben des Bienenstocks.

Die Menge der Königinsubstanz im Bienenstock ist ein Indikator für die Lebensfähigkeit der Bienenkönigin und ihre Eignung, Königin zu sein. Im Falle von Krankheit oder Alter nimmt die Produktion der Königinsubstanz ab, der Bienenstock wird weniger aktiv. Dies ist ein Zeichen dafür, dass die Bienen eine neue Königin produzieren müssen.

Einige Autoren gehen davon aus, dass die Königinsubstanz auch der Auslösemechanismus für das Schwärmen der Bienen ist. Was ist Schwärmen? In den Monaten Mai oder Juni, wenn die Zahl der Bienen im Bienenvolk mit einer gesunden Königin zu stark ansteigt, beginnen die Bienen, neue Eier zu legen, um eine neue Königin zu produzieren. Die beiden Königinnen geraten jedoch nicht miteinander in Konflikt, sondern zu einem bestimmten Zeitpunkt, auf ein bestimmtes Signal hin, verlässt die alte Königin zusammen mit einem Teil der Bienen (20.000–30.000) den Bienenstock und macht der neuen Königin Platz. Der abfliegende Schwarm schwebt wie eine fliegende Kugel durch die Luft und setzt sich in einem Baum, einem Dachvorsprung, einem Busch, einem verlassenen Bienenstock, einer Holzkiste usw. fest. Wer entscheidet, dass der Bienenstock überfüllt ist?

Man geht davon aus, dass, wenn die Zahl der Bienen eine bestimmte Grenze überschreitet (80.000–90.000), die alte Königin nicht genug Königinsubstanz anbieten kann, um den Bedarf zu decken. Die Arbeitsbienen und die weiter vom Nest entfernten Tiere entwickeln das Gefühl, ohne Königin zu sein.

Studien über die Struktur-Funktions-Beziehung der Königinsubstanz zeigen, dass ihre chemische Struktur einzigartig für ihre biologische Aktivität ist. Versuche, die Kohlenstoffkette zu verlängern oder zu verkürzen, das trans-Isomer durch ein cis-Isomer zu ersetzen, die Position der Carbonylgruppe zu ändern usw., haben zu einem Verlust der Aktivität geführt.

Bei den verschiedenen sozialen Insekten ist die chemische Beschaffenheit der Königinsubstanz unterschiedlich. Bei der Wespe *Vespa orientalis* (Orientalische Hornisse) zum Beispiel handelt es sich um ein Lakton der 5-Hydroxyhexadecansäure.

Pheromone werden nicht nur von der Königin, sondern auch von den Arbeitsbienen abgesondert. Jede von ihnen trägt am Ende ihres Hinterleibs eine „Parfümflasche". Dabei handelt es sich um ein kleines Organ, welches Nasonov-Drüse genannt wird nach dem russischen Zoologen N.V. Nasonov (auch Nassanoff). Sie befindet sich auf der Rückseite des letzten Bauchsegments und ist bei Bienen als heller Fleck zu erkennen (Abb. 3). Die Drüse sondert aromatische Substanzen ab, die für das Leben der Bienen von großer Bedeutung sind. Sie ist ihr Ausweis, mit dem die Arbeitsbienen in den Bienenstock aufgenommen werden. Mit Hilfe der Nasonov-Drüse wird der Fremde leicht erkannt und vertrieben. Der Duft ist streng spezifisch für jede Biene.

Die Nasonov-Drüse ist ein wichtiges Organ des Bienenvolkes, mit dem sich die Arbeitsbienen nach der Rückkehr von der Futtersuche oder die Königin nach dem Begattungsflug orientieren, um ihr Heim zu finden. Mit den Sekreten der Nasonov-Drüse markieren die Pfadfinderbienen auch neu entdeckte Nahrungsquellen, was wiederum die Arbeit der Nektar- und Pollensammlerinnen erleichtert. Es ist bekannt, dass Pfadfinderbienen den Futtersammlerinnen mit dem sogenannten „Schwänzeltanz" Informationen über die Lage der Futterquelle übermitteln. Sie markieren mit den Pheromonen

Abb. 3 Die Nasonov-Drüse (gelber Fleck) von *Apis mellifera* und das von ihr abgesonderte Pheromon Geraniol. (Foto: © Aleksandr Rybalko/Getty Images/iStock)

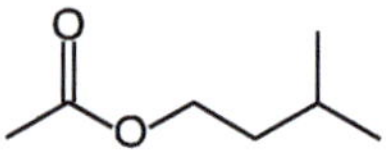

Abb. 4 Isoamyl(isopentyl)acetat, Alarmpheromon von *Apis mellifera*

der Nasonov-Drüse bestimmte Farben. Der Hauptbestandteil des Sekrets ist Geraniol. Es ist ein Terpenalkohol, der in vielen ätherischen Ölen vorkommt, unter anderem in dem der Rose. Darüber hinaus produziert die Drüse auch andere Terpenverbindungen wie Citral, Nerolsäure, Geraniumsäure usw. Wahrscheinlich wird der einzigartige Charakter des Geruchs eines Bienenvolkes durch die Variation des Verhältnisses dieser Verbindungen bestimmt.

J. Hübner beobachtete im Jahr 1814, dass, wenn ein Mensch von einer Biene gestochen wird, die Wahrscheinlichkeit, von einer zweiten Biene angegriffen zu werden, viel größer ist, als wenn er gar nicht gestochen wird. Er bemerkte auch, dass die Einstichstelle einen fruchtigen Geruch hatte, der an das Aroma einer Banane erinnerte. Das Geheimnis dieser Duftmarke wurde erst viel später gelüftet. Man stellte fest, dass es sich um Isopentylacetat handelt. Es ist das Produkt einer anderen, mit dem Stachel verbundenen Pheromondrüse (Abb. 4). Der Zweck ist, Feinde zu markieren und sie für andere Bienen als Angriffsobjekt zu kennzeichnen. Mit jeder weiteren Biene, die mit ihrem Stachel ihr „riechendes" Autogramm hinterlässt, steigt die Konzentration von Isopentylacetat und befeuert die Aggressivität der Bienen. Experimentell wurde gezeigt, dass Filterpapier oder ein Stück Textil, mit Isopentylacetat getränkt, von den Bienen angegriffen und gestochen wird. Vielleicht liegt hier die Erklärung für eine lange bekannte Tatsache, dass nämlich Bienen keine betrunkenen Imker mögen. Der Grund dafür ist wohl, dass Spirituosen (Wein, Schnaps, Cognac usw.) neben vielen anderen fruchtig riechenden Estern Isopentylacetat enthalten.

Neu geschlüpfte Bienen sondern kein Isopentylacetat ab. Es erscheint etwa am 15. Tag ihres Lebens und der Gehalt schwankt zwischen 1 und 5 µg pro Biene. Es wird angenommen, dass Isopentylacetat nur zur Markierung von Feinden dient, in deren Körper die Biene ihren Stachel hinterlässt. Wenn andere Insekten gestochen werden, wird der Stachel zurückgezogen und Isopentylacetat wird nicht freigesetzt. Kleine Schädlinge werden mit einem anderen Pheromon, dem 2-Heptanon, markiert.

Es ist seit langem bekannt, dass Rauch die Aggressivität der Bienen verringert. Deshalb ist eine Rauchquelle obligatorisches Attribut eines Imkers. Die Wirkung von Rauch ist nicht genau bekannt, aber es gibt zwei Hypothesen. Die eine besagt, dass der Rauch als Alarmsignal wahrgenommen wird (wahrscheinlich in Verbindung mit der Naturkatastrophe Feuer) und die Bienen instinktiv beginnen, ihre Bäuche mit Honig zu füllen, um sich auf die Evakuierung vorzubereiten. Ein voller Hinterleib erschwert jedoch das Stechen. Nach der zweiten Hypothese binden sich Bestandteile des Rauchs an die Isopentylacetat-Rezeptoren, die sich auf den Fühlern befinden und machen sie so unempfindlich für die Alarmpheromone.

Obwohl wir bisher nur die Rolle der Pheromone für das Leben der Honigbiene betrachtet haben, ist ihre Bedeutung für andere soziale Insekten nicht weniger groß. Auch bei diesen (Wespen, Ameisen und Termiten) sind Einheit und Zusammenhalt der Kolonie auf die Pheromone zurückzuführen, die von einer Königin abgesondert und unter den Koloniemitgliedern verbreitet werden. Neben der Aggregationsfunktion haben die Pheromone aber auch noch weitere physiologische Wirkungen. In Termiten- und Ameisengemeinschaften, die durch eine Kastengesellschaft gekennzeichnet sind, regulieren sie auch die Anzahl der Kasten.

Durch Pheromone markieren nichtfliegende Insekten ihren Weg zu neu entdeckten Nahrungsquellen. Dies sind sogenannte Spurenpheromone. Die amerikanische Feuerameise *Solenopsis saevissima* hinterlässt nach der Nahrungssuche auf dem Weg zum Ameisenhaufen eine Duftspur, indem sie in regelmäßigen Abständen von einigen Zentimetern mit dem Stachel den Boden berührt. Alle anderen Ameisen, die dieser Spur folgen, finden schnell die gesuchte Futterquelle. Auf dem Rückweg wird ebenfalls der Weg markiert. Dadurch wird der Duft der Spur verstärkt und neue Ameisen werden zum Nahrungsdepot gelockt. Wenn die Nahrungsquelle erschöpft ist und die Ameisen ohne Nahrung zurückkehren, hinterlassen sie keine Spur mehr. Der Geruch verflüchtigt sich und verschwindet nach einigen Minuten ganz. Auf diese Weise lässt sich genau bestimmen, wie viele Arbeitskräfte benötigt werden, um das Futter von der Quelle zum Ameisenhaufen zu transportieren, ohne dass dabei unnötig Arbeitskräfte verbraucht werden.

Die Duftspur der Ameisen ist nicht nur ein Korridor, der den Ameisenbau mit der Nahrungsquelle verbindet. Sie besitzt auch vektoriellen Charakter, d. h. sie hat eine Richtung. Dies wurde auf folgende Weise demonstriert. Ein Stück Papier wurde in den Weg der Ameisen gelegt, welches die Arbeiterinnen mit Pheromonen markierten. Wenn das Papier in einem bestimmten Moment um 180° gedreht wird, gehen einige von ihnen bis zum Ende des Blattes und kehren zurück, während andere auf dem Blatt verharren, bis sie die Fortsetzung der Spur außerhalb des Blattes finden und ihren Weg fortsetzen. Man nimmt an, dass die Konzentration der Duftstoffe in Richtung vom Ameisenhaufen zur Nahrungsquelle zunimmt. Das ist nicht ohne Bedeutung, denn die Verstärkung des Duftes ist ein Zeichen dafür, dass sich die Ameisen schneller in Richtung des Ziels bewegen sollen. Es ist möglich, dass die unsichtbare Spur außer der Richtung eine komplexere Struktur hat und viel mehr Informationen enthält als wir uns vorstellen können. McGregor hat zum Beispiel beobachtet, dass Ameisen auf ihrem Weg zum Ameisenhaufen immer denselben Punkt passieren und dass diejenigen, die sich versehentlich verirren, lange umherwandern, bis sie den richtigen Weg finden.

Um ihren Zweck zu erfüllen, müssen Spurenpheromone flüchtig sein bzw. sich relativ schnell verflüchtigen. Extrakte der roten Waldameise *Formica rufa* behalten ihre Wirkung bei 4 °C nachweislich bis zu 3 Jahre lang, während sie bei 25 °C nur wenige Stunden aktiv sind. Bei Blattschneiderameisen (*Atta texana*) ist das Spurenpheromon der Methylester der 4-Methylpyrrol-2-carbonsäure (Abb. 5). Die Termite *Zootermopsis nevadensis* hingegen setzt für den gleichen Zweck Capronsäure ein und *Kalotermes flavicollis* (Gelbhalsholztermite) verwendet cis-Hexen-3-ol.

Lange bevor Spurenpheromone identifiziert wurden, waren sie insektenfressenden Tieren wohlbekannt. Die Ameisen fressenden Käfer der Familien Histeridae (Stutzkäfer) und Staphylinidae (Kurzflügler), Tausendfüßler und sogar Schlangen können die Ameisenhaufen anhand ihrer Duftspur leicht ausfindig machen.

Alle sozialen Insekten verfügen über sichere individuelle Mittel, um sich zu verteidigen und Feinde zu bekämpfen. Ihre Kampfkraft ist aber wesentlich effektiver, wenn sie sich zusammenschließen. Ein Zusammenschluss ist auch bei zufälligen Katastrophen wie Feuer, Überschwemmung, Bauzerstörung usw. notwendig. Die Mobilisierung der Widerstandskräfte der Gemeinschaft wird nur durch Pheromone erreicht. Dabei handelt es sich um die sogenannten Alarmpheromone. Ihr Erscheinen in der Luft ist ein Signal für Gefahr und führt zu einer plötzlichen Änderung des Arbeitsprogramms. Die Insekten verlassen ihre aktuellen Beschäftigungen und gehen in Kampfbereitschaft.

Chemie der Modellgesellschaft 55

Abb. 5 Das Spurenpheromon der Blattschneiderameise *Atta texana* ist der Methylester der 4-Methylpyrrol-2-carbonsäure. (Foto: © NokHoOkNoi/Getty Images/iStock)

Wenn eine Ameise, die auf dem Ameisenhaufen oder in seiner Nähe patrouilliert, etwas Störendes bemerkt, gibt sie ein Alarmpheromon ab und schlägt damit Alarm. Das Pheromon breitet sich schnell über eine Entfernung von 6–10 cm aus und versetzt die Ameisen in diesem Gebiet in einen erregten Zustand. Wenn diese die Situation ebenfalls als beunruhigend empfinden, setzen sie ebenfalls Alarmpheromon frei. Die Konzentration in der Luft steigt rasch, wodurch sich der Umkreis der aktiven Zone ausdehnt. So wird das Signal verstärkt und in wenigen Sekunden ist der gesamte Ameisenbau informiert. Handelt es sich jedoch um einen Fehlalarm, bestätigen ihn die Ameisen in der Nähe nicht, der Pheromongeruch verflüchtigt sich und das Signal verklingt schnell.

Ameisen besitzen zwei Alarmpheromondrüsen. Es sind die Mandibeldrüse (am Oberkiefer) und die Dufour-Drüse (am Hinterleib, benannt nach dem franz. Entomologen Léon Dufour, 1780–1865). Die Mandibeldrüse produziert Terpenverbindungen wie Citronellol, Citronellal, Norcitronellal, Geraniol usw. und die Dufour-Drüse sondert Paraffinkohlenwasserstoffe und Methylketone ab. Bei einem Alarm werden beide Drüsen aktiviert, wodurch ein komplexes Gemisch aus mehreren flüchtigen organischen Verbindungen entsteht. Im Alarmsignal der roten Waldameise wurden beispielsweise 46 solcher Verbindungen nachgewiesen. Da das Signal aus mehreren Komponenten besteht, kann seine quantitative Zusammensetzung je nach der gemeldeten Situation stark variieren, was es den Insekten ermöglicht, zusätzliche oder klärende Informationen über die Gefahrensituation zu melden. Möglicherweise übermitteln sie zusammen mit dem Alarmsignal auch Informationen über die

Art der Bedrohung, das Ausmaß des Schadens am Ameisenhaufen, die Art des Feindes usw. Bei den verschiedenen Insekten haben die Alarmpheromone eine unterschiedliche chemische Beschaffenheit. Wie bereits erwähnt, ist das Alarmpheromon bei der Honigbiene Isopentylacetat, während es bei Termiten und Ameisen Terpenverbindungen sind. Bei den australischen Termiten *Drepanotermes rubriceps* (Abb. 6) und *Drepanotermes perniger* ist das Alarmpheromon D-Limonen, bei *Amitermes meridionalis* ist es Terpinolen (Abb. 7) und bei *Nasutitermes exitiosus* ist es α-Pinen (Abb. 8).

Abb. 6 Das Alarmpheromon D-Limonen der australischen Termite *Drepanotermes rubriceps*

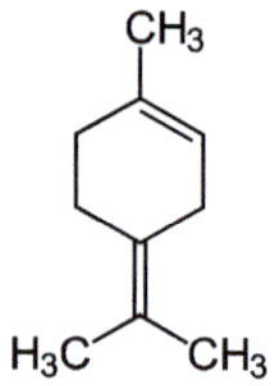

Abb. 7 Das Alarmpheromon α-Terpinolen von *Amitermes meridionalis*

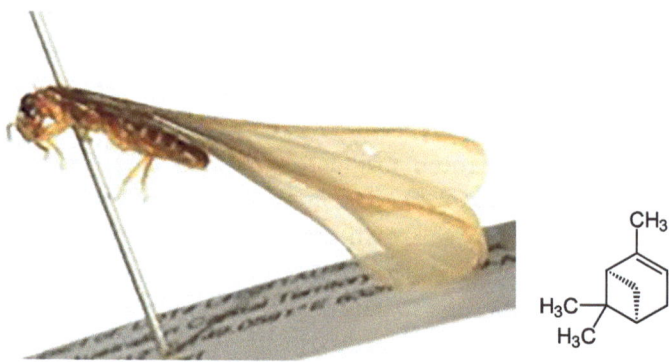

Abb. 8 Das Alarmpheromon α-Pinen von *Nasutitermes exitiosus*

An dieser Stelle ist anzumerken, dass Terpenverbindungen (insbesondere Limonen und α-Pinen), soweit sie für einige Baumkäfer als Sexual- oder Aggregationspheromone fungieren, für Termiten Alarmsignale sind. Dies veranschaulicht die komplexen chemischen Wechselbeziehungen zwischen lebenden Organismen sowie die unvorhersehbare Beziehung zwischen der chemischen Struktur und der physiologischen Wirkung der Substanzen, mit denen Tiere kommunizieren.

Nirgendwo im Tierreich kommt die Beziehung zwischen Pheromonen und Hormonen so gut zum Ausdruck wie bei sozialen Insekten. Hier haben die Pheromone der Königinnen nicht nur eine sozialisierende Wirkung, sondern beeinflussen auch direkt die ontogenetische, also individuelle Entwicklung des Insekts. Manche Autoren bezeichnen sie deshalb als soziale Hormone. Soziale Insektengemeinschaften sind nicht einfach nur Kolonien von zusammenlebenden Individuen, sondern sind überorganisatorische Einheiten, außerhalb derer ihre Mitglieder nicht existieren können. Der Nobelpreisträger Karl von Frisch sagte: „Ein Bauer kann eine Kuh, einen Hund, ein Huhn haben, aber er kann nicht eine Biene haben. Außerhalb des Bienenstocks geht sie zugrunde".

Die Kolonien sozialer Insekten ähneln einem vielzelligen Organismus, dessen Zellen mit den einzelnen Insekten identifiziert werden können. So wie die einzelne Zelle außerhalb des vielzelligen Organismus nicht existieren kann, so gehen auch sozial lebende Individuen außerhalb des Kollektivs zugrunde. Die Zellen eines vielzelligen Organismus sind differenziert und hoch spezialisiert, um bestimmte Funktionen zu erfüllen. Innerhalb der Kolonie verhalten sich die sozialen Insekten ebenfalls differenziert und sind auf bestimmte Tätigkeiten spezialisiert. In einem mehrzelligen Organismus wird die Verbindung zwischen den Zellen durch das Nervensystem, Hormone und andere chemische Botenstoffe, in Insektengemeinschaften durch Pheromone vermittelt. In diesem Fall sind die Pheromone analog zu den Hormonen zu betrachten. Die Königin der Insekten kann mit der Hypophyse der höheren Tiere verglichen werden, welche die wichtigsten Hormone absondert, um die Aktivität aller anderen endokrinen Drüsen und damit aller Organe steuern.

Die chemischen Signale des Benthos

Das Benthos (auch Benthon) repräsentiert die Gesamtheit der über, auf oder am Grund oder im Uferbereich von Gewässern lebenden pflanzlichen und tierischen Organismen. Seit den Anfängen des Lebens und im Laufe der langen Evolution der organischen Welt ist die chemische Signalübertragung noch immer eines der sichersten Mittel der Kommunikation zwischen Wasserorganismen. An Land konkurrieren sie mit dem Sehen und dem Hören, aber im Wasser, unter den Bedingungen der eingeschränkten Sicht und der Dichte des Lebensraums ist der Vorteil ganz auf ihrer Seite. Die Wasserbewohner zeichnen sich durch extrem gut entwickelte Chemorezeptionsorgane aus. Bei den niederen Tieren sind diese noch nicht gustatorisch (nach Geschmack) und olfaktorisch (nach Geruch) differenziert, sodass chemische Signale zusammen wahrgenommen werden. Höhere Lebewesen hingegen verfügen über hoch spezialisierte Geruchs- und Geschmacksorgane.

Die chemischen Beziehungen zwischen aquatischen Organismen sind komplex und vielfältig. Hier arbeiten drahtlose Systeme, die ständig Informationen über die sich verändernde Situation senden und empfangen. Mehr noch als an Land sind im Wasser nicht nur Pheromone, sondern auch Allomone von Bedeutung, die von einer biologischen Art abgesondert und von einer anderen wahrgenommen werden.

Die chemische Erkundung hilft den vielen Organismen des Benthos, den geeignetsten Platz für ihre Ansiedlung zu finden. So im Fall der Meereichel, die auch an der Schwarzmeerküste vorkommt. Es handelt sich um kleine Krebse der Gattung *Balanus* (Abb. 1).

Abb. 1 *Balanus* (Meereichel). (© medveh/Getty Images/iStock)

Sie leben versteckt in kleinen weißen kegelförmigen Schalen und sind an ihrer Basis mit verschiedenen festen Materialien wie Muschelschalen, Krebsen, Küstensteinen usw. verschmolzen. Im Sommer legt die Meereichel eine große Anzahl Eier ab, aus denen frei schwimmende Jungtiere schlüpfen. In einem bestimmten Entwicklungsstadium heften sich die Larven an ein festes Substrat, um sich nach der Metamorphose in erwachsene Krebse zu verwandeln. Bevor sie sich jedoch niederlassen, müssen die Larven den Ort sorgfältig auswählen. Sie erkunden die Oberfläche mit ihren Fühlern, die am Ende zwei Scheiben mit dünnen Flimmerhärchen haben. Ein Ort, an dem eine andere Meereseichel gelebt hat, gilt als geeignet. Die Logik ist einfach: „Wenn dieser Ort meine Vorfahren ernährt hat, wird er auch mich ernähren". Bei den Spuren, die der Vorfahr hinterlassen hat, handelt es sich um Eiweißstoffe, die denen des Chitinpanzers der Krebstiere ähneln. Ihre Besonderheit ist, dass sie in Wasser absolut unlöslich sind. Wenn die Larve den Fundort untersucht, analysiert sie daher keine im Wasser gelösten, sondern feste Substanzen. Dabei unterscheidet sie sicher eigene von fremden Proteinen. Wie genau die Meereseichel das schafft, ist schwer zu sagen. Man kann aber davon ausgehen, dass die empfindlichen Flimmerhärchen der Fühler die Fähigkeit haben, die Konfiguration der auf der Oberfläche fixierten Eiweißmoleküle zu erkennen. Möglicherweise dienen die Fühler in diesem Fall nicht als Geruchsorgane, sondern als überempfindliche Finger, mit denen die Larve einzelne Moleküle ertasten kann.

Einige Süßwasserkrabben sind Kannibalen. Die Erwachsenen fressen die Jungen. Deshalb heften sich die Larven zur Sicherheit an den Körper ihrer Mutter. Wenn eine Larve abfällt, macht sie sich auf die Suche nach der Mutter und findet sie zielsicher unter den vielen anderen weiblichen Krabben. Findet sie sie nicht, sucht sie Schutz bei einem anderen Weibchen mit Larven am Körper. Die einzige Möglichkeit, eine Pflegemutter zu finden, sind die mütterlichen Pheromone, die sie absondert.

Pheromone sind auch für das Leben von Organismen wie Korallen, Aktinien usw. wichtig. Aktinien, auch Seeanemonen genannt, vermehren sich in der Regel geschlechtlich und seltener vegetativ (durch Knospung). Die Spermien dringen mit dem Wasser in das Innere des Weibchens ein und befruchten dort deren Eizellen. Die winzigen, mit Flimmerhärchen versehenen Eier wachsen bis zu einem bestimmten Stadium in der inneren Höhle der Mutter heran und werden dann freigesetzt. Sie heften sich nun an einen harten Gegenstand und beginnen ihr sesshaftes Leben. Durch Knospung festsitzender Aktinien wird eine genetisch mit dem Original identische Kolonie gebildet.

Aktinien haben die erstaunliche Fähigkeit, ihre eigene Art von anderen Arten unterscheiden zu können. *Anthopleura elegantissima* (Abb. 2) bewohnt die Felsen an der Westküste Nordamerikas und toleriert keine fremden Aktinien. Nähert sich ihr eine, wird sofort der Krieg wie folgt erklärt: Die Nesselfäden, die sich neben der Krone mit den Tentakeln befinden, schwellen an und bildet Acontien genannte Blasen. Diese nehmen die Form von Fingern an und sind auf die fremde Aktinie gerichtet. Die Acontien enthalten giftgefüllte Zellen, die sich bei Kontakt in den Körper des Feindes entleeren. Dadurch wird die fremde Aktinie gezwungen, sich vom Felsen zu lösen, da sie sonst getötet wird. Der Kampf dauert nur wenige Sekunden und endet mit einem Sieg einer der kämpfenden Aktinien. Wie kann die Aktinie, die weder sehen, hören noch ein Gehirn hat, ihre eigene Art von anderen unterscheiden? Zweifellos erfolgt die Erkennung durch Chemorezeption, aber ob es sich bei

Abb. 2 Seeanemone *Anthopleura elegantissima.* (© noblige/Getty Images/iStock)

den Vermittlern um niedermolekulare oder hochmolekulare Stoffe handelt, ist unbekannt. Der amerikanische Forscher L. Francis hat beobachtet, dass der Bildung von Acontien die Berührung der Tentakel der beiden „verfeindeten" Aktinien vorausgeht. Wahrscheinlich erkennen die Aktinien die fremden Proteine auf ähnliche Weise wie die Larven der Meereichel es können. Die „Fremdenfeindlichkeit" der Aktinien führt dazu, dass sich zwischen benachbarten heterogenen Kolonien ein leerer Streifen Niemandsland bildet. L. Francis führte ein interessantes Experiment durch. Er teilte ein Aquarium mittels Glastrennwand und besiedelte die beiden Kammern mit Kolonien von nicht verwandten Aktinien. Nachdem die Population eine bestimmte Dichte erreicht hat, entfernte er die Trennwand, damit sich die verschiedenen Kolonien in unmittelbarer Nähe zueinander befinden. Sofort brach ein Krieg aus, der schnell zur Bildung einer neutralen Zone führte. Interessanterweise führen Aktinien nur mit sich selbst Krieg, nicht aber mit ihren Opfern und Feinden. Während sich Aktinien bei direktem Kontakt erkennen, entdecken Feinde sie aus der Ferne. Die oben beschriebene Aktinie fällt zum Beispiel häufig der Breitwarzigen Fadenschnecke *Aeolidia papillosa* (Abb. 3) zum Opfer.

Es handelt sich um einen 4–6 cm langen Räuber, dessen Körper mit zahlreichen rosafarbenen flachen Papillen bedeckt ist. Er ernährt sich ausschließlich von Aktinien, wobei seine Lieblingsspeise die *Anthopleura*-Gattung ist. Allerdings nicht das ganze Individuum, sondern nur dessen Tentakel. Besonders attraktiv sind verletzte Aktinien. Das Vorhandensein einer verletzten Aktinie löst eine heftige Reaktion bei den anderen Aktinien der Kolonie aus. Sie ziehen sich krampfhaft zusammen, rollen ihre Tentakel aus allen Richtungen ein, ziehen sie dann nach innen und verwandeln sich in einen dichten schleimigen Klumpen, der mehrfach größer ist als die entfaltete Aktinie.

Abb. 3 *Aeolidia papillosa.* (© Sakis Lazarides/Getty Images/iStock)

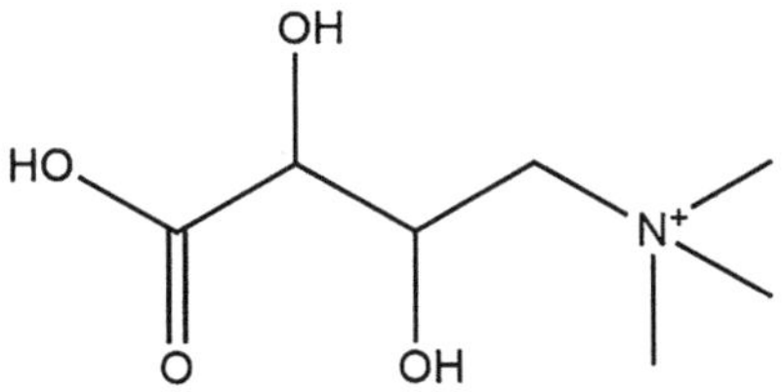

3-carboxy-2,3-dihydroxy-*N*,*N*,*N*-trimethylpropan-1-aminium

Abb. 4 Anthopleurin

Offensichtlich ist eine Aktinienverletzung mit der Freisetzung einer Alarmsubstanz verbunden, die auf eine drohende Gefahr aufmerksam macht. Die amerikanischen Forscher N. Nove und J. Sheikh machten es sich zur Aufgabe, dieses Alarmpheromon zu isolieren und zu identifizieren. Sie nannten es Anthopleurin. Es stellte sich heraus, dass es sich um ein quaternäres Amin mit Betainstruktur handelt (Abb. 4). Schon bei sehr geringen Konzentrationen ($3{,}5 \times 10^{-10}$ mol/l) verursacht es krampfartige Reaktionen der Aktinien. Gleichzeitig wirkt es als Lockstoff für *Aeolidia* (Breitwarzige Fadenschnecke).

Anthopleurin ist das zweite Pheromon bei wirbellosen Tieren (nach Crustecdyson bei Krebstieren) mit einer genau definierten chemischen Struktur.

Woher kommt das Anthopleurin in *Aeolidia*? Es könnte aus der gefressenen Aktinie stammen oder in der *Aeolidia* selbst synthetisiert werden. Studien haben gezeigt, dass das mit der Nahrung aufgenommene Anthopleurin durch die *Aeolidia* nicht verändert wird. Es reichert sich in deren Tentakeln an. Dadurch beginnt das mit Aktinien gefütterte Raubtier zu „riechen" und andere Aktinien zu erschrecken. Da die Konzentration von Anthopleurin in den Tentakeln der *Aeolidia* den Schwellenwert für die Wirkung auf Aktinien um das Hundertfache übersteigt, wird es auch noch Tage nach dem Festmahl freigesetzt. Die Analyse verschiedener Aktiniengewebe zeigt, dass der Aktinienstiel 4- bis 5-mal mehr Anthopleurin enthält als die Tentakel, was wiederum erklärt, warum *Aeolidia* vorzugsweise nur die Aktinientakel fressen. Wird auch den Stiel gefressen, nimmt *Aeolidia* so viel Anthopleurin auf, dass er wochenlang hungern muss, bis er „stirbt".

Der Austausch chemischer Informationen ist auch die Grundlage der Symbiose zwischen Aktinien und anderen Meeresorganismen. Es ist bekannt, dass Aktinien sich von Fischen, Krabben, Garnelen, Schnecken usw. ernähren, indem sie diese zunächst mit ihren giftigen Tentakeln lähmen und dann verschlingen. Einige Fischarten kommen jedoch ausgezeichnet mit den Aktinien zurecht und agieren zum gegenseitigen Nutzen. Sie leben in Symbiose. Dazu

3-carboxy-2,3-dihydroxy-N,N,N-trimethylpropan-1-aminium

Abb. 5 Clownfisch, lebt in den Tentakeln *Anthopleura elegantissima*. (© JodiJacobson/Getty Images/iStock)

Abb. 6 Gefleckter Strudelwurm *Dugesia tigrina*. (© Sinhyu/Getty Images/iStock)

gehört zum Beispiel der Clownfisch (Abb. 5), der sich vor seinen Fressfeinden in den Tentakeln der Aktinie versteckt und gleichzeitig seine Beschützerin vor Feinden absichert.

Ausscheidungen des Clownfisches können der Seeanemone zugutekommen. Die Fische dieser Art sind ihrer Beschützerin treu ergeben und verlassen sie nicht. Es hat sich gezeigt, dass die „Vermieterin" über ihren „Geruch" identifiziert wird.

Durch Pheromone wird die Bevölkerungsgröße vieler aquatischer Organismen reguliert. Der Gefleckte Strudelwurm *Dugesia tigrina* (Abb. 6) zum Beispiel vermehrt sich sehr schnell. Wenn die Populationsdichte jedoch eine bestimmte Grenze erreicht, sondert er ein Pheromon ab, das die Aktivität der Nervenzellen am Kopfende des Wurms hemmt, welche die Fortpflanzung steuern. Infolgedessen hört die Teilung des Wurms auf.

Beim Strudelwurm *Phagocata gracilis* wirken die Sexualpheromone als Aggregationspheromone. Ihre Absonderung führt dazu, dass sich sowohl Männchen als auch Weibchen zusammenschließen. Die Eiablage beginnt erst, wenn sich mindestens 200 Individuen in einer Gruppe versammelt haben.

Chemisch gesehen sind die Sexualpheromone aquatischer Organismen im Gegensatz zu denen der Insekten nur wenig erforscht. Auch über ihre physiologische Wirkung und ihre Rolle im Paarungsverhalten der Tiere ist wenig bekannt. In den meisten Fällen wirken sie sowohl als Sexual- als auch als Aggregationspheromone und tragen so dazu bei, eine große Anzahl heterosexueller Individuen an einem Ort zu versammeln. Dadurch wird ein gleichzeitiger Erguss von Samenflüssigkeit auf einer kleinen Fläche erreicht, was wiederum die Effizienz der Befruchtung stark erhöht. Es sollte jedoch bedacht werden, dass die gleichzeitige Freisetzung von Spermien und Eizellen an einem Ort nicht unbedingt eine Befruchtung bedeutet. Im wässrigen Medium wird die männliche Samenflüssigkeit schnell verdünnt, was die Wahrscheinlichkeit eines zufälligen Zusammentreffens von Spermien und Eizellen verringert. Hier kommen die Gamone (Pheromone der Gameten) ins Spiel, die von den Eizellen abgesondert werden und als Lockstoffe für die Spermien dienen.

Die Gamone locken nicht nur Spermien an, sondern auch deren Anhäufung, sog. Spermatophoren wie z. B. die der Argonautidae (Papierboote [Tintenfische]). Die Spermatophoren legen im Wasser große Entfernungen zurück, um ein empfängliches Weibchen zu finden und es zu befruchten. Da dieser Fall einzigartig ist, werden wir ihn genauer untersuchen. Weibliche und männliche Argonautidae unterscheiden sich wie Riese und Zwerg. Während das Weibchen bis zu 30 cm lang wird, erreichen die Männchen nur wenige Zentimeter. In der Fortpflanzungszeit produziert ein spezielles Organ des männlichen Papierbootes („Spermatophorentasche") Samenflüssigkeit, die in „Pakete" verpackt Spermatophoren genannt werden. Die Struktur der Spermatophore ist komplex und ähnelt einer Seemine. Sie enthält einen „Sprengdraht", eine straff gewickelte Proteinfeder, die mit einer biologischen „Zündschnur" verbunden ist. Wenn die Paarungszeit beginnt, wächst einer der Tentakel des Tintenfisches, greift eine der Spermatophoren und löst diese vom Tier. Durch Verformung seines Körpers macht sich der kleine Torpedo auf die Suche nach einem empfänglichen Weibchen in den Tiefen des Meeres. Das einzige Signal, an dem er sich orientieren kann, sind die spezifischen chemischen Signale, die das Weibchen aussendet. Der Torpedo dringt in die Mantelhöhle des Weibchens ein, der biologische Zünder wird ausgelöst, und die Feder schleudert die verpackten Spermien mit aller Kraft heraus. Der abgetrennte Tentakel mit der Spermatophore ist so beweglich, dass er lange Zeit

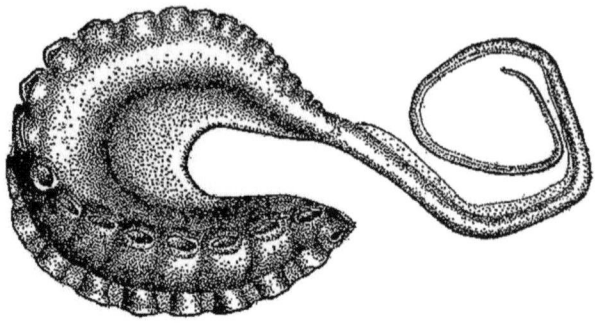

Abb. 7 Hectocotylus

als eigenständiges Tier angesehen wurde. Der französische Naturforscher Georges Cuvier (1769–1832) benannte einen solchen Tentakel Hectocotylus (Abb. 7).

Chemische Signale sind auch für die Fortpflanzung von Fischen wichtig. Auch hier tragen Sexualpheromone zur Paarung bei. Wird ein solches Paar von einem Fisch der gleichen Art angetroffen, löst es beim männlichen Paarungspartner Aggressionen aus, selbst wenn dieser in einem undurchsichtigen, halbdurchlässigen Zellophanbeutel steckt. Das *Bathygobius*-Männchen (Grundel) beginnt kurz vor der Laichzeit mit der Bewachung seines Reviers, und wenn ein geschlechtsreifes Weibchen erscheint, beginnt es, mögliche Konkurrenten anzugreifen. Gleiches Verhalten wird in einem Aquarium beobachtet, nachdem das Wasser aus einem anderen Aquarium, in dem ein geschlechtsreifes Weibchen lebt, eingefüllt wurde. Es hat sich gezeigt, dass das Sexualpheromon in diesem Fall vom Urogenitalsystem abgesondert wird und im Urin, im Blut wie auch in den Eiern des Weibchens vorhanden ist.

„Ärger!" in der Sprache der Fische

Während über Sexualpheromone von Fischen wenig bekannt ist, gehören ihre Alarmpheromone zu den am besten erforschten bei Wirbeltieren. Ihre Entdeckung ist mit dem Namen des Nobelpreisträgers Karl von Frisch verbunden. Im Jahre 1938 richtete er einen Schwarm frei lebender Elritzen (*Phoxinus phoxinus*) darauf ab, sich dem Flussufer zu nähern, wenn eine Glocke läutet. Er fütterte sie dann mit Würmern. Einmal fing er einen Fisch und führte einen kleinen chirurgischen Eingriff durch – er verletzte mit einer Nadel den Nervus sympathicus, der die Chromatophorenmuskeln steuert. Chromatophoren sind Zellen der Haut in Schwanznähe, die ihre Farbe ändern können. Nachdem er den operierten Fisch wieder freigelassen hatte, bemerkte von Frisch, dass die anderen Fische des Schwarmes davonschwammen und stundenlang nicht zurückkehrten. Er nahm an, dass sie durch das veränderte Aussehen erschreckt wurden oder dass er es irgendwie geschafft hatte, ihren Kameraden von der ungebührlichen Tat dieses vermeintlich wohlwollenden Mannes zu erzählen. Um die Möglichkeit auszuschließen, mit den anderen Fischen Informationen auszutauschen, tötete von Frisch die Tiere nach der Operation und warf sie dann ins Wasser. Die Reaktion war die gleiche. Dann schnitt er sie in Stücke, sodass sie nicht mehr wie ein Fisch aussahen. Als er die Stücke ins Wasser warf, zerstreute sich der Schwarm wieder. Es war offensichtlich, dass die Panikreaktion nichts mit dem veränderten Aussehen des Fisches zu tun hatte. Er vermutete, dass die Verletzung zur Freisetzung einer Substanz geführt hatte, die die anderen Fische erschreckte. Um seine Hypothese zu beweisen, stellte von Frisch einen wässrigen Extrakt aus zerkleinerten Fischen her, den er filtrierte, um alle Spuren von tierischem Gewebe zu entfernen. Als der Extrakt ins Wasser gegeben wurde, schwammen die Fische wieder weg. Es bestand kein Zweifel, dass der chirurgische Eingriff mit der Freisetzung einer alarmierenden Substanz einherging, die eine Angstreaktion hervorrief. Nach der modernen Terminologie handelt es sich dabei um ein Alarmpheromon.

Die nächste Frage, die von Frisch zu klären hatte, war, wo die Herstellung des Alarmstoff stattfindet. Um dies zu beantworten, untersuchte er die Fähigkeit verschiedener Organe (Darm, Leber, Haut usw.), eine Angstreaktion auszulösen. Nur die Haut hatte eine positive Wirkung. Die Alarmsubstanz ist also in der Haut enthalten und wird freigesetzt, wenn sie verletzt wird. Daraus ergeben sich weitere Fragen: Welcher Teil der Haut genau setzt das Alarmpheromon frei? Gibt es bei Fischen wie bei Insekten spezielle Organe für die Produktion von Alarmpheromonen oder wird das Pheromon von irgendeinem gewöhnlichen Bestandteil des Hautepithels erzeugt?

Die Studenten Karl von Frischs waren an der Erforschung von Angstpheromonen und der Angstreaktion von Fischen beteiligt. Bei einer sorgfältigen histologischen Untersuchung der Haut stellten sie fest, dass diese neben den seit langem bekannten sekretorischen Zellen, die Hautschleim produzieren, auch eine andere Art von sekretorischen Zellen in Form von Zwiebeln und Kolben enthält. Während die ersteren sich öffnen und ihr Sekret an die Hautoberfläche abgeben, sitzen die letzteren in der Tiefe und haben keinen direkten Kontakt mit der Oberfläche des Hautepithels. Sie sind es, die den geheimnisvollen Alarmstoff produzieren. Mit der Entdeckung dieser Zellen wird auch klar, warum die Alarmpheromone nur bei Verletzungen der Haut ausgeschüttet werden. Fische können, anders als Insekten, nicht von sich aus Alarm schlagen. Auch ein falscher Alarm ist bei ihnen unmöglich. Hier ist jedes Gefahrensignal echt und bedeutet: „Lauf und rette dich!". Mithilfe des Alarmpheromons gelingt es dem Fisch, selbst wenn er tödlich verwundet ist, seine Artgenossen vor der drohenden Gefahr zu warnen. Und wenn ein Raubtier die Gelegenheit hatte, einen Fisch zu verletzen und zu fressen, muss es eine ganze Weile auf den nächsten warten.

Nachdem die Angstreaktion und das Vorhandensein von Alarmpheromonen bei der Elritze nachgewiesen war, wurde auch bei Fischen anderer Gattungen und Familien danach gesucht. Die Angstreaktion wurde bei den meisten untersuchten Süßwasserfischen und vergleichsweise wenigen Salzwasserarten beobachtet. Auch wurde nach einer Korrelation zwischen dem Vorhandensein von Angstreaktionen und der Lebensweise der Fische (ob sie in Gemeinschaften leben oder nicht) gesucht. Es wurde aber nichts gefunden.

Allerdings haben alle Fische, die eine Angstreaktion zeigen, Kolbenzellen in der Haut. Das beweist ihre Beziehung zu den Alarmpheromonen zweifelsfrei.

Bei verschiedenen Fischarten variieren sie in Aussehen und Größe, befinden sich aber immer unter der Hautoberfläche.

Karl von Frisch und seine Mitarbeiter untersuchten auch die Artenspezifität der Alarmsubstanz, d. h. ob sie nur von Fischen der gleichen Art erkannt wird oder ob auch andere Arten darauf reagieren. Für die Forscher wurde klar: Das Alarmpheromon ist artspezifisch! In seltenen Fällen wird es auch von Individuen eng verwandter Arten erkannt, aber deren Reaktion ist deutlich schwächer als die von Fischen der gleichen Art. Obwohl die Angstreaktion angeboren ist, fehlt sie bei neugeborenen Fischen. Deren Haut produziert ebenfalls schon Alarmpheromone. Ihr Angstempfinden entwickelt sich zwischen dem 20. und 60. Lebenstag.

Was ist die chemische Natur der Alarmsubstanz? Obwohl die Wirkung des Alarmpheromons gut erforscht ist, konnte seine chemische Formel noch immer nicht schlüssig nachgewiesen werden. Man hat festgestellt, dass die Alarmsubstanz bei Bestrahlung mit ultraviolettem Licht fluoresziert. Auf dieser Grundlage wurden Methoden zur fluoreszenzmikroskopischen Betrachtung der produzierenden Zellen entwickelt. Nach Ansicht der meisten Forscher handelt es sich bei dem Alarmpheromon um ein Pterin. Pterine sind eine große Klasse organischer Verbindungen, die so genannt werden, weil sie ursprünglich in den Flügeln von Schmetterlingen gefunden wurden (pterygium, der Flügel). Ihre Struktur ähnelt der der Purine, die Teil der Nukleinsäuren sind. Mit diesen sind sie auch biogenetisch verwandt. Im Jahr 1977 wurde das Alarmpheromon der Elritzen als 6-Dihydroxypropyl-iso-xanthopterin identifiziert und Ichthyopterin genannt (Abb. 1). Diese Struktur ist aber umstritten.

Abb. 1 Elritzen (*Phoxinus phoxinus*) und ihr Alarmpheromon Ichthyopterin. (Foto: © CreativeNature_nl/Getty Images/iStock)

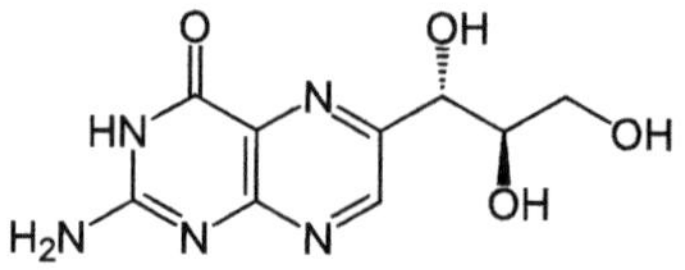

Abb. 2 Neopterin

Interessant ist ein anderes Pterin, das Neopterin (Abb. 2). Es ist in seiner Struktur dem Ichthyopterin ähnlich. Es wird von menschlichen Makrophagen (die zu den weißen Blutkörperchen gehören) unter der stimulierenden Wirkung von gamma-Interferon synthetisiert und dient in der klinischen Medizin als Marker für die Aktivierung der zellvermittelten Immunität.

Hypoxanthin-3-N-oxid ist ein weiteres mögliches Alarmpheromon. Als chemische Verbindung hat es eine abschreckende Wirkung („Schreckstoff" nach von Frisch), ist aber in der Fischhaut nicht zu finden. Eine neuere Studie hat gezeigt, dass auch Chondroitin (eine Art Glykosaminoglykan) ein Alarmpheromon sein könnte. Es löst in geringen Konzentrationen eine Alarmreaktion aus und ist in der Lage, den Riechkolben im Gehirn von Versuchsfischen zu erregen. Höchstwahrscheinlich ist das Alarmpheromon bei Fischen ein komplexes Gemisch aus mehreren biologisch aktiven Substanzen, die sich gegenseitig verstärken.

Unabhängig von ihrer chemischen Beschaffenheit sind Fischpheromone starke Repellentien (dienen der Abwehr von Schädlingen oder Störenfrieden) mit einer sehr niedrigen Schwellenkonzentration. Um ihre Wirkung zu untersuchen, führte Karl von Frisch in den 1940er-Jahren ein Standardverfahren für die Herstellung von Fischhautextrakten ein. Es wird auch heute noch angewandt und ist sehr einfach: 200 mg frische Haut werden mit einer Schere zerschnitten und in 200 ml Wasser extrahiert. Nach 30 min wird der Extrakt filtriert und sofort verwendet. Die abwehrende Wirkung der so hergestellten Extrakte ist sehr stark und wird noch bei einer 50.000-fachen Verdünnung nachgewiesen. 0,002 mg der Haut in einem 14-Liter-Aquarium reichen aus, um eine Angstreaktion auszulösen. Die Schwellenkonzentration des grob gereinigten Pheromons liegt bei $2,5 \times 10^{-6}$ µg/ml. Diese Daten erklären den Grund für die Abschreckung der Elritzen mit einem einzigen Nadelstich. Sie erklären auch, warum ein Fisch, der vom Angelhaken befreit wird und ins Wasser zurückfällt, andere Fische noch stundenlang nicht wieder anbeißen lässt.

Wie nehmen Fische Alarmsignale wahr?

Die Antwort auf diese Frage gab wiederum Karl von Frisch. Er wies nach, dass Fische mit experimentell gestörtem Geruchssinn nicht auf den Alarmstoff reagieren und keine Angstreaktion zeigen. Alarmpheromone werden also über den Geruchssinn wahrgenommen. Für uns als Luft atmende Lebewesen ist es schwer vorstellbar, dass Fische auch einen Geruchssinn haben können. Der Geruchssinn ist im Wesentlichen eine Fernwahrnehmung. Seine Organe reagieren auf chemische Signale, egal ob sie in Wasser oder Luft gelöst sind. Fische haben, wie wir auch, Nasen, aber die Schleimhaut ist nicht von Luft, sondern von Wasser umgeben.

Das Riechorgan des Fisches ist eine U-förmige Röhre, die sich direkt vor den Augen befindet und zwei Öffnungen hat – einen Einlass und einen Auslass (Abb. 1).

Fische gehören zu den Tieren mit dem am besten entwickelten Geruchssinn. Vielleicht sind sie in der Schärfe ihres Geruchssinns dem Hund ebenbürtig. Auf der Grundlage dieses Sinns werden komplexe Beziehungen sowohl zwischen Individuen der gleichen Art als auch mit der Umwelt hergestellt. Zahlreiche Experimente haben gezeigt, dass Fische in der Lage sind, das Geschlecht, das Alter und andere individuelle Merkmale der Mitglieder des Schwarmes, in dem sie leben, zu erkennen. Laut dem amerikanischen Meeresforscher K. Todd ist die chemische Signalübertragung bei Fischen so perfekt, dass sie damit sogar Informationen über ihre Stimmung weitergeben können. Er experimentierte lange Zeit mit Seekatzen (Knorpelfisch) und beobachtete, dass diese selbst bei überfüllten Aquarien in Frieden leben konnten. Wenn sie sich jedoch streiten und Wasser aus einem Aquarium, in dem die Tiere ruhig

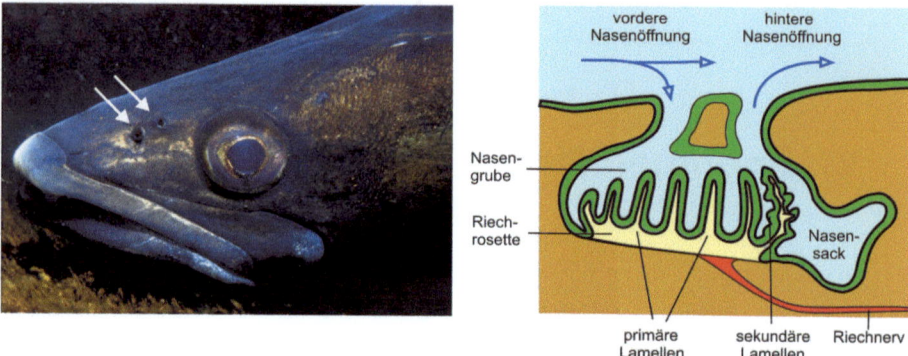

Abb. 1 Riechorgan eines Fisches

sind, in das Aquarium gebracht wird, hört der Streit schnell auf. Umgekehrt wird der Streit mit dem Wasser übertragen, wenn man Wasser aus einem unruhigen Aquarium in ein friedliches bringt. K. Todd beschreibt folgenden kuriosen Fall: In einem Aquarium lebten mehrere Jungtiere und eine erwachsene Seekatze zusammen. Der erwachsene Fisch war jedoch aggressiv und jagte die Jungtiere ständig, sodass diese in seiner Gegenwart immer unruhig waren. Als Todd den Erwachsenen in ein anderes Aquarium setzte, beruhigten sich die Jungtiere schnell. Als er jedoch Wasser aus diesem Becken in das Becken mit den Jungtieren umfüllte, brach sofort Panik aus.

Durch chemische Signale übermitteln Fische auch Informationen über ihren Rang. Es wurde experimentell nachgewiesen, dass der in der Hierarchie dominante Fisch seine Vormachtstellung behält, wenn er für einige Zeit vom Aquarium getrennt wird und dann zurückkehrt. Wird er jedoch in ein Aquarium mit anderen, ihm nicht bekannten Fischen umgesetzt und nach einem Kampf besiegt, verliert er bei der Rückkehr in das alte Aquarium seine Rangordnung. Dann stürzen sich sogar die vorher in der Hierarchie deutlich unterlegenen Fische auf ihn. Dieses Verhalten wird jedoch nicht beobachtet, wenn die Fische ihres Geruchssinns beraubt werden.

Über den Geruchssinn finden die Fische auch ihren Geburtsort. Es ist eines der erstaunlichsten Phänomene im Tierreich – die Wanderung der Fische.

Viele wandernde sind Fische bekannt, aber Lachs und Aal sind in Bezug auf das Ausmaß der Wanderungen führend. Beide Arten haben zwei Lebensweisen. Lachse laichen im Süßwasser und leben in den Ozeanen, während Aale im Gegensatz dazu ihr Leben im Süßwasser verbringen und in den salzigen Gewässern der Sargassosee laichen. Die Wanderung des pazifischen Lachses (Abb. 2) ist am ausführlichsten untersucht worden.

Wie nehmen Fische Alarmsignale wahr? 73

Abb. 2 Pazifischer Lachs. (© Supercaliphotolistic/Getty Images/iStock)

Lachse laichen im November bis Dezember in schnell fließenden Flüssen mit klarem Wasser im Norden, die jungen Fische schlüpfen im Frühjahr. Zunächst sind sie farblos und durchscheinend mit schwarzen Augen. Die Pigmentierung erfolgt gegen Ende des Sommers. Nach etwa 2 Jahren erreichen sie eine Länge von 15 cm und nehmen die Färbung der ausgewachsenen Fische an – blauer Rücken mit hellen Seiten und dunklen Längsstreifen. Erst im 3. oder 4. Jahr geht der Lachs ins Meer, wo er die meiste Zeit seines Lebens verbringt. Nach Erreichen der Geschlechtsreife kehrt er in seine Heimatbäche zurück, wo er ablaicht und dann stirbt. Mit modernsten Methoden konnte nachgewiesen werden, dass der Lachs genau an der Stelle ablaicht, an der er geschlüpft ist. Um dorthin zu gelangen, überwindet er unglaubliche Hindernisse – er bewegt sich in reißenden Flüssen flussaufwärts, klettert über Wasserfälle und weicht Feinden aus. Und dies alles im Namen der Pflicht gegenüber den Vorfahren – um seine Gene weiterzugeben.

Die Reise des Lachses grenzt an ein Wunder, was seine Orientierung und Navigation angehen. Er ist nicht nur ein hervorragender Navigator, sondern hat auch ein ausgezeichnetes Gedächtnis, welches sich über viele Jahre hinweg an die Merkmale seines Geburtsortes erinnert. Wie finden Lachse ihren Geburtsort? Man hat herausgefunden, dass sie zu diesem Zweck zwei Navigationssysteme nutzen – das visuelle (solare) und den Geruchssinn. Ersteres bringt sie zur Mündung des heimischen Flusses, der zweite Sinn zum Ort des Schlüpfens selbst.

Die Hypothese, dass Lachse den Geruchssinn für ihre Orientierung nutzen, stammt von A. D. Hasler. Er belegte seine Annahme experimentell durch zwei Arten von Versuchen. Der erste zielte darauf ab, die Schärfe des Geruchssinns der Lachse nachzuweisen. Der zweite, ihre Fähigkeit, sich über den Geruchssinn in Richtung heimatliches Revier zu orientieren. Bei der ersten Art von Experimenten stellte Hasler fest, dass Lachse schnell einen konditionierten Reflex auf Gerüche entwickeln. Wenn ein Lachs eine bestimmte Substanz riecht, kann er sie im Vergleich zu vielen anderen Substanzen mit ähnlichem Geruch leicht erkennen. Dank seines ausgeprägten Geruchssinns kann er aromatische Stoffe in einer Konzentration von 3×10^{-18} g/l erkennen. Das entspricht etwa einer im Schwarzen Meer verdünnten Flasche Parfüm.

Nachdem er die Empfindlichkeit des Geruchssinns der Lachse nachgewiesen hatte, demonstrierte Hasler auch ihre Fähigkeit, ihren Geburtsort anhand des Geruchs zu lokalisieren. Dazu setzte er die Lachse mehrere Kilometer unterhalb einer Flussgabelung aus. Er stellte fest, dass die Fische ohne zu zögern flussaufwärts schwammen, und zwar direkt in ihren Bach. Als er jedoch ihre Geruchsöffnungen verstopfte, waren sie nicht mehr in der Lage, den Geburtsort zu finden. Daraus schloss er, dass die visuelle Navigation der Lachse nur notwendig war, um den richtigen Fluss zu finden und dass danach die Geruchsorientierung einsetzte. In den heimischen Fluss gesetzt, fanden die Lachse die Stelle auch dann noch genau, wenn sie geblendet waren. Für Hasler war dies der schlüssige Beweis dafür, dass die Lachse ihr Sehvermögen nicht benötigten, um ihren Heimatort zu finden.

Interessante Ergebnisse, die die Schlussfolgerungen von Hasler unterstützen, wurden auch bei der elektrophysiologischen Untersuchung von Geruchsorganen des Lachses erhoben. Wurde das Riechorgan mit Wasser vom Schlupfort gespült, zeigte der Riechkolben, der sich an der Basis des Gehirns befindet, eine starke elektrische Aktivität. Wasser aus anderen Quellen löste keine ähnliche Reaktion aus. Das Wasser vom Geburtsort trägt also einen spezifischen Geruch, der den Lachs in den frühen Stadien der Embryonalentwicklung geprägt haben könnte. Es handelt sich um eine Art zusammengesetzten Geruch, der auf die geringen Mengen an organischen Stoffen zurückzuführen ist, die von den dort lebenden Pflanzen und Tieren abgegeben werden. Ihr Gehalt im Wasser ist so gering, dass es unmöglich ist, sie mit chemischen Methoden nachzuweisen und gleichzeitig übersteigt er um ein Vielfaches die Schwellenkonzentration, die erforderlich ist, um die Geruchsrezeptoren des Lachses zu erregen und eine physiologische Reaktion auszulösen.

Die Navigation per Geruch ist bei Aalen nicht schlüssig nachgewiesen. Da ihr Geruchssinn jedoch dem von Lachsen in nichts nachsteht, wird angenommen, dass er als Orientierungshilfe in den küstennahen Meeresgewässern dient.

Auch der Geruchssinn der Haie ist erstaunlich. Der Geruch von frischem Blut ist ein starker Lockstoff, den sie schon aus meilenweiter Entfernung wahrnehmen können. Um Haie nicht anzulocken, lautet die goldene Regel für Taucher daher, keine verletzten Fische in der Nähe zu haben und nicht mit einer blutenden Wunde zu schwimmen. Da Haie in vielen Ländern eine tödliche Gefahr für Schiffbrüchige und Strandbesucher darstellen, wird seit langem nach wirksamen Mitteln zur Abwehr von Haien gesucht. Es sind auch spezielle Haiabwehrmittel erhältlich, die aber leider nicht zuverlässig genug sind. Ein solches Abwehrmittel ist das amerikanische „Anti-Hai", das während des Zweiten Weltkriegs an amerikanische Seeleute und Militärpiloten ausgegeben wurde. Es handelt sich um eine Tablette aus Kupferacetat und einem Farbstoff, der das Wasser dunkelblau färbt. Nach dem Krieg wurde die Wirkung des Anti-Hai-Mittels genauer untersucht, aber seine schützende Wirkung konnte nicht bestätigt werden. Der berühmte Ozeanologe und Haiforscher Jacques Cousteau (1910–1997) scherzte: „Haie fressen es gerne, aber es verbessert offenbar nicht ihre Verdauung", d. h. die Wirkung während des Krieges war rein psychologischer Natur.

Der lebende Gasanalysator

Vertieft in unser tägliches Leben, nehmen wir die Gerüche um uns herum kaum wahr. Wir bemerken nicht die blühenden Rosen, den Duft des Kiefernwaldes, den Geruch des gemähten Heus, den Geruch von Obst und Gemüse auf unserem Tisch. Doch es genügt, unsere Aufmerksamkeit auf sie zu richten und schon stellen wir fest, dass wir buchstäblich in einem Meer von Gerüchen leben. Wir sind jeden Tag mit Hunderten, ja Tausenden von ihnen konfrontiert. Es ist der Geruch von Tee, Kaffee, Suppe, Benzin, Cremes, Parfüms usw. Wir nehmen sie unbewusst wahr und analysieren sie. Unsere Einstellung zu Gerüchen wird uns bewusst, wenn sie sehr stark, angenehm oder unangenehm sind und wenn wir uns auf sie konzentrieren.

Für den modernen Menschen ist der Geruchssinn im Vergleich zu den anderen Sinnen von begrenzter Bedeutung und dient vor allem der Beurteilung der Behaglichkeit der Wohnumgebung und des Geschmacks von Lebensmitteln. Im letzteren Fall wird er durch die Wahrnehmung ergänzt. Für unsere Vorfahren war der Geruchssinn jedoch lebenswichtig. Anhand des Geruchs konnten sie ein im Dschungel verstecktes wildes Tier oder die Annäherung eines Raubtiers erkennen. Und obwohl der Geruchssinn im Laufe der Evolution verkümmert ist, gehört er auch heute noch zu den empfindlichsten Sinnen des Menschen. Auf die Fähigkeit unserer Nase, Gerüche zu erkennen, ist jeder Entwickler von Gasanalysatoren neidisch. Der Mensch ist in der Lage, den Geruch von einem billionstel Gramm Skatol (ein Stoff, der in Ausscheidungen enthalten ist), fünf zehnmillionstel Gramm Vanillin, vier hundertmillionstel Gramm Ethylmercaptan usw. wahrzunehmen. Der Durchschnittsmensch kann zwischen 2000 und 3000 Geruchsarten unterscheiden.

Der organische Chemiker und der spezialisierte Parfümeur erkennen wesentlich mehr – bis zu mehreren Zehntausend Gerüchen. Wenn die anderen Sinne beeinträchtigt sind, erhöht der Geruchssinn kompensatorisch seine Empfindlichkeit. In der Literatur sind Fälle beschrieben, in denen blinde und taube Menschen Familienmitglieder, Verwandte und Bekannte am Geruch erkannt haben.

Der Geruchssinn vieler Säugetiere ist sogar noch weit empfindlicher als der des Menschen. Ein Hund zum Beispiel nimmt Gerüche von Buttersäure mit einer Konzentration von 9000 Molekülen pro Kubikzentimeter wahr. Zur Erinnerung: 1 cm^3 Luft enthält 26.800.000.000.000.000.000 Gasmoleküle. Es ist jedoch nicht klar, ob der Hund so viele Gerüche unterscheiden kann wie der Mensch, oder ob diese Überempfindlichkeit nur für bestimmte Stoffe gilt.

Wie nehmen Menschen und Säugetiere Gerüche wahr?

Diese Frage hat zwei Aspekte. 1. Wie interagieren Chemikalien mit Geruchsrezeptoren, um chemische Signale in Nervenimpulse umzuwandeln? 2. Welche Beziehung besteht zwischen der chemischen Struktur von Substanzen und ihrem Geruch?

Das Geruchssystem der Säugetiere und des Menschen besteht aus zwei Abschnitten – dem peripheren und dem zentralen Teil (Abb. 1). Der periphere Teil befindet sich in zwei rillenartigen Einbuchtungen in der Nasenhöhle, der zentrale Teil im Gehirn. Die Einbuchtungen sind von der Riechschleimhaut bedeckt. Es handelt sich um ein schleimiges, gelbbraunes Gewebe mit einer Gesamtfläche von 3–5 cm^2. Bei verschiedenen Säugetieren variiert die Fläche je nach ihrer Körpergröße. Das Riechepithel besteht aus zwei Arten von Zellen – den Stütz- und den Riechzellen.

Bei Fischen beispielsweise enthält 1 mm^2 des Riechepithels 40.000–60.000 Riechzellen, bei Kaninchen und Hund sind es 200.000. Riechzellen sind spezialisierte Nervenzellen. Sie sind spindelförmig mit einem Querschnitt von 5–10 µm (1 µm = 1 millionstel Meter = 10^{-6} m).

Jede Zelle hat zwei Enden, von denen eines mit Flimmerhärchen endet, 0,1 bzw. 1–2 µm dick. Das zweite, das Axon, geht direkt in das Gehirn. Die Flimmerhärchen der Riechzellen befinden sich oberhalb der Epitheloberfläche und schwimmen im Schleim, der von einer speziellen Drüse, der Bowman-Drüse, abgesondert wird. Aufgrund des kleinen Querschnitts der Flimmerhärchen ist ihre Oberfläche enorm groß. Beim Menschen beträgt sie 600 cm^2. Hier findet der Kontakt zwischen den Molekülen der Geruchsstoffe und dem Nervengewebe statt. Die Axone der Riechzellen wiederum, die in

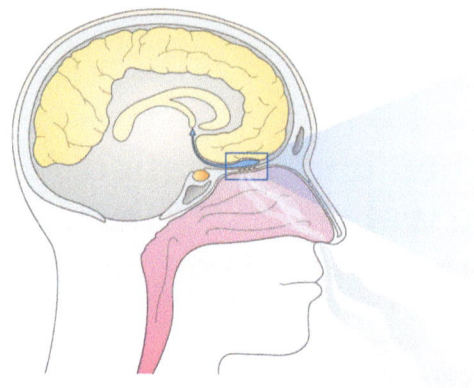 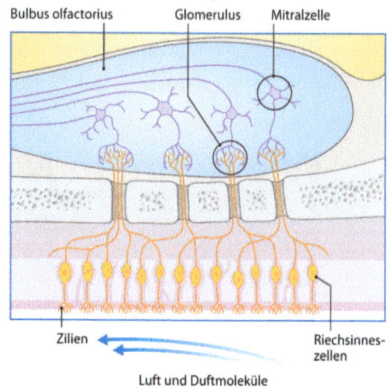

Abb. 1 Menschliches Geruchssystem

Bündeln von 20–100 in einer gemeinsamen Schwann-Scheide verpackt sind, verbinden sich mit dem Riechkolben, der sich im vorderen Teil des Gehirns befindet. Seine Form kann rund oder oval sein, und seine Größe variiert von Tier zu Tier. Anhand der Größe des Riechkolbens lässt sich die Bedeutung des Geruchs für die betreffende Tierart beurteilen. Bei einigen Tieren (z. B. Kängurus) nimmt er die Hälfte der beiden Hemisphären des Vorderhirns ein. Beim Hund ist der relative Anteil des Riechkolbens viel größer als beim Menschen. Bei Säugetieren besteht der Riechkolben aus zwei symmetrisch angeordneten Teilen, wobei die Axone aus dem linken Nasenloch in den linken Teil des Gehirns und die aus dem rechten Nasenloch in den rechten Teil eintreten.

Betrachtet man die Struktur des Geruchssystems, so fällt der kurze Weg vom Rezeptor, der direkt mit den chemischen Substanzen interagiert, zum Gehirn auf. Dieses analysiert die eingehenden Informationen. Beim Sehen und Hören ist der Weg länger. Im Auge befinden sich zwischen der Netzhaut und der äußeren Umgebung eine Hornhaut, eine Linse und ein Glaskörper, im Ohr ein Trommelfell und Gehörknöchelchen. Der kanadische Wissenschaftler R.W. Wright, ein Spezialist für Chemorezeption, schreibt: „Es gibt nur eine Synapse zwischen der primären Wahrnehmungsspitze des Riechepithels und den Geruchszentren des Gehirns. Eine engere Verbindung des Organismus mit der Umwelt kann man sich nicht vorstellen." Und Wilfrid Le Gros Clark sagt: „… aus evolutionärer Sicht stellt der Riechkolben, in dem die Riechfasern enden, einen Teil des Gehirns dar, der in die Peripherie verbannt wurde, und die direkte Verbindung der einzelnen Rezeptoren mit ihm ist ein Ausdruck der Tatsache, dass das Gehirn der Wirbeltiere sich primär als Geruchsorgan entwickelt hat".

Offensichtlich ist der Geruchssinn für die meisten Tiere viel wichtiger als das Sehen und Hören. Selbst beim Menschen, für dessen Leben er von untergeordneter Bedeutung ist, beträgt die Anzahl der von den Riechzellen ausgehenden Axone etwa 100 Mio., während es beim Sehnerv 1 Mio. und beim Hörnerv 800.000 sind.

Elektrophysiologische Untersuchungen haben wesentlich zur Erforschung der Funktionsweise des Geruchsapparats beigetragen. Die Methode ermöglicht es, Veränderung der elektrischen Potenziale selbst in einer einzelnen Riechzelle zu verfolgen. So konnte gezeigt werden, dass die Geruchsrezeptoren bei Säugetieren nicht einheitlich sind. Unter der Einwirkung einer bestimmten Chemikalie werden einige von ihnen stärker erregt, andere weniger stark, wieder andere reagieren überhaupt nicht. Letztere wiederum werden durch andere chemische Reize erregt. Mit anderen Worten: Es gibt mehr oder weniger spezialisierte Rezeptoren im Riechepithel. Die Anzahl der verschiedenen Riechzellen ist nicht bekannt, kann aber grob geschätzt werden. Nehmen wir an, dass zwei Arten von Neuronen an der Wahrnehmung von Gerüchen beteiligt sind und dass jede von ihnen zwei Zustände hat, nämlich einen erregten (+) und einen nicht erregten (−). Es kann also 4 (2^2) verschiedene Signale geben. Wir bezeichnen sie üblicherweise mit (− +), (− −), (+ −) und (+ +). Es können 8 Signale bei zwei Neuronen und 2^n Signale bei n Neuronen entstehen. Wenn eine Person in der Lage ist, 10.000 Gerüche zu unterscheiden, dann ist $2^n = 10.000$, woraus sich ergibt, dass n = 13 ist. Da die Natur sicherlich eine gewisse Informationsreserve bietet, ist die Zahl wahrscheinlich größer.

Die aus den Riechzellen stammenden Informationen werden im Riechkolben sortiert und die Signale der Einzelrezeptoren werden summiert. Es wird angenommen, dass die Mitralzellen, die den Riechkolben mit den Riechzentren des Gehirns verbinden, die summierten Impulse der Rezeptoren gleichen Typs weiterleiten. Die Vermischung der Signale, d. h. die Zusammenfassung der Informationen und die Bildung des Geruchssinns, findet dann in spezialisierten Gehirnregionen statt.

Wie interagiert der Geruchsstoff mit dem Geruchsrezeptor?

Von hier an betreten wir die Welt der Hypothesen und Vermutungen. Die Grundlage der Erregung des Geruchsrezeptors ist, wie bei jeder anderen Nervenzelle, die Depolarisation der Zellmembran. Wir rekapitulieren: Jede Zelle enthält Kalium-Ionen, der Zellzwischenraum Natrium-Ionen. Zwischen der Innen- und der Außenseite der Zellmembran besteht also ein deutlicher Potenzialunterschied. Ändert sich durch äußere Einflüsse die Durchlässigkeit der Membran für die beiden Ionenarten, so ändert sich auch ihre Konzentration auf beiden Seiten der Membran. Das führt zu einer unmittelbaren Änderung des elektrischen Potenzials. Das so erzeugte elektrische Signal breitet sich als Nervenimpuls über die Länge des Neurons aus. Zwei Zustände sind für das Neuron möglich: polarisiert (Signal „+") und depolarisiert (Signal „−"). Zwischenzustände sind nicht möglich.

Wie depolarisieren Chemikalien die Membranen der Riechzellen? Damit eine Substanz riechen kann, muss sie mehrere Bedingungen erfüllen: a) sie muss flüchtig sein, d. h. sie muss in der Lage sein, in der Luft, durch die sie in die Nase gelangt, eine bestimmte Konzentration aufrechtzuerhalten; b) sie muss eine ausgewogene Löslichkeit in Wasser und organischen Lösungsmitteln aufweisen; c) sie muss eine mäßig große Molekülmasse haben. Stoffe mit einer Molekularmasse von mehr als 300 Dalton gelten als geruchlos. Die zweite der oben genannten Bedingungen hängt damit zusammen, dass die Flimmerhärchen der Geruchsrezeptoren in ein wässriges Medium eingetaucht sind und ein Kontakt mit ihnen nur möglich ist, wenn der Geruchsstoff in den Schleim diffundiert. Höhere paraffinische Kohlenwasserstoffe, die wasserunlöslich sind, riechen nicht. Geruchsstoffe müssen jedoch auch eine gewisse Lipophilie aufweisen, da die Geruchsrezeptoren hydrophobe funktionelle Gruppen enthalten, die für die Van-der-Waals-Wechselwirkungen erforderlich sind.

Experimente mit markierten Verbindungen haben gezeigt, dass die Moleküle der Geruchsstoffe nach der Adsorption am Riechepithel eine chemische Veränderung erfahren, d. h. sie werden metabolisiert. Es ist merkwürdig, dass selbst so reaktionsträge Verbindungen wie Kohlenwasserstoffe am Rezeptor in Carbonylverbindungen und organische Säuren umgewandelt werden. Diese Umwandlungen sind jedoch nur in Gegenwart von Sauerstoff möglich. Wurden einem Probanden aromatische Stoffe in einem sauerstofffreien Gasgemisch dargeboten, so nahm er keinen Geruch wahr. Sauerstoff ist also für unseren Geruchssinn notwendig. Es ist nicht klar, ob die beobachteten biochemischen Reaktionen ein Zwischenschritt bei der Erzeugung des Nervenimpulses sind oder ob sie nötig sind, um den Geruchsstoff vom Rezeptor zu entfernen, um ihn zu reinigen und für einen neuen Rezeptionsakt vorzubereiten. Nach allem, was bisher gesagt wurde, ist klar, dass die Vorgänge im Riechepithel äußerst komplex sind und erst kürzlich geklärt wurden. Mehr als 30 Hypothesen, von denen einige recht exotisch sind, wurden bisher zur Erklärung aufgestellt.

Die Wissenschaft von den Gerüchen, die sogenannte Odorologie, erhielt erst zu Beginn des 21. Jahrhunderts eine feste wissenschaftliche Grundlage, als Richard Axel und Linda B. Buck für ihre Entdeckung der G-Rezeptoren in den Riechzellen den Nobelpreis 2004 für Medizin erhielten. Ihnen zufolge ist der Geruchssinn ein chemischer Stimulus mit einer physiologischen Reaktion, die durch die Interaktion eines oder mehrerer Moleküle hervorgerufen wird mittels G-Proteinen, welche mit Geruchsrezeptoren assoziiert sind. G-Proteine sind Transmembranproteine mit 7 alpha-Helices, die so in die Membran der Riechzelle eingebaut sind, dass sich ein Ende (N-Terminus) außerhalb der Zelle und das andere (C-Terminus) innerhalb der Zelle befindet (Abb. 1). Dies ermöglicht die Interaktion mit Molekülen aus dem extrazellulären Raum und vermittelt diese Interaktion an intrazelluläre Strukturen. Um die Struktur der G-Proteine zu untersuchen, setzten Axel und Buck gentechnische Methoden ein. Es gelang ihnen, die Gene von 18 verschiedenen G-Proteinen zu isolieren und diese in Bakterien zu exprimieren, um so genügend Protein für Strukturstudien zu erhalten. Nach der Theorie von Axel und Buck kommt es nach der Bindung des Geruchsmoleküls an die extrazelluläre Domäne des G-Proteins zu strukturellen Veränderungen, die sich in der intrazellulären Domäne widerspiegeln.

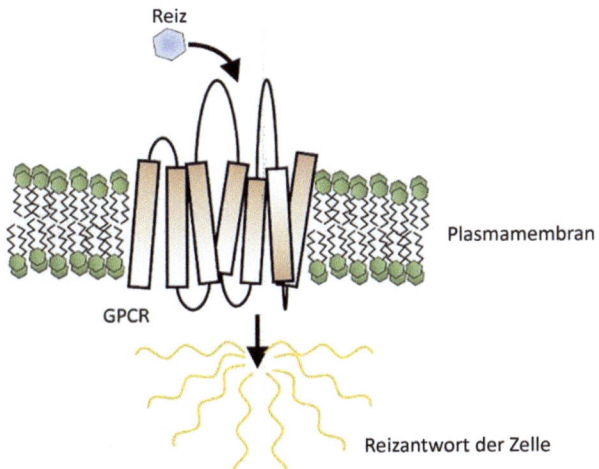

Abb. 1 G-Protein Geruchsrezeptor (GPCR)

Geruchsstoffe aus der Luft passieren den Schleim direkt oder über Transportproteine und gelangen zum Geruchsrezeptor, der strukturelle Veränderungen durchläuft und G-Proteine aktiviert. Eine aktive Untereinheit (Ga) wird im Zellinneren freigesetzt. Dadurch wird Adenylatcyclase aktiviert, was zur Umwandlung von Adenosintriphosphat (ATP) in zyklisches Adenosinmonophosphat (cAMP) führt. Das cAMP ist in der Lage, zyklische Nukleotid-gesteuerte Ionenkanäle zu öffnen, wodurch Ca^{2+}- und Na^+-Ionen in die Zelle gelangen können. Das führt zur Depolarisation des Geruchsrezeptorneurons und es entsteht ein elektrischer Impuls, der vom Axon des Geruchsneurons zum Gehirn geleitet wird (Abb. 2).

Die Abb. 3 veranschaulicht die Idee von Axel und Buck, wie drei verschiedene flüchtige Stoffe mit drei verschiedenen G-Rezeptoren interagieren. Das resultiert in der Wahrnehmung verschiedener Gerüche. Die Tatsache, dass cAMP auch die Reaktion einiger Hormongruppen vermittelt, ist ein Hinweis auf eine phylogenetische Beziehung zwischen Hormonen und Pheromonen. In den frühen Stadien der Evolution des Lebens, als es noch keine mehrzelligen Organismen, sondern nur Kolonien von Einzellern gab, erfolgte die Kommunikation zwischen den Zellen durch chemische Signale. Diese ersten Signale können als Vorläufer der Hormone (Pheromone) angesehen werden.

Es ist wahrscheinlich, dass einige der Mechanismen der frühen Chemorezeption bis heute erhalten geblieben sind und zu einer präziseren Hormon- und Pheromonrezeption weiterentwickelt wurden.

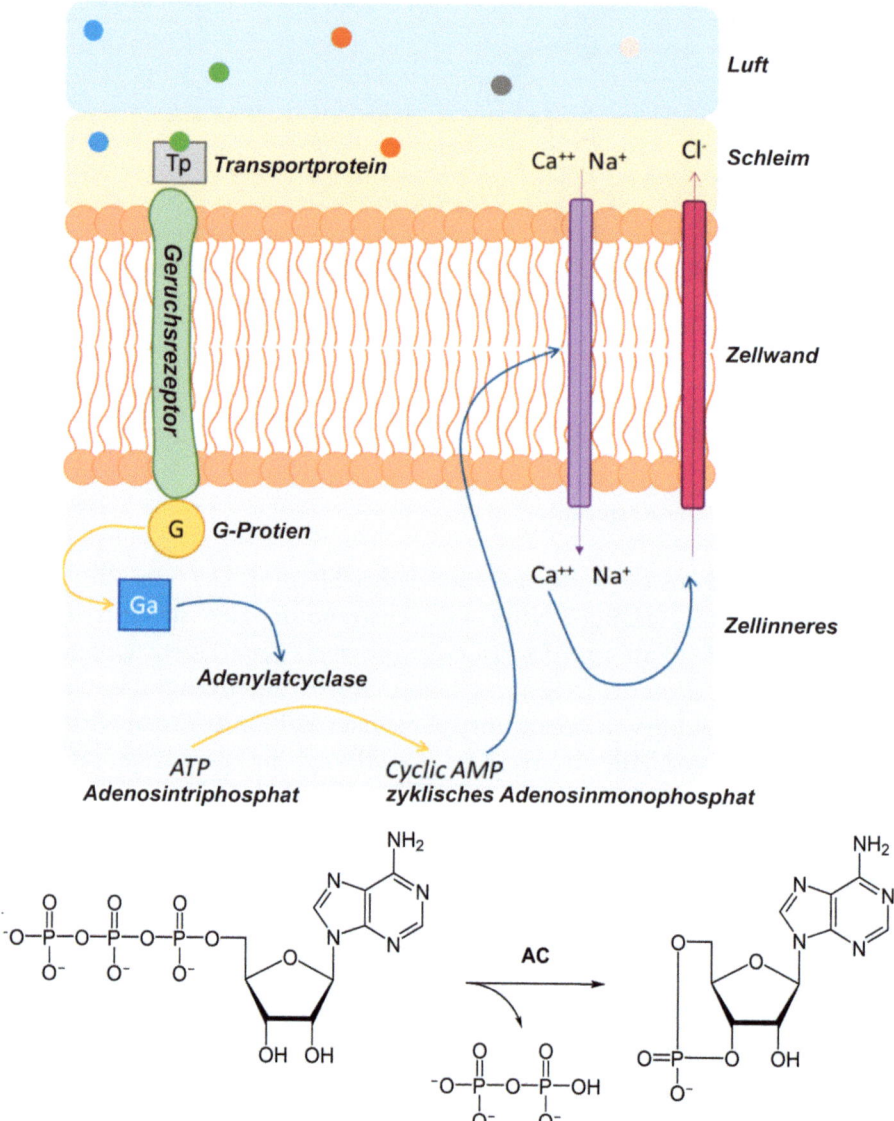

Abb. 2 Reaktionskaskade nach dem Eindringen eines Geruchsstoffes in die Nasenhöhle

Wie interagiert der Geruchsstoff mit dem Geruchsrezeptor?

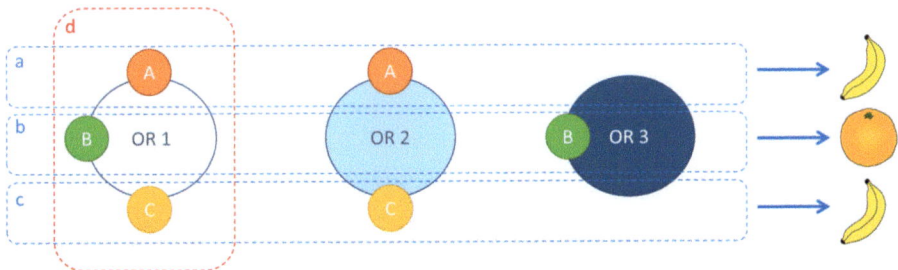

Abb. 3 Reaktion von Geruchsrezeptoren auf Gerüche. OR1, OR2 und OR3 sind drei verschiedene Geruchsrezeptoren, A, B und C drei verschiedene Geruchsstoffverbindungen. Jeder der Rezeptoren kann einen oder mehrere Geruchsstoffe binden. Im gezeigten Fall ist der Rezeptor OR1 in der Lage, alle drei Moleküle zu binden (A, B und C), der OR2-Rezeptor bindet nur A und C, der OR3-Rezeptor nur B. Aus diesen Kombinationen entstehen die folgenden Gerüche: **a)** OR1-A + OR2-A – Bananengeruch; **b)** OR1-B + OR3-B – Geruch von Orange; **c)** OR1-C + OR2-C – Bananengeruch

Moleküle und Gerüche

Die Frage „Was bestimmt den Geruch einer chemischen Verbindung?" fasziniert Wissenschaftler seit langem. Eine endgültige Antwort gibt es bis heute aber nicht. Die rasante Entwicklung der organischen Chemie Ende des 19. Jahrhunderts und der Wunsch der Chemiker, neue aromatische Verbindungen für die Parfümindustrie zu synthetisieren, führten zur ersten Hypothese über Gerüche. Diese wurde von dem holländischen Physiologen Hendrik Zwaardemaker (1857–1930) aufgestellt und entstand 1876 unter dem Einfluss der „Chromophorentheorie" von Otto Nikolaus Witt. Diese besagt, dass die Farbe organischer Verbindungen von funktionellen Gruppen, den sogenannten Chromophoren, bestimmt wird. In Analogie dazu nahm Zwaardemaker 1895 an, dass der Geruch chemischer Verbindungen auf ähnliche Gruppen zurückzuführen sei, die er „Osmophoren" (von οσμή, osme, gr. – Geruch, und φέρω, fero, gr. – bringen) nannte. Seine Hypothese wurde daher als „osmophorisch" bezeichnet. Nach Zwaardemaker, dessen Theorie 1920 heftig kritisiert und verworfen wurde, sind osmophore Gruppen -COOH, -COOR, -CHO, >C=O, -OH und -NO$_2$. In der Mitte des 20. Jahrhunderts kamen neue Hypothesen hinzu und gegen Ende des Jahrhunderts gab es davon über 40. Die große Anzahl von Hypothesen zu einem wissenschaftlichen Problem ist erstens ein Hinweis auf das Interesse der Öffentlichkeit daran und zweitens auf seine Komplexität. Nach den bisherigen Erfahrungen sind es vor allem organische Verbindungen, die riechen, aber auch anorganische Stoffe wie die Halogenelemente Fluor, Chlor, Brom und Jod. Auch Ozon, Phosphor, Arsen, Schwefel, Selen und einige ihrer Verbindungen riechen.

Geruchsintensive organische Verbindungen können konventionell in drei Gruppen eingeteilt werden: a) Stoffe mit ähnlicher Struktur und ähnlichem Geruch; b) Stoffe mit ähnlicher Struktur und unterschiedlichem Geruch; c) Stoffe mit unterschiedlicher Struktur und ähnlichem Geruch. Zur ersten Gruppe gehören die aromatischen Kohlenwasserstoffe der Benzolgruppe. Die Stereoisomere der ungesättigten Verbindungen gehören zur zweiten Gruppe (z. B. cis-3-Hexenol riecht nach grünen Blättern und trans-3-Hexenol nach Chrysanthemen). Die dritte Gruppe umfasst Verbindungen mit Bittermandelgeruch wie Blausäure, Benzaldehyd und Nitrobenzol, die vergleichbaren Geruch, aber ganz unterschiedliche chemische Strukturen haben. Eine solche Einteilung kann jeden Chemiker zur Verzweiflung bringen und ihn veranlassen, die Suche nach einem Zusammenhang zwischen chemischer Struktur und Geruch aufzugeben. Zum Beispiel schreibt M. Beats: „Bei der Durchsicht der Veröffentlichungen über den Geruch fallen einem unwillkürlich nicht nur die Masse des Materials und die zahlreichen Versuche auf, Klarheit in dieses schwierige Problem zu bringen, sondern auch die Vergeblichkeit vieler dieser Versuche." So stellt sich unwillkürlich die Frage: Wenn es keinen eindeutigen Zusammenhang zwischen der chemischen Struktur und dem Geruch von Stoffen gibt, ist es dann nicht möglich, dass es einen Zusammenhang zwischen dem Geruch und irgendeinem anderen molekularen Parameter dieser Stoffe gibt?

Der britische Forscher John Earnest Amoore (1930–1998) ist der Ansicht, dass der Geruch von organischen Verbindungen durch die Form und Größe ihrer Moleküle und in einigen Fällen durch ihre elektronische Struktur bestimmt wird. Im Jahr 1952, noch als Doktorand am California Institute of Technology, formulierte er seine stereochemische Theorie der Gerüche. Es handelt sich dabei um die Weiterentwicklung einer Arbeit zur Existenz mehrerer Arten von Primärgerüchen von R. W. Moncrieff aus den 1940er-Jahren. Die Moleküle der Substanzen, die diese Gerüche bestimmen, interagieren mit spezialisierten Rezeptoren nach dem Schlüssel-Schloss-Prinzip. Letzteres ist wiederum Emil Fischers (1852–1919, Nobelpreis für Chemie 1902) Vorstellung von der Bindung von Enzymen an ihre Substrate entlehnt. Ursprünglich ging Moncrieff von der Existenz von 6 Primärgerüchen aus, erhöhte dann aber die Zahl auf 20–30.

Amoore konstruierte räumliche Modelle von 616 organischen Verbindungen mit verschiedenen Molekülklassen und bestimmte die geometrischen Parameter ihrer Moleküle. Dies veranlasste ihn, die Existenz von 7 primären Gerüchen zu postulieren: ätherisch, kampferartig, moschusartig, blumig, nach Minze, stechend und faulig, wobei jeder dieser Gerüche einer bestimmten Größe und Form des Moleküls entspricht. Der ätherische

Geruch ist beispielsweise charakteristisch für Stoffe mit stäbchenförmigen Molekülen mit einem Durchmesser von 5 Ångström (1 Å = 0,1 µm); der kampferartige Geruch ist charakteristisch für halbkugelförmige Moleküle mit einem Durchmesser von 7,5 Å; der moschusartige Geruch ist charakteristisch für flache Moleküle mit Scheibenform und kurzem Ende; Minze – keilförmige Moleküle mit einer polaren Gruppe an der Spitze; stechend – elektrophile Verbindungen des Typs R-N=C=S, R-CH=CH-CHO, R-CHI-COOR; faulig – nukleophile Verbindungen des Typs R-NH$_2$, R-SH, R-SeH, R-TeR usw. Nach der Theorie von Amoore werden 3 der Hauptgerüche (Ester, Kampfer, Moschus) sowohl durch die Form als auch durch die Größe der Moleküle bestimmt; 2 (blumig und Minze) nur durch die Form und die beiden anderen (scharf und faulig) durch die elektronische Struktur, ohne von den geometrischen Parametern des Moleküls abzuhängen. Alle anderen Gerüche sind komplex und ergeben sich aus der Kombination der 7 Grundgerüche. Der Anisgeruch beispielsweise ist nach Amoore auf die Mischung von Kampfer- und Blumengeruch zurückzuführen; der Zederngeruch ist eine Kombination aus Kampfer, Moschus, Blumen und Minze; der Zitronengeruch besteht aus Kampfer, blumig, Minze und faulig; der Knoblauchgeruch aus Ester und Fäulnis und so weiter.

Er geht davon aus, dass die 7 Grundgerüche 7 Arten von Geruchsrezeptoren entsprechen. Auf deren Oberfläche befinden sich Vertiefungen, die der Form und Größe der Moleküle der Geruchsstoffe entsprechen. Stoffe, deren Geruch einem der Grundgerüche zugeordnet werden kann, binden sich nur an einen Rezeptortyp, während andere (mit komplexem Geruch) mit mehr als einem Rezeptor interagieren.

Die Theorie von Amoore erlangte schnell große Popularität. Er selbst stellte fest, dass sie universell und umfassend sei und schrieb 1963: „Die stereochemische Theorie ist einfach, es gibt keine Ausnahmen und sie kann den Geruch von unbekannten Verbindungen vorhersagen." Und tatsächlich, Johnson und Sandowall synthetisierten das bis dahin unbekannte 4-Methylcarbomethoxypimelat und seine Derivate, deren Geruch durch die stereochemische Theorie vorhergesagt wurde. Die gleiche Theorie sagte auch den Moschusgeruch einiger neuer Nitroverbindungen voraus. Die stereochemische Theorie wird durch die Krankheit Anosmie gestützt. Dabei handelt es sich um eine Art „Geruchsblindheit", die sich darin äußert, dass manche Menschen bestimmte Gerüche nicht wahrnehmen können. Statistiken zufolge können etwa 10 % der Menschen den Geruch von Blausäure, der an Bittermandeln erinnert, nicht riechen. Und einer von Tausend kann den ekelerregenden Geruch eines Stinktiers nicht riechen. Laut Amoore ist jede Art von spezifischer Anosmie auf Defekte in den Rezeptoren für einen oder mehrere Grundgerüche zurückzuführen. Aus den Arten der Anosmie kann man folglich auf die Anzahl der Primärgerüche schließen. Amoore wurde wegen seiner Arbeiten zu einem der bekanntesten Anosmieforscher des letzten Jahrhunderts.

Etwas mehr als ein Jahrzehnt nach der Veröffentlichung der stereochemischen Theorie der Gerüche ist die Euphorie darüber verflogen. Es erscheinen zahlreiche Veröffentlichungen, die sie infrage stellen. Einer der ersten „Problemfälle" war ausgerechnet der Geruch von Blausäure. Nach Amoore handelt es sich um einen komplexen Geruch, der sich aus Kampfer-, Blumen- und Minzegeruch zusammensetzt. Allerdings ist das Blausäuremolekül so klein, dass es nicht mit 3 Rezeptoren gleichzeitig interagieren kann. Ein weiteres Beispiel ist Acetonitril (CH_3CN) und Methylisocyanat (CH_3NC). Beide Verbindungen haben kleine Moleküle von gleicher Form und Größe und sollten nach der stereochemischen Theorie den gleichen Geruch haben. In der Praxis hat die erste Verbindung jedoch einen angenehmen ätherischen Geruch, die zweite einen starken Reizgeruch. Ähnlich verhält es sich mit Ethanol (C_2H_5OH) und Mercaptoethanol (C_2H_5SH). Ersteres hat einen angenehmen, letzteres einen ekelerregenden Geruch. All dies erschütterte die Grundlagen der stereochemischen Theorie. Moncrieff schrieb 1967 nicht ohne eine Portion Pessimismus: „Völlig unerwartet wurde auf dem Symposium von 1965 die Theorie von Amoore widerlegt .... So kam das Ende einer der vielen Theorien über Gerüche. Im Nachhinein stellt man fest, dass es nie wirklich überzeugende Beweise für diese Theorie gab. Umgekehrt, es traten immer wieder Fragen auf, die sie nicht abdecken konnte. Dennoch enthält diese Theorie viele nützliche Ideen".

Die stereochemische Theorie von Amoore wurde durch die nicht weniger populäre Wellenhypothese von R. W. Wright abgelöst. Danach wird der Geruch nicht durch die Form und Größe der Moleküle bestimmt, sondern durch die Schwingungsbewegungen ihrer Atome. Und wenn Moleküle mit unterschiedlichen Strukturen gleich riechen, dann nur, weil ihre Schwingungsspektren ähnliche charakteristische Frequenzen aufweisen. Wright geht davon aus, dass die Moleküle von Geruchsstoffen beim Zusammenstoß mit Sauerstoff- und Stickstoffmolekülen in einen angeregten Zustand übergehen und bei der Rückkehr in ihren Grundzustand Energie freisetzen, die von den Geruchsrezeptoren aufgenommen wird. Bei einer Temperatur von 30–35 °C (etwa Temperatur der Luft in der Nase) liegt die freigesetzte elektromagnetische Energie im Infrarotbereich (400–50 cm^{-1}), weshalb eine Korrelation zwischen den Geruchs- und Infrarotspektren der Verbindungen gesucht werden muss. Im Gegensatz zu Amoore ermittelte Wright die Zahl der spezifischen Osmorezeptoren mit 25–30, was den Geruchsapparat als ein System mit enormer Informationskapazität charakterisiert. Nach der Wellenhypothese sind Kampfer- und Moschusgeruch nicht mehr primär, da die Schwingungsspektren von Verbindungen mit solchem Geruch mehrere Maxima in Schwingungsbereich 400–50 cm^{-1} aufweisen. Wright stellte fest, dass viele Verbindungen unterschiedlicher Struktur mit Moschusgeruch die gleichen Resonanzfrequenzen aufweisen (bei 90, 150 und 180 cm^{-1}). Dies warf eine weitere Frage auf: Wie wird die Wellenenergie vom Molekül zum Rezeptor übertragen?

Wright stellte die Hypothese auf, dass an der Energieaufnahme Pigmentstoffe der Carotinoidgruppe beteiligt sind, die hochgradig ungesättigt sind und im Riechepithel vorkommen. Die Energie der oszillatorischen Bewegungen der Atome in den Molekülen der Geruchsstoffe entspricht der Energie ihrer Umwandlung von der trans- zur cis-Form. Mit anderen Worten, die Moleküle der Geruchspigmente gehen unter der Einwirkung des Geruchsstoffes vom trans- in den energiereicheren cis-Zustand über. Dies ist der Beginn der Prozesse, die zur Depolarisierung des Geruchsrezeptors und zum Auftreten eines Nervenimpulses führen. Es ist die erste Hypothese, die versucht, die Bedeutung und Funktion der Pigmentstoffe im Riechepithel für die Geruchsrezeption zu erklären. Sie wird durch die Tatsache gestützt, dass alle Nasen, deren Epithel depigmentiert ist, an Riechblindheit leiden. Mit anderen Worten: Das Riechepithel ist nach Wrights Vorstellung eine Art „Sehpurpura", die Infrarotstrahlen wahrnimmt, welche für unser Auge nicht sichtbar sind. Natürlich hat die Hypothese von Wright viele Schwächen, weshalb auch sie aufgegeben wurde. So ist zum Beispiel unbestritten, dass ein Geruchsempfinden nur dann entsteht, wenn der Geruchsstoff an das Riechepithel adsorbiert wird. Dies führt zu charakteristischen Frequenzen und es stellt sich die Frage, welche Frequenzen die Primärgerüche bestimmen. Diejenigen, die Wright für reine Stoffe angibt, oder andere, die für den Stoff-Rezeptor-Komplex charakteristisch sind? Es ist bekannt, dass die verschiedenen optischen Isomere von Carvon (Bestandteil von ätherischen Ölen) die gleichen Infrarotspektren haben, sich aber im Geruch stark unterscheiden. Es gibt auch den umgekehrten Fall – das Fliegensexualpheromon p-Hydroxyphenyl-2-butanonacetat behält nach der Deuterierung (d. h. dem Ersatz seiner Wasserstoffatome durch das schwerere Wasserstoffisotop Deuterium) seinen Geruch bei, obwohl sein Infrarotspektrum erheblich verändert ist. Wie dem auch sei, Wrights Hypothese brachte Exotik in die Forschung zu Gerüchen, konnte sich letztlich aber nicht durchsetzen.

Die Befürworter der Adsorptionstheorie fallen in ein anderes Extrem. Sie glauben, dass die Moleküle von Geruchsstoffen an der Oberfläche des Rezeptors adsorbiert werden und die freigesetzte Adsorptionswärme irgendwie in einen Nervenimpuls umgewandelt wird. Und da verschiedene Substanzen unterschiedliche Wärmemengen abgeben, haben sie auch unterschiedliche Gerüche. Befürworter der Adsorptionstheorie verneinen die Bedeutung der Carotinoide in den Geruchsrezeptoren für die Geruchsaufnahme und schreiben den Phospholipiden eine größere Bedeutung zu. Nach der elektrophysiologischen Theorie sind die Geruchsrezeptoren ständig geladene Mikrokondensatoren. Nähert sich ihnen das Molekül einer riechenden Substanz, werden sie entladen. Dies führt zu einem Nervenimpuls. Jedes Molekül kann eine Entladung des Kondensators verursachen. Es muss eine bestimmte Form und ein bestimmtes Dipolmoment haben, das seinen Geruch bestimmt.

Ein Überblick zu den gängigsten Theorien über den Geruch macht deutlich, dass es bisher keine einzige gibt, die den Zusammenhang zwischen der chemischen Struktur und dem Geruch organischer Verbindungen zufriedenstellend erklärt. Jede von ihnen stützt sich auf eine mehr oder weniger breite experimentelle Basis und erklärt einen bestimmten Bereich von Phänomenen, kann aber nicht den komplexen Prozess der Geruchswahrnehmungsbildung als Ganzes zu erfassen. Interessant ist dabei, dass sich die verschiedenen Theorien nicht widersprechen, sondern ergänzen und jede von ihnen etwas zum Wissen über die Funktionen des Riechepithels beiträgt. Dies ist eine gute Voraussetzung für die Entwicklung einer allgemeineren Theorie, die die rationale Bewertung aller vorangegangenen Hypothesen vereint und einen umfassenden Überblick über die Beziehung zwischen der chemischen Struktur und dem Geruch von Substanzen sowie über die Art der Entstehung des Geruchssignals bietet.

Warum herrscht in der Geruchskunde Chaos?

Da Gerüche ein Attribut organischer Verbindungen sind und ihre Wahrnehmung ein physiologischer Akt, der mit dem Ablauf komplexer biochemischer und biophysikalischer Prozesse zusammenhängt, ist die Geruchskunde eine interdisziplinäre Wissenschaft an der Grenze zwischen Chemie, Physiologie, Biochemie und Biophysik. Im vergangenen und im gegenwärtigen Jahrhundert waren diese Bereiche äußerst erkenntnisreich und haben einige Nobelpreise eingebracht. Die Etablierung einer neuen interdisziplinären Wissenschaft braucht jedoch Zeit und es gibt Phasen, in denen Spezialisten der „reinen Wissenschaften" isoliert und nicht in Abstimmung miteinander arbeiten. So haben beispielsweise Chemiker, die auf dem Gebiet der Geruchskunde arbeiten, wenig Interesse an der Rezeptorphysiologie. Physiologen wiederum haben wenig Interesse an der chemischen Struktur der Stoffe. Infolgedessen erhält man Ergebnisse, die oft nicht zusammenpassen. Hier liegt ein ähnlicher Fall vor wie in der Anekdote von den drei Blinden und dem Elefanten. Für alle drei war er ein unbekanntes Tier. Eines Tages hatten sie Gelegenheit, ihn zu berühren. Einer von ihnen berührte das Ohr, der andere den Rüssel und der dritte die Beine. Als sie dann gefragt wurden, was der Elefant sei, antwortete der erste: ein großes Ohr, der zweite: eine große Trompete, und der dritte: ein großer Fuß. Wir können nicht leugnen, dass jeder von ihnen Recht hatte, aber nur der sehende Mensch kann verstehen, dass es sich real um Teile ein und desselben Körpers handelt. Ähnlich sieht der organische Chemiker in Geruchsstoffen osmophore Gruppen, der Stereochemiker geometrische Figuren, der Biochemiker Substrate und Reaktionen, der physikalische Chemiker elektromagnetische Wellen, der Elektrophysiologe Kondensatoren und so weiter. Es liegt auf der Hand, dass die Bemühungen der einzelnen Spezialisten in eine Richtung gelenkt werden müssen, um den Prozess ganzheitlich zu erfassen. Neben der verbesserungswürdigen Koordination zwischen den verschiedenen Spezialisten gibt es auch objektive Gründe für den Rückstand in der Forschung auf dem Gebiet der Geruchskunde. Vor allem fehlt es an physikalischen Instrumenten zur Geruchsmessung. Der Geruch ist kein physikalisches Phänomen, sondern wird subjektiv wahrgenommen. Während in der Hör- und Sehforschung die Parameter des Reizstoffes (Schall und elektromagnetische Wellen) genau und objektiv gemessen werden können, wird die Wirkung des Geruchsstoffes subjektiv berichtet. Ein und derselbe Stoff wird von einer Person als angenehm riechend, von einer anderen als unangenehm und von einer weiteren als geruchlos (im Falle der Geruchsblindheit) empfunden. Als Beispiel sei hier der Geruch von Benzin genannt. Es gibt Menschen, die ihn nicht vertragen und andere, die so süchtig danach sind, dass sie jeden Tag mehrere Milliliter Benzin einatmen müssen. Die Beurteilung der Stärke des Geruchs ist ebenfalls subjektiv und hängt von der Schärfe des Geruchssinns ab. Dabei spielt es keine Rolle, ob der Riechende ein Mann oder eine Frau ist. Es ist aber bekannt, dass Frauen einen besser entwickelten Geruchssinn haben als Männer. Auch die Tageszeit ist für die Untersuchung von Gerüchen wichtig, da die Schärfe des Geruchssinns zirkadian schwankt. In der Regel ist sie morgens stärker und abends schwächer.

Wir haben bereits gesagt, dass Hunde einen schärferen Geruchssinn haben als Menschen. Einem Schäferhund wurde beigebracht, den Geruch von Beryllium zu erkennen. Er wurde daraufhin zu einem Suchhund für berylliumhaltige Mineralien. Aufgrund dieser Fähigkeit werden Hunde häufig als Erzsucher eingesetzt. Die besten von ihnen erkennen 20–26 verschiedene Mineralien, was bedeutet, dass sie sogar einfache chemische Elemente riechen, die wir nicht riechen können.

Studien über Gerüche werden schon seit langem durchgeführt, aber auch heute noch gibt es keine einheitlichen Konzepte und keine etablierte Terminologie in der Geruchskunde. Begriffe wie „blumig", „moschusartig", „nach Minze" und andere sind zu vage und dehnbar. Sie bieten keine solide wissenschaftliche Grundlage für eine eingehende Forschung.

Ein weiterer wichtiger Grund für Unklarheiten in der Geruchskunde ist die Tatsache, dass Chemiker bis heute nicht wissen (oder zumindest nicht sicher sind), wie reine Stoffe riechen. Es ist allgemein bekannt, dass Schwefelwasserstoff, Pyridin und Skatol Symbole für Verbindungen mit ekelhaftem Geruch sind. Nur wenige wissen aber, dass sie bei vollständiger Reinigung entweder geruchlos sind oder sogar einen angenehmen Geruch haben. Zum Beispiel riecht hochgereinigtes Skatol wie Jasmin. Mit anderen Worten: Der Geruch, den wir einem Stoff zuschreiben, ist oft auf die Verunreinigungen zurückzuführen, die ihn begleiten. Wenn eine Verunreinigung ein ständiger Begleiter der Substanz ist und einen starken Geruch hat, kann sie den Geruch der Hauptsubstanz überdecken oder drastisch verändern. Und welche Substanz ist rein? Es zeigt sich, dass es auch hier kein strenges Kriterium gibt. Die Reinheit flüchtiger organischer Verbindungen wird gaschromatografisch überprüft. Doch selbst mit den empfindlichsten Gaschromatografen lassen sich Verunreinigungen mit einem Gehalt von weniger als 10^{-3} bis 10^{-4} % nicht nachweisen. Überschneiden sich dagegen die chromatografischen Zuordnungen der Verunreinigung mit denen der Hauptkomponente, kann sie gar nicht nachgewiesen werden. Dies gilt jedoch nicht für den Geruchssinn. Für die meisten organischen Verbindungen ist die Empfindlichkeit der menschlichen Nase 10- bis 100-mal so hoch wie die des modernsten Gaschromatografen. Wenn also eine Substanz als „chemisch rein" eingestuft wird, bedeutet dies nicht, dass sie auch „olfaktorisch rein" ist.

Schließlich gibt es noch ein weiteres ernsthaftes Hindernis für die richtige Interpretation der Ergebnisse der Geruchsforschung. Dies sind die verschiedenen Objekte, mit denen experimentiert wird. Die Beziehung zwischen Geruch und chemischer Struktur wird am Menschen untersucht. Die physiologischen und biochemischen Prozesse, die bei der Chemorezeption ablaufen, werden bei Tieren erforscht. Aufgrund der Ähnlichkeit der Anatomie der Geruchsorgane bei Säugetieren wird üblicherweise angenommen, dass sie bei allen Tieren gleich funktionieren. Aus diesem Grund wurden die wesentlichen wissenschaftlichen Daten über die Beziehung zwischen Geruch und chemischer Struktur an Tieren gewonnen und gelten für tierische Geruchsrezeptoren. Inwieweit dies auch für den Menschen zutrifft, ist schwer zu beantworten.

Die unsichtbaren Botschaften der Säugetiere

Die Sprache der Gerüche ist in erster Linie eine Sprache der Tiere, doch auch beim Menschen ist sie Teil seines Signalsystems. Im vorigen Kapitel haben wir festgestellt, dass es noch keine allgemein anerkannte Klassifizierung von Gerüchen gibt. Ein Grund dafür ist, dass dem Menschen ein abstraktes Konzept des Geruchs fehlt. Der Geruchsspezialist A. Bronstein: „Während wir beim Geschmack die Vorstellung von salzig, sauer, süß und bitter haben, also Begriffe, die Eigenschaften von vielen Substanzen bezeichnen, und bei den Farben die Vorstellung von blau, grün, gelb und anderen Farben, die vielen Körpern zu eigen sind, haben, sind unsere Vorstellungen von Gerüchen objektorientiert. Wir können einen Geruch nicht charakterisieren, ohne die Substanz oder den Gegenstand zu benennen, auf den er sich bezieht." Es ist die Konkretheit der mit Gerüchen verbundenen Informationen, die Tiere dazu veranlasst, ihrem Geruchssinn zu vertrauen. Ein Hund erkennt sein Gegenüber vielleicht nicht an der Stimme oder am Aussehen und beginnt zu bellen, aber sein Verhalten ändert sich, sobald er es riecht. Der individuelle Geruch ist das sicherste Attribut für die Identität des Herrchens. Deshalb lautet die menschliche Redewendung „Ich vertraue nur meinen Augen!" in der Sprache des Hundes „Ich vertraue nur meiner Nase!".

Daher auch die unterschiedliche Vorstellung von Mensch und Hund über Vertrautheit. Einen anderen Hund kennenzulernen bedeutet, seinen Geruch kennenzulernen. Wenn Hunde sich zum ersten Mal treffen, beschnüffeln sie sich einige Minuten lang aktiv. Es gibt eine Legende über das Ritual des „Beschnüffelns" bei Hunden. Sie schickten einst einen Boten zu Gott, um ihm von ihrem harten Hundeleben zu berichten. Bei seiner Rückkehr sollte der

Bote mit einem speziellen Geruch gekennzeichnet sein. Der Bote jedoch kehrte nie zurück und die Hunde suchen seither nach ihm.

Der Mensch, für den der Geruchssinn von untergeordneter Bedeutung ist, kann sich nicht vorstellen, wie viele Informationen die Tiere über Gerüche erhalten. Nur von Menschen, bei denen der Geruchssinn sekundär seine Empfindlichkeit erhöht hat, kann das begrenzt verstanden werden wie im Fall der amerikanischen Schriftstellerin Helena Kellner. Sie wurde mit einem Jahr und sieben Monaten blind und taub. Seitdem besteht die Welt für sie zu 100 % aus Tastsinn und Geruch. Das gleiche unglückliche Schicksal hat die russische Schriftstellerin Olga Iwanowna Skorochodowa, die in ihrem berühmten Buch „Wie ich die Welt um mich herum wahrnehme" schreibt: „Ich habe mich so sehr daran gewöhnt, mich von meinem Geruchssinn leiten zu lassen, dass ich alles, was ich wahrnehme, auch zu sehen und zu hören scheine."

Es ist bekannt, dass Tiere mit einem ausgeprägten Geruchssinn in der Lage sind, sich in völliger Dunkelheit, wo Sehen nutzlos ist, zu orientieren. Ein baschkirischer Jäger beschreibt einen Fall, in dem er einen Elch stundenlang in der dichten Tundra verfolgte. Als er ihn schließlich erlegte, stellte er fest, dass er auf beiden Augen blind war. Dies hinderte ihn jedoch nicht daran, Waldwege zielsicher zu lokalisieren und Bäumen geschickt auszuweichen. Offensichtlich nehmen solche Tiere den Geruch von Gegenständen aus der Ferne wahr und orientieren sich in der Umgebung nicht schlechter als ein sehender Mensch. Wahrscheinlich haben Objekte für sie besondere Geruchsdimensionen, die sie selbst in völliger Dunkelheit perfekt „sehen". Wenn ein blindes Tier überhaupt eine Chance hat, in der Wildnis zu überleben, dann ist ein Tier ohne Geruchssinn dem Untergang geweiht. Der Geruchssinn ist die einzige Sinnesfunktion, die nicht durch andere Sinne kompensiert werden kann – er ist einzigartig.

Gerüche dienen nicht nur der Orientierung, sondern enthalten auch andere wichtige Informationen. Ein individueller Duft ist eine Art Brief, durch den sein Verursacher (Räuber, Beute oder Partner) eindeutig identifiziert werden kann. Besonders informationsreich ist der Geruch, den ein Tier der gleichen Art hinterlässt. Er gibt Aufschluss über das Geschlecht, das Alter, die Größe, die Stärke, den Gesundheitszustand, die Gemütsverfassung und viele andere Merkmale des Verursachers der Duftspur. Da der Geruch mit der Zeit verblasst, enthält die Duftmarke auch Informationen über den Zeitpunkt, zu dem sie hinterlassen wurde. Wenn von zwei Spuren die neue stärker riecht, ist das eine wichtige Information. In der Sprache der Tiere heißt das: „Wenn es nach einem Tier riecht, das ich fressen kann, laufe ich in die Richtung des stärkeren Geruchs. Wenn es ein Raubtier ist, laufe ich in die entgegengesetzte Richtung."

Die Bedeutung des Geruchssinns für das Leben der Säugetiere wird durch die Tatsache bestätigt, dass die meisten Säugetiere blind und mit einem unterentwickelten Gehör, aber mit einem voll entwickelten Geruchssinn geboren werden. Das Beispiel des Kängurus ist besonders anschaulich. Es bringt seine Jungen nach einer Tragzeit von 33 Tagen zur Welt. Das Känguru-Baby ist eigentlich ein Embryo, der nur wenige Gramm wiegt. Nach der Geburt krabbelt es zum Beutel der Mutter, wo es sich an einer der vier Zitzen festsaugt. Es bleibt dort 235 Tage lang, bis seine Entwicklung abgeschlossen ist. Lange Zeit glaubte man, dass die Mutter selbst das Neugeborene in den Beutel bringt. Aber inzwischen ist klar, dass das Känguruweibchen nicht die beste Mutter im Tierreich ist. Während der Geburt legt es sich einfach auf den Rücken oder setzt sich hin und beginnt, seinen Beutel von innen zu lecken. Nachdem das Jungtier den Geburtskanal verlassen hat, krabbelt es wie ein Wurm in den Beutel der Mutter. Da es blind und taub ist, kann es sich in diesem „Dschungel" nur schwer zurechtfinden und sich nur über den Geruchssinn orientieren. Man hat festgestellt, dass es mit einem voll entwickelten Geruchssinn geboren wird und sein Riechkolben mehr als die Hälfte des Gehirns einnimmt. Es ist nicht genau bekannt, was das Baby in den Beutel lockt – der Geruch von Milch oder der Speichel der Mutter. Man geht davon aus, dass das Lecken an der Innenseite des Beutels den Zweck hat, das Baby genau dorthin und zu den darin befindlichen Milchdrüsen zu führen.

Der Geruchssinn ist nicht bei allen Säugetieren gleich stark entwickelt. Je nach Ausprägungsgrad werden sie in Makrosmatiker (Geruchssinn sehr gut), Mikrosmatiker (schlechtes Geruchsvermögen) und Anosmatiker (ohne Geruchssinn) eingeteilt. Zu den Makrosmatikern gehören Raubtiere, Nagetiere, Huftiere, usw., Mikrosmatiker sind Affen, Menschen, Robben sowie zahnlose Wale und Anosmatiker die Delfine. Die Schärfe des Geruchssinnes bei einigen Makrosomatikern übersteigt unsere Vorstellungskraft. Wir haben bereits von der hypersensiblen Nase des Hundes berichtet, die einige Buttersäuremoleküle in der Luft aufspürt. Aber der Hund kann auch tief vergrabene Gegenstände im Boden aufspüren, die für den Menschen geruchlos sind. Aufgrund dieser einzigartigen Fähigkeit werden Hunden wichtige und verantwortungsvolle Aufgaben zugewiesen. Während des Zweiten Weltkriegs wurden sie zum Aufspüren von Minen eingesetzt. Legendär ist der Leningrader Hund Dick, der 11.720 Minen entdeckt hat. Erzspürhunde wiederum entdeckten 12 m unter der Erde liegende Erze. Lawinenhunde spüren den Geruch von Verschütteten unter mehreren Metern Schnee auf. In den kalten Wäldern des Nordens wurden Eichhörnchen dabei beobachtet, wie sie Tannenzapfen unter 1–2 m Schnee fanden. Hund, Wolf, Fuchs, Biber und Waschbär können den Geruch von Menschen in einer Entfernung von 100 m wahrnehmen; Bär, Wildschwein, Reh, Damhirsch und andere bis 500 m; Rentier, Rothirsch und Elch bis 1000 m und Elefanten von 1000–5000 m. Einigen Elefantenjägern zufolge ist es bei ruhigem Wetter praktisch unmöglich, sich der Herde zu nähern, ohne entdeckt zu werden. Es geht nur bei windigem Wetter und dann auch nur, wenn man von der Leeseite her kommt. Es wird ein kurioser Fall von einem Arbeitselefanten erzählt, der sich weigerte, eine Grube mit Steinen zuzuschütten. Als man nach dem Grund dafür suchte, stellte man fest, dass sich ein kleines Kätzchen in der Grube befand. Der Elefant begann erst zu arbeiten, als das Kätzchen und damit wohl auch der Geruch aus der Grube entfernt wurde.

Beim Vergleich der Geruchsschärfe von Makrosmaten wurde eine Korrelation zwischen der Größe des Tieres und seiner Geruchsempfindlichkeit festgestellt. Dies erklärt sich zum einen durch die größere Fläche des Riechepithels und zum anderen durch das größere Volumen eingeatmeter Luft, durch das auch eine größere Menge an Geruchsstoffen eingeführt wird. Große Tiere haben einen weiteren Vorteil. Durch die Größe haben sie die Möglichkeit, die oberen Luftschichten zu erschnüffeln. Wenn ein Elefant einen Geruch überprüft, hält er seinen Rüssel 3–4 m über dem Boden. Ein interessanter Anblick ist eine Elefantenherde, die durch sich nähernde Menschen gestört wird. Sie schauen alle in eine Richtung, wobei Rüssel und Ohren in Richtung der Menschen zeigen. Tiere mit einem ausgeprägten Geruchssinn haben nicht nur eine größere Statur, sondern auch eine feuchtere Nase. Die Nase einer Katze ist zum Beispiel trockener als die eines Hundes, eines Bullen, eines Elchs usw. Es wird angenommen, dass eine feuchte Nase notwendig ist, um die Windrichtung und damit die Richtung des Geruchs zu bestimmen. Jäger bestimmen die Windrichtung, indem sie den Finger anfeuchten und dann in den Wind halten.

Moschusdrüsen

Jeder, der schon einmal Haustiere hatte oder einen Zoo besucht hat, weiß, dass Säugetiere schlecht riechen, und zwar artspezifisch schlecht. Selbst ein Mikrosomatiker wie der Mensch kann den Geruch einer Ziege leicht von dem einer Kuh, eines Schweins, eines Fuchses usw. unterscheiden. Es besteht eine umgekehrte Korrelation zwischen der Schärfe des Geruchssinns und dem Geruch des Tieres selbst. Einige der am stärksten riechende Tiere gehören zu den Familien Mephitidae (Stinktiere) und Viverridae (Schleichkatzen). Auch Ratten und Mäuse riechen stark.

Der spezifische Geruch von Säugetieren wird von speziellen Drüsen, den Moschusdrüsen, bestimmt. Dabei handelt es sich um exokrine Drüsen (Drüsen mit äußerer Sekretion), die in ihrem Ursprung eine Abwandlung der Schweiß- und Talgdrüsen sind. Sie sind darauf spezialisiert, Geruchsstoffe – Moschus – zu produzieren. Dem Leser wird wahrscheinlich auffallen, dass wir hier den Begriff Moschus anstelle von Pheromon verwenden. Moschus ist ein alter Begriff, der im Mittelalter in Europa geprägt wurde, um aromatische Substanzen tierischen Ursprungs zu bezeichnen, die aus Indien und China eingeführt wurden. Die biologische Bedeutung dieses Begriffs deckt sich jedoch nicht vollständig mit der des Pheromons, da Moschus andere Funktionen hat als Pheromone. Sie dienen nicht nur der Fortpflanzung, sondern tragen auch zur Aufrechterhaltung der Ordnung in Tiergemeinschaften bei, markieren den Weg und die Grenzen des bewohnten Territoriums, markieren ihre eigenen Jungen und helfen bei der Wundheilung. Wahrscheinlich sind viele ihrer Funktionen noch unbekannt.

Die Moschusdrüsen können sich an verschiedenen Stellen am Körper des Tieres befinden. Bei Ziegen und Antilopen befinden sie sich am Kopf, bei Muttertieren auf dem Rücken, bei Kamelen am Hals, beim Fuchs am Schwanz, beim Elefanten zwischen den Augen und Ohren, bei Kaninchen und Katzen an den Pfoten usw. In einigen Fällen haben sie keinen direkten Ausgang an der Körperoberfläche. Ihr Sekret wird in den Dickdarm abgegeben und mit den Ausscheidungen vermischt. Sie können sich auch in der Nähe der Harnwege befinden und ihr Sekret wird dann in den Urin überführt. Die Moschusdrüsen unterscheiden sich auch in ihrer Anzahl. Die Saigaantilope (ein Huftier aus der Familie der Rinderartigen) hat zum Beispiel 24 verschiedene Moschusdrüsen. Auch die Menge des ausgeschiedenen Moschus ist unterschiedlich. Tiere, deren Drüsen viel Sekret produzieren, haben eine anatomisch geformte Blase (Moschusblase), die sich z. B. beim männlichen Auerhahn unterhalb des Bauches befindet und 30–45 g Moschus aufnimmt.

In der Regel sind die Moschusdrüsen männlicher Individuen stärker entwickelt und zahlreicher als die der Weibchen, weshalb Männchen stärker riechen. Bei in Gruppen lebenden Tieren hängt die Aktivität der Moschusdrüsen von der Rangordnung des Tieres ab. In der Regel riechen die Alphatiere am stärksten. Mit anderen Worten: Keiner darf mehr riechen als der Chef. Wenn alle Wölfe im Rudel für uns gleich sind, kann ein neues Mitglied des Rudels den Rang aller anderen Familienmitglieder in wenigen Minuten unmissverständlich am Geruch erkennen. In diesem Fall erfüllen die Moschusdrüsen die Funktion von Rangabzeichen in der Armee. Wenn ein Individuum krank wird, wird die Funktion der Moschusdrüsen geschwächt und es verliert seinen Rang in der Hierarchie. Die Moschusdrüsen dienen also auch als Indikator für den Gesundheitszustand der Gruppenmitglieder. Dies ist nicht verwunderlich, wenn man bedenkt, dass die exokrinen Drüsen sowohl vom Nervensystem als auch von den endokrinen Drüsen kontrolliert werden. Jede Störung in der Aktivität dieser beiden Systeme wirkt sich auf die Arbeit der Moschusdrüsen aus und führt zu einer Veränderung der chemischen Zusammensetzung des Moschus. Daher ist der Geruch des Moschus auch ein Spiegel des Stoffwechsels und des gesamten inneren Zustands des Tieres.

Chemische Natur des Moschus

Bei der Untersuchung der chemischen Zusammensetzung des Moschus haben die Forscher eine gewisse Präferenz an den Tag gelegt – tierischer Moschus, an dem die Parfümindustrie ein größeres Interesse hatte, wurde eingehender untersucht. Eine der ersten Moschusarten, die in die chemischen Labors gelangte, war die des Sibirischen Moschustieres (*Moschus moschiferus*), auch bekannt als Bisamtier (Abb. 1). Es kommt im Altai, in der Mongolei, in China, Korea, Sibirien und auf der Insel Sachalin vor und ist eine Art der Wiederkäuer mit einer Körperlänge von bis zu 100 cm und einem Gewicht von ca. 15 kg. Die Männchen haben einen Moschusbeutel am Bauch, in dem sich bis zu 45 g einer angenehm riechenden Substanz mit öliger Konsistenz sammeln. Diese wird in der Parfümerie sehr geschätzt.

Wegen des Moschus im Moschusbeutel wurde das Sibirische Moschustier früher stark gewildert, ist heute aber eine geschützte Tierart. Der Moschus besteht aus freien Fettsäuren und Phenolen (10 %), Wachsen (38 %) und Steroidverbindungen. Der Hauptbestandteil ist ein makrozyklisches Keton (3-Methylcyclopentadecanon) namens Muscon. Der angenehme Geruch von Moschus hat Chemiker dazu angeregt, viele Analoga zu entwickeln. Ihre Forschung zeigt, dass der Geruch stark von der Größe des Kohlenstoffrings abhängt. Verbindungen mit 14–18 Kohlenstoffringen haben einen angenehmen Geruch, solche mit 10–12 riechen wie Kampfer, und solche mit 13 Kohlenstoffringen riechen wie Zeder. Verbindungen, deren Ring mehr als 18 Kohlenstoffatome hat, sind geruchlos.

Ein weiteres makrozyklisches Keton, Zibeton, hat einen moschusartigen Geruch. Es ist der Hauptbestandteil des Moschus der Indischen Zibetkatze

Abb. 1 Sibirisches Moschustier (*Moschus moschiferus*) und der Hauptbestandteil seines Moschus: 3-Methylcyclopentadecanon (Muscon). (Foto: © Marvin Samuel Tolentino Pineda/Getty Images/iStock)

Abb. 2 Indischen Zibetkatze (*Viverra zibetha*) und der Hauptbestandteil des Moschus cis-9-Cycloheptadecen-1-on (Zibeton). (Foto: © karenfoleyphotography/Getty Images/iStock)

(*Viverra zibetha*, Abb. 2), die in Indien, Birma, China, Thailand und Malaysia verbreitet ist. Sie gehört zur Familie der Schleichkatzen (Viverridae), wiegt 12 kg und hat eine Körperlänge von 80 cm. Die Farbe ist grau und mit zahlreichen dunklen Streifen und Flecken versehen. Seine Moschusdrüsen befinden sich im Genitalbereich und sind äußerst produktiv.

Jährlich sondert eine Zibetkatze bis zu 50 kg Moschus ab. Neben Zibeton werden auch andere makrozyklische Alkohole und Ketone produziert. Zibetmoschus ist wahrscheinlich der älteste von der Menschheit begehrte Stoff. In seinem Tagebuch vom Januar 1552 schrieb Antonio Pigafetta: „Moschus kommt aus China. Es wird von der Bisamratte gewonnen, die sich von einem Strauch namens ‚Shamaru' ernährt. Um das Moschus zu gewinnen, setzen sie den Tieren Blutegel an, lassen sie das Blut trinken und zerquetschen sie dann. Das Blut wird in einer Schale aufgefangen und 4–5 Tage in der Sonne getrocknet. Erst dann wird der Moschus zum Heilmittel. Wer ein solches Tier besitzt, ist verpflichtet, dem Kaiser Tribut zu zahlen. Die Moschuskörner, die nach Europa geschickt werden, sind in Moschus getränkte, getrocknete Stücke von jungem Ziegenfleisch. Die Eingeborenen nennen das Tier ‚Rolle' und den Blutegel ‚Fussel'". Zibeton findet sich zusammen mit einem anderen makrozyklischen Keton (Exalton, Cyclopentadecanon) im Moschus der Bisamratte (*Ondatra zibethicus,* Abb. 3) und in den Sekreten der Moschusente (*Cairina moschata,* Abb. 4), der Moschusschildkröte und bei Alligatoren. Das ursprüngliche Verbreitungsgebiet der Bisamratte ist Nordamerika. Von dort wurde sie nach Europa eingeführt. Aus Russland gelangte sie in das Biosphärenreservat Srebarna nahe Silistra in Bulgarien und wanderte auch unabhängig davon aus Serbien über den Srebarna-See ein. Sie wiegt bis zu 1 kg und gehört zu den am meisten geschätzten Pelztieren.

Von den angenehm riechenden tierischen Produkten seien noch zwei erwähnt – Walrat (Spermazet, Cetaceum oder weißer Amber) und Ambra des Pottwals (*Physeter catodon*). Dieser, zur Ordnung der Zahnwale gehörend, ist eine lebende Parfümfabrik. Sein großer Kopf, der etwa 1/3 seines 30 t schweren Körpers einnimmt, enthält über 2 t Walrat (Spermazet). Dabei handelt es sich um eine weißliche, kittartige Substanz mit einem angenehmen Geruch, die auch in der Parfümindustrie geschätzt wird. Der Name setzt sich aus „Sperma" und „cetus" (lateinisch für Walfisch) zusammen, da die Walfänger

Abb. 3 Bisamratte (*Ondatra zibethicus*). (© Grigorii_Pisotckii/Getty Images/iStock)

Abb. 4 Moschusente (*Cairina moschata*). (© Ralf Blechschmidt/Getty Images/iStock)

früher glaubten, es handle sich um das Sperma des Pottwals. Die physiologische Bedeutung des Spermazetes ist noch unklar. Eine Hypothese besagt, dass es dazu dient, den Kopf des Pottwals über Wasser zu halten, da es ein geringeres relatives Gewicht als Wasser hat. Eine andere besagt, dass es ein antiseptisches Mittel ist, das zur Desinfektion und schnelleren Heilung von Verletzungen des Maules beiträgt. Auch wird vermutet, dass es für den Pottwal ein Resonator für die Ultraschallecholokation ist.

Ambra ist ein Abfallprodukt aus dem Verdauungstrakt von Pottwalen. Dem Autor von „Moby Dick", Herman Melville zufolge ähnelt Ambra „einem fettigen, klebrigen und extrem stinkenden alten Käse". Diese wachsartige Substanz befindet sich im Dickdarm und im Enddarm des Wals und wird manchmal mit dem Kot ausgeschieden. Da es leichter als Wasser ist, schwimmt Ambra auf der Wasseroberfläche. Unmittelbar nach dem Ausscheiden riecht es nach Erde. Wenn es in einem geschlossenen Behälter aufbewahrt wird, duftet es dann nach Moschus und Jasmin. Seit dem letzten Jahrhundert bis heute ist Ambra ein unverzichtbarer Bestandteil der teuersten Parfüme, weshalb es viele Jahre lang für den Preis von Gold gehandelt wurde. Im Jahr 1953 entdeckten Walfänger an den Stränden Australiens ein riesiges Stück Ambra mit einem Gewicht von 413 kg und verkauften es für 120.000 Dollar. Heute ist der Preis für Ambra wesentlich niedriger, da es nicht mehr von der Wasseroberfläche eingesammelt, sondern aus getöteten Walen gewonnen wird. Nach Berichten von Walfangunternehmen wird Ambra in 4–5 % der getöteten Wale gefunden. Neben der Parfümherstellung wird Ambra auch in der Volksmedizin zur Behandlung von Epilepsie, Tollwut, Herzkrankheiten usw. verwendet. Die biologische Bedeutung von Ambra ist noch nicht bekannt. Einigen Wissenschaftlern zufolge handelt es sich um ein pathologisches Produkt der Gallenblase kranker Wale, anderen zufolge ist es ein normales Sekret der Enddarmdrüsen. Wieder andere halten Ambra für eine Schutzsubstanz, die den Darm des Wals vor den scharfen Chitinresten der gefressenen Kopffüßler schützt. Es kann sich aber auch um Moschus handeln, der mit dem Sexualvorgang in Verbindung gebracht wird, da er nur bei männlichen Exemplaren vorkommt. Tiere mit einem angenehmen Geruch sind eine Ausnahme im Tierreich. Die meisten von ihnen verströmen einen für den Menschen unangenehmen Geruch.

Von wenigen Ausnahmen abgesehen, haben Rehe keine Moschusbeutel. Sie scheiden ihr Sekret diffus über eine große Fläche des Körpers aus. Das wiederum erschwert die Untersuchung seiner chemischen Zusammensetzung. Der Hauptbestandteil des Moschus des amerikanischen Maultierhirsches (*Odocoileus hemionus*, Abb. 5) soll 4-Hydroxydodecensäure sein und kann

Abb. 5 Amerikanischer Maultierhirsch (*Odocoileus hemionus*). (© Pedro Carrilho/Getty Images/iStock)

Abb. 6 Gabelbock (*Antilocapra americana*). (© John Morrison/Getty Images/iStock)

auch als Lacton vorliegen. Im Gegensatz dazu sondert die Analdrüse des Gabelbocks (*Antilocapra americana*, Abb. 6) ein Gemisch aus Valerian- und Isovaleriansäuren ab sowie deren Ester mit aliphatischen Alkoholen und verzweigter Kohlenstoffkette. Fünfundvierzig verschiedene chemische Verbindungen wurden in Bibermoschus gefunden und auch das Sekret der Moschusdrüsen der Maus ist mehrkomponentig.

Aus den spärlichen Literaturdaten, die bisher bekannt sind, lässt sich schließen, dass der Moschus der meisten Tiere komplexe Mischungen flüchtiger Carbonsäuren mit 2–6 Kohlenstoffatomen und deren Ester mit aliphatischen Alkoholen enthält. Es wird davon ausgegangen, dass die chemische Zusammensetzung der tierischen Sekrete artspezifisch und das Mengenverhältnis der verschiedenen Komponenten individuell ist. Im Allgemeinen ist die qualitative und quantitative Zusammensetzung des Moschus genetisch vorgegeben und spiegelt die Einzigartigkeit des Individuums wider. Durch Variation der Konzentration der Komponenten in der chemischen Mischung können Tausende von Schattierungen desselben Geruchs erzeugt werden. Damit können Tiere der gleichen Art gleichzeitig einen ähnlichen artspezifischen und einen unterschiedlichen individuellen Geruch haben, der für jedes Mitglied der Gruppe charakteristisch ist. Nur eineiige Zwillinge riechen gleich.

Der Geruchsapparat eines jeden Individuums ist auf seinen eigenen Geruch eingestellt, mit dem es alle anderen Individuen vergleicht. Der individuelle Geruch spielt in diesem Fall die Rolle eines Spiegels, durch den das Tier sein Bild mit dem seiner Artgenossen vergleicht. In diesem Fall können wir die Funktionen des Geruchsapparats mit der Abstimmung eines Radioempfängers vergleichen. Wenn das Tier einen Gegenstand riecht, stellt es zunächst fest, ob der Geruch, den es wahrnimmt, von einem Tier stammt. Handelt es sich um ein Tier, wird der Geruch automatisch mit seinem eigenen verglichen, um festzustellen, ob er zu einem Tier der gleichen Art gehört oder nicht. Um die Analogie zum Radioempfänger fortzusetzen, kann man sagen, dass ein engerer Wellenbereich innerhalb des bereits gewählten Wellenbereichs gewählt wird. Stellt sich heraus, dass es sich um den Geruch seines Artgenossen handelt, folgt ein weiterer Schritt der Verfeinerung – ob er mit seinem eigenen Geruch identisch ist oder nicht. Handelt es sich um den Geruch eines anderen Individuums, muss dieser weiter analysiert werden, um das Geschlecht, Rang, Gesundheit etc. zu bestimmen. Dies entspricht der Feinabstimmung des Radioempfängers bei der Auswahl eines bestimmten Radiosenders.

Die Moschusdrüsen neugeborener Tiere sind unterentwickelt. Der Beutel des jungen Auerhahns ist faltig und leer und beginnt sich erst im 3. Lebensjahr mit Moschus zu füllen. Die Moschusdrüsen von Jungtieren, Füchsen und Nagetieren beginnen 2–3 Wochen nach der Geburt zu arbeiten. Zu diesem Zeitpunkt sind sie praktisch geruchlos und tragen nur den Geruch der Mutter, was dieser wiederum hilft, sie schneller zu entdecken. Die Überwindung der Geruchsbarriere ist die schwierigste Phase bei der Übertragung von Jungtieren in einen anderen Wurf. So beschreibt Konrad Lorenz die Reaktion der säugenden Hündin Senta auf die Überwindung der Geruchsbarriere, nachdem er einen kleinen, heimatlosen Dingo in ihren Wurf gebracht hatte: „Sie beugte sich sofort über das schreiende Baby, das Maul weit aufgerissen, bereit, es zu fassen und zu ihren Welpen zu tragen. Und in diesem Moment wurde sie von dem fremden Geruch getroffen, den der Dingo aus dem Zoo mitbrachte. Sie zuckte erschrocken zurück und sog die Luft mit einem pfeifenden Geräusch ein, wie ich es noch nie zuvor oder danach von einem Hund gehört habe. Ich nahm nicht nur den Dingo, sondern auch alle Welpen von Senta, legte sie in ein Körbchen in der Nähe des Küchenherds und ließ sie dort über Nacht liegen, damit sie sich aneinander reiben und ihre Gerüche vermischen konnten. Als ich die Welpen am nächsten Morgen zu Senta brachte, empfing sie sie mit einigem Misstrauen und geriet in große Aufregung, trug sie aber bald in ihre Hütte, den kleinen Dingo gleich mit."

Nachdem die Geruchsbarriere überwunden ist, neigen säugende Hündinnen und Tiermütter dazu, jeden zu füttern, der hungrig ist. Es ist schon vorgekommen, dass eine Stute ein Kalb, eine Kuh ein Schwein, eine Hündin ein Schwein und/oder ein Reh, eine Katze eine Ratte usw. säugt.

Duftende Visitenkarten

Menschen und Tiere haben unterschiedliche Vorstellungen von Behaglichkeit. Während Menschen eine angenehme Umgebung ohne aufdringliche Gerüche bevorzugen, fühlen sich Tiere in einer Umgebung wohl, die von ihrem eigenen Geruch geprägt ist. Dies führt zu einem Konflikt zwischen Mensch und Tier. Um ihr Zuhause gemütlich zu gestalten, reinigen und lüften Menschen ihre Wohnungen, was für ihre Haustiere unangenehm sein kann. Umgekehrt schaffen Haustiere durch ihre Bemühungen, die Umgebung für sich selbst angenehm zu machen, Probleme für ihre menschlichen Mitbewohner.

Die erste Sorge eines jeden Tieres, wenn es sich in einem neuen Zuhause niederlässt, ist es, dieses zu erkunden und seine duftenden „Visitenkarten" zu hinterlegen. Wenn eine Manguste (Herpestidae), eine Säugetierfamilie aus der Ordnung der Raubtiere (Carnivora) und Todfeind der Kobra einen Raum betritt, beschnuppert sie zunächst alle Gegenstände und beginnt dann, sie mit ihrem Moschus zu markieren. Dabei geht sie folgendermaßen vor: Sie beschnuppert den Gegenstand, wendet ihm den Rücken zu, stellt sich auf die Vorderpfoten, hebt den Schwanz und drückt ihr Hinterteil (dort befinden sich die Moschusdrüsen) fest an den Gegenstand. So markiert sie den Boden und alle Möbel im Raum. Wenn der Geruch nachlässt, verstärkt die Manguste ihn. Mit Moschus markieren die Tiere auch die Grenzen ihrer Reviere. Das sind die Gebiete, in denen sie fressen und sich paaren. Es gibt keine sichtbaren Grenzen zwischen den verschiedenen Gebieten, aber es gibt „Duftmarken" – eine Art Wappen des Herrschers. So beschreibt Gerald Durrell die Markierung des Territoriums eines seiner Waschbären: „Ich band die beiden Tiere mit langen Bändern an den Bäumen fest. Jedes Mal verschwendete

Matthias zehn Minuten damit, sein Revier mit dem stinkenden Sekret der Drüse zu markieren, die an der Basis seines Schwanzes liegt. Er ging feierlich im Kreis herum, mit einem Ausdruck äußerster Konzentration, und hockte sich ab und zu hin, um sein Gesäß an einem Stein oder Stock zu reiben. Mit diesem Ritual, das dem Aufstellen einer Flagge über einem eroberten Gebiet gleichkommt, wurde er ruhiger und fing mit gutem Gewissen an, Käfer zu fangen".

Auch Hirsche, Rehe und Antilopen markieren ihr Revier. Da sich ihre Moschusdrüsen am Kopf befinden, reiben sie diesen an den Bäumen. Gelegentlich kann man sogar ein „Scheingefecht" mit einem Baum beobachten, bei dem es darum geht, eine starke Duftmarke zu hinterlassen. Der Abstand zwischen den „Grenzpfählen" beträgt hier etwa 5 m. Katzen, die im März aktiv ihr Revier markieren, bleiben neben dem ausgewählten Objekt stehen, streicheln es, wölben den Rücken, setzen sich auf die Hinterpfoten und heben nervös den Schwanz, woraufhin ein Tropfen Flüssigkeit aus den analen Moschusdrüsen austritt. Tiere, deren Moschusdrüsen mit den Harnwegen oder dem Enddarm verbunden sind, markieren Gegenstände in ihrem Revier mit Urin bzw. Ausscheidungen. Jeder, der schon einmal mit einem Hund spazieren gegangen ist, hat bemerkt, dass er ständig schnüffelt, als ob er etwas sucht, an bestimmten Stellen stehen bleibt, das Bein hebt und ein wenig Urin abgibt. Konrad Lorenz beschreibt dieses Verhalten so: „Das Heben des Hundebeines hat eine ganz bestimmte Bedeutung. So paradox es klingen mag, es ist ganz dasselbe wie der Gesang der Nachtigall. Es ist ein Vorgehen, um die Grenzen des eigenen Territoriums zu markieren und andere davor zu warnen, dass Territorium zu betreten. Der gut erzogene Hund unterlässt diese Markierung in seinem Zuhause, da die Luft dort bereits von seinem Geruch durchdrungen ist. Wenn aber ein fremder Hund oder gar ein eingeschworener Feind die Schwelle des Hauses auch nur für eine Sekunde überschreitet, verschwinden die anerzogenen Manieren augenblicklich und der natürliche Instinkt kommt mit voller Wucht zum Vorschein. Jeder nicht ganz charakterlose Hund hält es dann für seine heilige Pflicht, den unfreundlichen Geruch des Fremden zu vernichten und seine eigene, noch stärkere Duftmarke zu hinterlassen. Zum Entsetzen seines Besitzers macht das pflegeleichte Haustier eine Runde durch den Raum und hebt schamlos sein Bein an jedem Stuhl, Tisch und Schrank. Überlegen Sie also gut, bevor Sie die Wohnung eines Hundebesitzers besuchen, der sich mit Ihrem Hund angefreundet hat!".

Überall auf den Straßen und in den Gärten, wo Hunde sich bewegen, gibt es „Visitenkarten". Sie schnüffeln an den Wegen und suchen nach ihnen. Jedes Mal, wenn ihr Hund eine findet, hinterlässt er seine eigene. Und er dosiert seinen Urin nach den körperlichen Merkmalen seines Artgenossen. Die

Regel ist einfach: Es wird mehr Urin benötigt, um den Geruch eines größeren Rivalen zu unterdrücken, und umgekehrt weniger, wenn er kleiner ist. Es wurde beobachtet, dass die Tiere einen Ort intensiver markieren in einem Zustand emotionaler Erregung. Ein eingesperrter Fuchs zum Beispiel beginnt stärker zu riechen, wenn ein Wolf vorbeikommt. Wenn eine Katze oder ein Kaninchen auf einen Hund trifft, wird die Unterseite der Pfoten feucht mit Sekreten aus den dort befindlichen Schleimdrüsen. Wenn ein Hund oder ein Wolf kampfbereit ist, heben er den Schwanz hoch, sodass sich der Geruch aus den perianalen Moschusdrüsen besser verbreiten kann.

Die biologische Bedeutung von duftenden Visitenkarten

Die Markierung mit Moschus dient in erster Linie der Orientierung und Erforschung und hilft, den Lebensraum schneller zu erkennen. Das Verhalten des Tieres wird durch Instinkte gesteuert. Durch unkonditionierte Reflexe ernährt es sich, trinkt Wasser und zeugt Nachwuchs. Die erfolgreiche Erfüllung seiner Aufgaben aber für die Art sowie sein eigenes Wohlbefinden hängen von der Fähigkeit ab, etwas über die Umwelt zu lernen. In jeder neuen Umgebung passt sich ein Tier an die besonderen Lebensbedingungen an. Deshalb besteht seine erste Aufgabe darin, sich mit dem Lebensraum gründlich vertraut zu machen. Die Eingewöhnung besteht aus dem Beschnüffeln und Markieren der umgebenden Objekte, was in der Sprache des Tieres bedeutet: „Check! Hier gibt es nichts Gefährliches und ich könnte vielleicht hierbleiben". Würde die Ortserkennung durch visuelle Wahrnehmung erfolgen, müsste mehr Zeit aufgewandt werden, um einen dauerhaften konditionierten Reflex zu erzeugen. Das Hinterlassen eines Geruchs hilft dem Tier, schnell Lebenserfahrung zu sammeln, Gefahren zu vermeiden und nervöse Energie zu sparen. Ein mit dem eigenen Geruch markiertes Revier schafft Vertrauen, und zurückgelassene „Visitenkarten" sind ein Stressfaktor für einen Angreifer. Es wurden Fälle beobachtet, in denen ein schwächeres Tier in seinem eigenen Revier den Angriff eines viel stärkeren Gegners abwehrte, weil dieser bereits durch die präventiven Duftmarken des Besitzers abgeschreckt wurde.

„Visitenkarten" haben noch einen anderen Zweck. In der Vermehrungszeit sind sie an das schöne Geschlecht gerichtet. Jeder Mann umzäunt sein Revier, in welchem er auf seine Auserwählte wartet. Hier ist die Konkurrenz, besonders bei polygamen Tieren, groß und der Geruch des Geländes ist entscheidend. Da stärker riechende Reviere bevorzugt werden, wetteifern die Männchen darum, sie üppig zu parfümieren. Die Logik ist einfach – mehr Moschus wird von den sexuell aktiveren Männchen ausgestoßen. Aus diesem Grund kommt es in der Brutzeit häufig vor, dass sich mehrere Weibchen um ein Männchen scharen, während andere unbeachtet bleiben. Diese scheinbare Ungerechtigkeit ist jedoch aus der Sicht der natürlichen Auslese gerechtfertigt – sexuell aktive Männchen sind körperlich gesünder und hinterlassen kräftigere Nachkommen.

Moschus und Demografie

Während der Brunstzeit erfüllen die Sekrete der Moschusdrüsen die Funktion von Sexualpheromonen. Sie locken nicht nur Individuen des anderen Geschlechts an, sondern wirken erregend und treiben sie zur Paarung an. Es gibt zahlreiche Hinweise darauf, dass die Moschusdrüsen eng mit den Geschlechtsdrüsen verwandt sind. Erstens: ihre Aktivität ist zyklisch, mit einem Maximum während der Brunstzeit. Sie sind dann groß und mit viel Sekret gefüllt, weshalb die Tiere zu dieser Zeit am stärksten riechen. Zweitens: Kastration unterdrückt die Aktivität der Moschusdrüsen. Kastrierte Tiere riechen weniger und ziehen das andere Geschlecht nicht an. Werden jedoch Sexualhormone gespritzt, wird die Funktion der Moschusdrüsen wiederhergestellt und die Tiere werden für das andere Geschlecht wieder attraktiv.

Auch die chemische Natur der echten Sexualpheromone höherer Tiere ist in Einzelfällen aufgeklärt worden. So wurde beispielsweise festgestellt, dass die Funktionen des Sexualpheromons beim Wildschwein (Abb. 1) von der Steroidverbindung 5-alpha-Androst-16-en-3-on übernommen werden.

Es wird von den Unterkieferdrüsen des Männchens abgesondert und lockt das Weibchen während der Zeit der Empfängnisbereitschaft an. Unter seinem Einfluss verliert sie buchstäblich ihre Mobilität und lässt das Männchen an sich heran. Die Sexualpheromone der Affen hingegen sind ein Gemisch aus Essig-, Propion-, Butter-, Isomalein- und Isovaleriansäure. Während der Brunstzeit ist der Urin der Weibchen bei fast allen Tieren ein Lockstoff für die Männchen. Wenn eine unempfängliche Hündin mit dem Urin einer empfänglichen besprüht wird, beginnen die Rüden, ihr den Hof zu machen und ver-

Abb. 1 Wildschwein (*Sus scrofa*) und sein männliches Sexualpheromon 5-alpha-Androst-16-en-3-on. (Foto: © ViktorCap/Getty Images/iStock)

suchen, mit ihr zu kopulieren. Dieser Urin behält seine erregende Wirkung bis zu einer Minute bei. Der gleiche Effekt wurde bei Mäusen beobachtet.

Bei Mäusen wird ein Sexualpheromon abgesondert, welches die Populationsdichte reguliert. Es wird angenommen, dass dies eine allgemeine Eigenschaft von Sexualpheromonen bei Säugetieren ist. Bei niederen Organismen wird dies nicht beobachtet. Es ist seit langem bekannt, dass eine Ratten- oder Mäusekolonie, auf engem Raum gehalten und mit Nahrung und Wasser versorgt, in ihrer Zahl nicht unbegrenzt zunimmt. Sie stabilisiert sich auf einem Niveau, das über einen langen Zeitraum ohne Zunahme der Sterblichkeit aufrechterhalten wird. Die Population stabilisiert sich in der Regel, wenn die Anzahl der Tiere pro Quadratmeter die ihres natürlichen Lebensraums übersteigt. Dies ist auf Pheromone zurückzuführen, die den Fortpflanzungsprozess hemmen und die Population stabilisieren. Vergrößert sich der Lebensraum, nimmt die Ausschüttung dieser Pheromone ab und die Gruppengröße steigt, bis die nächste Sättigungsgrenze erreicht ist. Was ist der Wirkmechanismus dieser Pheromone?

Die meisten Studien wurden mit Mäusen durchgeführt. Es wurde festgestellt, dass die Weibchen nicht nur auf männliche Sexualpheromone, sondern auch auf die Pheromone ihrer Schwestern äußerst empfindlich reagieren. Werden beispielsweise zwei Weibchen in Abwesenheit eines Männchens in ein Nest gesetzt, beeinflussen sie gegenseitig die Länge ihres Brunstzyklus. Während der Zyklus unter natürlichen Bedingungen 4–5 Tage dauert, verlängert er sich in Abwesenheit eines Männchens auf 11–12 Tage. Es wurden sogar Fälle von Scheinschwangerschaft, d. h. einer vollständigen Unterdrückung des Sexualzyklus, beobachtet. Dieses als Lee-Boot-Effekt (Synchronisation der Menstruationszyklen weiblicher Mäuse) bezeichnete Ereignis ist umso ausgeprägter, je höher die Populationsdichte und je kleiner der Lebensraum ist. Der starke Geruch von weiblichen Mäusen, auch in Abwesenheit der Tiere selbst, reicht aus, um eine Hypertrophie der Nebennieren zu bewirken, was zu einer Verringerung der Fortpflanzungsfähigkeit führt (Ropartz-Effekt). Kommt zu einer Gruppe von weiblichen Mäusen mit unterdrücktem Zyklus ein Männchen hinzu, wird der Zyklus wiederhergestellt und gleichzeitig werden die Sexualzyklen der einzelnen Mäuse synchronisiert. Derselbe Effekt wird beobachtet, wenn statt eines lebenden Männchens nur der Urin eines geschlechtsreifen Männchens in die Gruppe gegeben wird. Dieses Phänomen ist als Whitten-Effekt bekannt. Die Aktivität des männlichen Urins ist mehr als überraschend. Bei wilden Hausmäusen wurde der Whitten-Effekt schon bei der Zugabe von nur 0,01–0,1 ml Urin beobachtet. Es wurden Versuche unternommen, die chemische Natur des Wirkstoffs, der diese Effekte verursacht, zu bestimmen. Die Ergebnisse sind aber nicht eindeutig. Da man davon ausgeht, dass die Sexualpheromone in den Hoden gebildet werden, wurde die Wirkung von wässrigen Extrakten aus Mäusehoden untersucht. Diese haben sich jedoch als inaktiv erwiesen. Es ist jedoch mit Sicherheit bekannt, dass die Substanzen, die den Whitten-Effekt verursachen, artspezifisch sind. Ein weiterer Effekt im Zusammenhang mit der Wirkung von Sexualpheromonen, der Bruce-Effekt, wurde bei Mäusen beobachtet. Wird eine trächtige Maus aus einer Gruppe männlichem Urin aus einer anderen Gruppe ausgesetzt, kann die Schwangerschaft unterbrochen werden.

Die beschriebenen Phänomene verdeutlichen die große ökologische Bedeutung von Sexualpheromonen bei Säugetieren. Während sie unter normalen Bedingungen die sexuelle Aktivität anregen und die Fortpflanzung erleichtern, werden sie in Notsituationen (z. B. wenn der Lebensraum nicht erweitert werden kann) zu einem Regulator der Populationsdichte.

Noch etwas über Moschus

Tierischem Moschus wird auch eine Schutzfunktion zugeschrieben. Schon Darwin schrieb 1873: „Beide Geschlechter der Erdhörnchen sind mit stark riechenden Bauchdrüsen ausgestattet. Wenn man bedenkt, dass ihre Kadaver von Vögeln und Raubtieren unberührt bleiben, sollte man nicht daran zweifeln, dass ihr Geruch sie schützt."

Seit dem Altertum wird Moschus der Tiere in der Volksmedizin vieler Völker als Heilmittel verwendet. So wurden etwa mehr als 50 Arzneimittel zur Behandlung von Krankheiten, auch der Haut, aus Bibermoschus, dem sogenannten Bibergeil, hergestellt. Neuere Forschungen haben gezeigt, dass die heilende Wirkung auf den hohen Salicylatgehalt zurückzuführen ist. Aus diesem Grund und wegen ihres wertvollen Fells werden Biber seit Jahrhunderten massenhaft bejagt und sind fast ausgerottet. Im Jahr 1935 schrieb der russische Zoologe Anatolij Fedjuschin: „Man kann mit Fug und Recht behaupten, dass das Bibergeil den Biber vernichtet hat." Heute steht der Biber in fast allen Ländern unter Naturschutz.

Der Moschus der Bisamratte hat ebenfalls eine heilende Wirkung. Sowohl Bibergeil als auch Bisamrattenmoschus wirken bakterientötend und werden bei Entzündungen der Harnwege eingesetzt. Viele tierische Moschusarten haben einen pflanzlichen Geruch. So riecht Moschus von Tieren aus der Frettchenfamilie wie eine Mischung aus Knoblauch und Zwiebel mit Nuancen. Bibermoschus hingegen hat einen phenolischen Geruch, und Moschus der Bisamratte riecht wie eine Mischung aus Minze und Anis.

Die meisten Moschusarten sind insektenabweisend, Moschus von Nerz und Waschbär wehrt Stechmücken ab. Die Sekrete der Drüsen an den Pfoten von Tieren aus der Familie der Katzen haben ebenfalls eine abwehrende Wirkung. Joy Adamson, Autorin des beliebten Buches „Die Löwin Elsa", schreibt: „Zweimal sah ich, wie Elsa unbeirrt den breiten Strom schwarzer Ameisen durchquerte und mit ihren großen Pfoten für Aufruhr in deren Reihen sorgte. Diese kleinen Krieger griffen jedes Hindernis an, das sich ihnen in den Weg stellte, aber sie berührten Elsa nicht." Es ist möglich, dass das von den Pfoten von Löwen und Tigern abgesonderte Moschus als natürlicher Schutz gegen Skorpione und andere giftige Insekten dient, welche in tropischen Ländern reichlich vorkommen. Die Produkte der Ohrdrüsen sowie das Ohrenschmalz selbst haben ebenfalls eine insektenabweisende Wirkung. Daher gelangen praktisch keine Insekten in das immer offene Ohr.

Es ist bekannt, dass Tiere Beruhigungs- und Narkosemitteln gegenüber nicht unempfindlich sind. Das Interesse der Elefanten an alkoholischen Getränken ist seit langem bekannt. In Südafrika wächst der Marulabaum, dessen etwa mandarinengroße Früchte viel Zucker enthalten. Sobald sie reif sind und zu Boden fallen, beginnen sie zu gären und verwandeln sich in kleine alkoholhaltige (ca. 3 %) Kugeln. Zu diesem Zeitpunkt sind sie für Elefanten besonders attraktiv. Sie fressen diese, was zu Trunkenheit führt. Immer wieder wurden betrunkene und randalierende Elefanten beobachtet, die Menschen und Dörfer angriffen. Diese Schwäche wird in Zoos und Zirkussen ausgenutzt, um Medizin zu verabreichen, die zuvor in einem alkoholischen Getränk aufgelöst wurde. Auch Affen trinken gerne. Andere Tiere fressen Wacholder und Wacholderbeeren, die eine beruhigende Wirkung haben. Ein klassischer Fall von Drogenabhängigkeit bei Tieren ist die Vorliebe der Katzen zu Baldrian. Übrigens ist diese Schwäche charakteristisch für alle Vertreter der Familie der Katzen. Für sie ist Baldrian eine Droge. Es wurde eine Katze beobachtet, die jahrelang systematisch Baldrian eingenommen hat. Allmählich vernachlässigte sie ihre Hygiene, ihr Fell wurde trocken und verfilzt und sie bekam das Aussehen einer Drogenabhängigen. Die Anziehungskraft von Baldrian für Katzen manifestiert sich in der Regel im Erwachsenenalter und ist bei Katern stärker ausgeprägt. Hat die Katze Baldrianwurzeln gefressen, fällt sie in einen narkotischen Schlaf. Bei sehr hohen Dosen kann der Tod eintreten. Studien über die physiologische Wirkung der Pflanze auf die Katze haben gezeigt, dass sie auch ein sexuelles Reizmittel ist, d. h. die Aufnahme von Baldrian hat sexuelle Obertöne. Dies ist nicht verwunderlich, da die Sexualpheromone höherer Säugetiere ein Gemisch aus niederen Fettsäuren und deren Estern sind, unter denen die Ester der Baldriansäure überwiegen. Zur Information sei daran erinnert, dass der Hauptbestandteil des ätherischen Baldrianöls der Borneolester der Isovaleriansäure ist.

In der eigenen Haut mit einem fremden Geruch

In seiner Kurzgeschichte „Domino" beschreibt Ernest Thompson Seton die Reaktion eines Silberfuchses auf die Entdeckung eines als Köder gelegten Fleischrestes: „Er war fasziniert. Die seltsamen Bewegungen seines Körpers zeigten, dass er die Kontrolle über sich selbst verlor. Er bemühte sich, so nahe wie möglich zu kommen, sich an dem Duft zu berauschen, seine Essenz in sich aufzunehmen. Am liebsten hätte er sich von ihm einhüllen lassen. In Erwartung des Vergnügens drehte er den Kopf zur Seite, drückte seinen Hals gegen die verunreinigte Erde und sträubte das Fell. Er rollte sich auf den Rücken und knurrte."

Sich auf der Nahrung oder dem toten Körper des Opfers zu wälzen ist eine häufige Reaktion von Raubtieren. Diese wird als Tergore-Reaktion oder Tergore-Reflex bezeichnet (von den lateinischen Wörtern „tergo" – rückseitig und „tergoro" – bedecken). Es dient dazu, den Körper gründlich mit dem Geruch des Opfers zu versehen. Das Ritual ist bei den verschiedenen Tieren unterschiedlich. Während sich Wölfe, Schakale, Füchse usw. wälzen, reiben sich die Tiere aus der Familie der Katzen mit ihren Vorderpfoten die stinkende Substanz in ihr Fell. Der Bär hingegen setzt sich auf den Boden, ergreift den stinkenden Gegenstand mit seinen Pfoten und reibt sich damit wie mit Seife ein, beginnend am Hals und Kopf und dann an den Schultern. Dabei schnüffelt er, keucht, schüttelt den Kopf und sabbert aus dem Mund. Der Blick ist dabei so konzentriert wie bei Erfüllung einer äußerst wichtigen Aufgabe.

Experimentell wurde die Fähigkeit Hunderter verschiedener Gerüche und Chemikalien, eine tergogene Reaktion auszulösen, geprüft. Man stellte fest, dass der Geruch von verwesendem Fleisch die stärkste Wirkung hat. Was ist die biologische Bedeutung der tergogenen Reaktion?

Wie alle angeborenen Instinkte ist auch die Tergore-Reaktion für die unter natürlichen Bedingungen lebenden Arten von Nutzen. Eine ihrer wichtigsten Funktionen sind Signalisierung und Information. Indem es sich einer Gruppe anschließt, bringt das „duftende" Tier eine „Probe" der delikaten Nahrung mit und weckt so den Appetit der anderen. Nachdem sie den Boten erschnüffelt haben, folgen sie seiner Spur und finden schnell die Beute. Diese Reaktion kann aber auch zur „Täuschung des Feindes" dienen, d. h. sie erfüllt die Funktion der Geruchsmimikry. Wie wir bereits gesehen haben, sind nicht nur Raubtiere Makrosmatiker, sondern auch deren Opfer. Sie nehmen den Geruch des Räubers schon von weitem wahr und suchen nach einer Möglichkeit, sich vor diesem zu retten. Daher ist die Beschaffung von Nahrung für Raubtiere keine leichte Aufgabe. Gelingt es dem Raubtier jedoch, seinen eigenen Geruch zu überdecken, sieht die Sache anders aus. In diesem Fall tritt natürlich ein weiteres Problem auf. Wenn ein Raubtier seinen Körper mit dem Duft eines pflanzenfressenden Tieres einreibt, könnte ein anderes Raubtier an ihm interessiert sein. Daher muss das Raubtier, wenn es diese riskante Prozedur unternimmt, Vertrauen in seine Kräfte haben. Beobachtungen haben gezeigt, dass diese Reaktion häufiger bei großen und starken Raubtieren wie Löwen, Tigern, Luchsen, Bären und Wölfen auftritt und relativ seltener bei kleinen Tieren. Geruchsmimikry wird auch vom Menschen bei der Jagd praktiziert. So schmieren beispielsweise Elefantenjäger ihren Körper und ihre Schuhe mit Elefantenkot ein, Fuchsjäger benetzen Hände und Schuhe mit Fuchsurin.

Die Sprache unserer Vorfahren

Seit Aristoteles geht man davon aus, dass der Mensch ganz oben steht, wenn man die Lebewesen in aufsteigender Reihenfolge ihrer Komplexität und Perfektion anordnet. Dies ist die sogenannte scala naturae, die jedoch nur dann zutrifft, wenn die Rangfolge auf der Grundlage der Komplexität des Nervensystems erstellt wird. In Bezug auf andere Organe und Systeme ist diese Reihenfolge nicht haltbar. Nimmt man zum Beispiel die Empfindlichkeit des Geruchssystems als Kriterium, dann „… scheint der moderne Mensch ein degeneriertes Tier zu sein, für das die Sprache der Gerüche längst ihre ursprüngliche tiefe Bedeutung verloren hat" (so der französische Wissenschaftler M. Barbier). Und doch gibt es zahlreiche Beweise dafür, dass chemische Signale für den modernen Menschen zwar nicht lebensnotwendig sind, für den primitiven Menschen aber lebenswichtig waren. Nach Ansicht einiger Fachleuten ist der chemische Kommunikationsmodus beim *Homo sapiens* auch heute noch nicht ohne Bedeutung.

Jeder Mensch hat seinen ganz eigenen, individuellen Geruch. Hunde wissen das am besten, denn sie können den Geruch ihres Besitzers unter Tausenden von anderen Menschen unmissverständlich erkennen. Der Geruch des Menschen, wie der von Säugetieren im Allgemeinen, ist genetisch festgelegt. Nur eineiige Zwillinge riechen gleich. Es gibt einen berühmten Fall, bei dem sich Zwillingsbrüder nach 33 Jahren Trennung wieder trafen und der Haushund die beiden nicht auseinanderhalten konnte. Rassen-, Gruppen- und Individualgeruch ist auch für den Menschen wahrnehmbar. Der französische Schriftsteller Joris-Karl Huysmans schreibt in seiner Kurzgeschichte „Gegen den Strich" über den Geruch von Pariser Mädchen: „Er ist stechend und manchmal lästig bei Brünetten, scharf und stark bei Rothaarigen, berauschend und durchdringend bei Blondinen. Man könnte sagen, es passt zu ihrer Art zu küssen".

Aus der Zeit, als der Mensch seiner Nase mehr vertraute als seinen Augen, hat sich wahrscheinlich bei einigen Völkern der Brauch erhalten, sich bei einer Begegnung zu beschnuppern. Die Menschen im Südosten Indiens zum Beispiel drücken ihre Nase an die Wange des Gastes und atmen tief ein. Tatsächlich küssen sie sich nicht, sondern beschnuppern sich gegenseitig. Einen ähnlichen Brauch gibt es bei den Maori, den Ureinwohnern Neuseelands. Wenn sie sich treffen, berühren sie sich mit ihren Nasen und verharren einige Sekunden lang in dieser Pose. Ähnliche Rituale werden auch bei den Polynesiern, den Malaien und anderen Völkern beobachtet. Vermutlich ist dies ein Überbleibsel aus den alten Zeiten, als der Mensch den Fremden durch seinen Geruch identifizierte und akzeptierte. Dieses Ritual ähnelt unserem Küssen bei der Begrüßung von Gästen. Bei Männern besteht es darin, nur die Wangen zu berühren.

Was bestimmt den Geruch eines Menschen? Der menschliche Körper ist mit zahlreichen Schweißdrüsen ausgestattet, deren Hauptfunktion die Wärmeregulierung ist. Zusammen mit dem Schweiß geben sie jedoch auch komplexe Gemische aus niederen Fettsäuren (Propion-, Butter-, Valerian-, Capronsäure usw.) und deren Estern ab, die für den Schweißgeruch verantwortlich sind. Die Schweißdrüsen der Füße sind zahlreich und erreichen bis zu $1000/cm^2$. Sie sind für die Wärmeregulierung nicht besonders wichtig, sind aber recht aktiv und verursachen gelegentlich ästhetische Probleme. Einst dienten sie jedoch zur Markierung des Territoriums und des Weges zu den Nahrungsquellen, so wie es die Tiere heute noch tun. Neben diesen Schweißdrüsen gibt es am menschlichen Körper auch solche, die als Moschusdrüsen gelten. Es sind zum Beispiel die Schweißdrüsen in der Anal- und Genitalregion, die Drüsen unter den Achseln und an den behaarten Stellen der männlichen Brust. In der Kindheit haben sie keine Funktion, werden aber bei Erreichen der Geschlechtsreife aktiv. Diese Aktivität wird daher als mit dem Sexualvorgang verbunden angesehen. Es ist wahrscheinlich, dass ihre Sekrete in der Vergangenheit als Sexualpheromone gewirkt haben und dass die üppige Behaarung in ihrer Umgebung dazu beigetragen hat, sie besser zu verbreiten. Ein Steroidalkohol, der mit dem Sexualpheromon beim Eber identisch ist, wurde im Sekret der Schweißdrüsen der männlichen Brust isoliert.

Die Moschusdrüsen sind auch für den unterschiedlichen Geruch des männlichen und weiblichen Körpers verantwortlich. Forschungen zufolge wird der menschliche Geruch durch drei Hauptbestandteile bestimmt, von denen einer nach Moschus riecht, der zweite Trimethylamin (fischig riechend) ist und der dritte als Alkalifaktor bezeichnet wird. Beim Mann ist der Alkalifaktor 1,5-Diaminopentan, auch bekannt als Cadaverin, bei der Frau ist es Cumarin, das nach frisch geschnittenem Gras riecht.

In einer Studie über die Vaginalsekrete von 682 Frauen haben französische Wissenschaftler ein Gemisch aus fünf niederen Fettsäuren identifiziert: Essigsäure, Propionsäure, Isobuttersäure, Buttersäure und Isovaleriansäure. Diese fungieren bei Primaten auch als weibliche Sexualpheromone. Sie üben eine starke Anziehungskraft auf Männchen aus. Es wird angenommen, dass in der fernen Vergangenheit der „saure" Scheidenausfluss eine ähnliche Wirkung auf den Mann hatte. Die Annahme, dass dieses Sekret auch beim modernen Mann eine pheromonartige Funktion hat, wird durch die Tatsache gestützt, dass sich der Gehalt an flüchtigen Säuren in der Vagina der Frau zyklisch verändert. In der ersten Phase des Menstruationszyklus nimmt er zu, in der zweiten ab. Bei Frauen, die Verhütungsmittel verwenden, fehlt diese Zyklizität.

Es gibt Belege, die die Bedeutung von Pheromonen für das Sexualleben des frühen und vielleicht auch des modernen Menschen bestätigen. Frauen sind nachweislich empfindlich für den Geruch eines makrozyklischen Laktons namens Exaltolid, welches bei Säugetieren als männliches Sexualpheromon wirkt. Die weibliche Sensibilität verläuft periodisch, wobei ein Maximum mit dem Eisprung zusammenfällt. Eine solche Zyklizität wurde bei Frauen, die Verhütungsmittel einnehmen, nicht beobachtet. Die Injektion von Östrogenen erhöht jedoch die Empfindlichkeit dafür wie auch Östrogene die Empfindlichkeit des männlichen Geruchssinns für diese Verbindung erhöhen.

Der Zusammenhang zwischen Nase – Riechkolben – Hypothalamus – Geschlechtsorgane ist zwar bei vielen Tieren nachgewiesen, aber auch beim Menschen nicht außerhalb der Realität. Neurowissenschaftler glauben, dass die Fitness des Geruchssinns wichtig für die Psyche und die menschliche Gesundheit ist. Es wurde beobachtet, dass bei beiden Geschlechtern eine angeborene Unterentwicklung des Riechkolbens mit Infantilität der Geschlechtsorgane einhergeht. Einige Autoren glauben, dass der Mensch in psychosexueller Hinsicht kein schlechterer Makrosmatiker ist als der Hund. Er unterdrückt aber bewusst die Rolle seines Geruchssinns. M. M. Gradek schreibt: „Selbst der kultivierteste Mensch überlässt manchmal seiner Nase die Entscheidung in heiklen Liebesangelegenheiten". Die Bedeutung des Geruchssinns für das Sexualleben des Menschen wird durch einen anderen interessanten Effekt veranschaulicht, der dem Whitten-Effekt bei Mäusen ähnelt. Er besteht in der unbewussten Synchronisierung des Menstruationszyklus von jungen Mädchen, die in Frauenwohnheimen leben.

Der menschliche Geruchssinn entwickelt sich sehr früh. Kaum ein Jahr alt, nehmen Kinder bereits Nahrung je nach Geruch an oder lehnen sie ab. Wenn schlafende Säuglinge an die Brust stillender Frauen gebracht werden, hat man beobachtet, dass Zwei-Tage-Babys den Geruch ihrer Mutter nicht erkennen; Zwei-Wochen-Babys bevorzugen die Brust ihrer leiblichen Mutter, aber ihre Reaktionen sind noch unschlüssig; Sechs-Wochen-Babys zeigen eine sehr deutliche Vorliebe für die Brust ihrer Mutter. Der Geruch, der sie anzieht, ist noch nicht bekannt. Auch ist nicht sicher bekannt, inwieweit der individuelle Geruch des Menschen auf die exokrinen Sekretionsdrüsen zurückzuführen ist und inwieweit er von der Aktivität der Bakterien, dem Mikrobiom, welche die Schweiß- und Talgdrüsen der Haut besiedeln, beeinflusst wird. Einige dieser Bakterien sind für den Menschen symbiotisch und ihre Aktivität hängt von seinem physiologischen und gesundheitlichen Zustand ab. Da wir bisher mehrfach festgestellt haben, dass der Geruchssinn für das menschliche Leben von untergeordneter Bedeutung ist, wird sich der Leser wahrscheinlich fragen: „Warum ist es dann notwendig, die chemische Signalübertragung beim Menschen zu untersuchen?"

Wissenschaftler sind der Meinung, dass die Erfolge in diesem Bereich nicht zu vernachlässigen sind und von Nutzen sein können. Es ist seit langem bekannt, dass eine Reihe von Krankheiten mit einer charakteristischen Veränderung des Körpergeruchs einhergeht. Eine genaue Analyse des menschlichen Körpergeruchs würde es ermöglichen, pathologische Bestandteile in den Hautsekreten aufzuspüren, welche zur Diagnose dienen könnten. In diesem Zusammenhang wurden Versuche unternommen, eine „elektronische Nase" für medizinische Zwecke zu entwickeln, die flüchtige Substanzen, die vom menschlichen Körper abgegeben werden, erfassen und analysieren kann. Wie funktioniert sie? Der Patient wird in eine spezielle Kammer gelegt und von einem Luftstrom umspült, der die flüchtigen Substanzen zu einem Adsorber mit den Eigenschaften eines Kondensators trägt. Die adsorbierten Stoffe verändern das Kontaktpotenzial der Platten des Kondensators, und die daraus resultierenden elektrischen Signale werden verstärkt und an ein Aufzeichnungsgerät weitergeleitet. Solche Geräte wären für die Diagnostik einer Reihe von Erkrankungen nützlich, insbesondere auch für psychiatrische Erkrankungen, für die es oft keine objektiven Kriterien zur Beurteilung des Zustands des Patienten gibt.

Die Analyse des individuellen Geruchs einer Person kann auch in der Forensik von Nutzen sein. Der Geruch, den ein Verbrecher hinterlässt, wird seit langem als physisches Beweismittel verwendet zwecks Identifikation. Wenn der Verbrecher jedoch zu spät gefasst wird, verfliegt der Geruch und ein Spürhund kann ihn nicht erschnüffeln. Da der Verbrecher jedoch fast immer Duftspuren hinterlässt, sei es auf Gegenständen, die er berührt hat oder in der Luft des Raumes, in dem er sich aufhielt, könnte dieser Geruch zum Zeitpunkt der Entdeckung der Tat analysiert, die Daten aufgezeichnet und später verwendet werden, wenn der Verbrecher gefasst wird. Ein Gerät für einen „elektronischen Polizeihund" ist in den USA patentiert worden. Das Gerät wird geheim gehalten, basiert aber wahrscheinlich auf gaschromatografischer oder massenspektraler Analyse der flüchtigen Sekrete des menschlichen Körpers. Ein solches Gerät würde es ermöglichen, eine „Kartei" der Gerüche der Bevölkerung oder zumindest der Personen eines kriminellen Personenkreises zu erstellen, ähnlich denen moderner DNA-Datenbanken oder Fingerabdrücke (Daktyloskopie).

Die Kenntnis der chemischen Beschaffenheit der Substanzen, die den menschlichen Körper riechen lassen, wird auch für die Parfümerie und Kosmetik von Nutzen sein. Aus der Untersuchung der Chemorezeption bei Tieren weiß man, dass deren Geruchsapparat am empfindlichsten auf den Geruch der eigenen Sekrete reagiert. Die Kenntnis der chemischen Beschaffenheit dieser Sekrete beim Menschen würde es ermöglichen, attraktiv riechende Parfüms, Deodorants und andere Kosmetika herzustellen, in denen die angenehmen Komponenten des natürlichen Geruchs des menschlichen Körpers erkennbar sind, die unangenehmen hingegen „zum Schweigen gebracht werden".

Schließlich gibt es in der Medizin Ideen, den Geruchssinn auch für therapeutische Zwecke zu nutzen. Wie bereits erwähnt, gibt es bei allen Wirbeltieren, einschließlich des Menschen, eine natürliche physiologische Achse Nase – Riechkolben – Hypothalamus. Und der Hypothalamus steht in enger Verbindung mit der Hypophyse, die ihrerseits die Tätigkeit aller endokrinen Drüsen steuert. Folglich ist es theoretisch möglich, die Hypophyse und damit auch die anderen endokrinen Drüsen durch einen geeigneten chemischen Reiz zu beeinflussen. Da ein Geruchsstoff in sehr geringer Menge auf den Geruchssinn einwirkt, hätten die neuen „Medikamente" gegenüber den klassischen zwei großen Vorteilen: Sie wären kostengünstig und wohl nebenwirkungsfrei. Einer der Spezialisten für Fragen des menschlichen Geruchssinns, A. Komfort schreibt: „Vielleicht werden wir die Riechtherapie als die Krone der Medizin erleben".

Die Bedeutung des Geruchssinns und der menschlichen Körpersekrete für das Verhalten des Menschen selbst ist noch nicht abschließend untersucht. Es ist möglich, dass der Mensch sich selbst durch seine Aktivitäten einen bisher ungeahnten Schaden zufügt. Da der natürliche Körpergeruch normal ist und den Menschen durch die langen Jahre seiner Evolution begleitet, betrachten einige Wissenschaftler die heute in Mode gekommene Körperhaarentfernung und den übermäßigen Gebrauch von Seifen, Parfüms und Deodorants als Amputation eines wichtigen Informationskanals. A. Komfort sagt: „Kein

Biologe kann heute sagen, ob diese Amputationsverfahren irgendwelche unerwünschten Auswirkungen auf das zukünftige menschliche Verhalten haben werden. Auch die Vorstellung, dass Organe wie der Blinddarm und die Mandeln keinen Zweck erfüllen und ohne Folgen entfernt werden können, ist naiv und gehört ins 19. Jahrhundert. Ich möchte hinzufügen, dass die negativen Folgen des übermäßigen Gebrauchs von unzureichend erforschten und unkontrollierten neuen kosmetischen Produkten sowie der modernen ästhetischen Medizin und Dermatologie auf das Verhalten des modernen Menschen bereits zu spüren sind". Weder A. Komfort noch wir plädieren wir für eine Rückkehr zur Natur im wörtlichen Sinne des Wortes und etwa auf den Verzicht der Errungenschaften der modernen Kosmetik. Wir rufen vielmehr zur Mäßigung und zu einer vernünftigen Einstellung gegenüber den Produkten der Zivilisation auf, bevor ihre Unschädlichkeit für die Gesundheit und das Verhalten der Menschen untersucht und wissenschaftlich nachgewiesen ist.

Ein Dialog zwischen zwei Königreichen: „Ja" und „Nein" in der Sprache der Chemie

Die Paläontologie lehrt uns, dass unser Planet vor mehreren Hundert Millionen Jahren eine üppige Vegetation aus Riesenfarnen, Schachtelhalmen und Gymnospermen (Nacktsamer) aufwies. Mit Ausnahme einiger weniger Arten sind diese in der Folge verschwunden. An ihre Stelle sind die Angiospermen (bedecktsamigen Pflanzen) getreten. Sie machen heute 85 % des Pflanzenreichs aus. In der Zeit der Ur-Flora der Erde erschienen auch die Insekten. Mit ihrer enormen Größe glichen sie sich den Pflanzen der damaligen Zeit an. Da sie nicht viele natürliche Feinde hatten, vermehrten sie sich ungestört in einem unglaublichen Ausmaß. Dann, vor einigen Hundert Millionen Jahren, kam es zur Konfrontation zwischen den beiden großen Reichen der Pflanzen und Tiere. Die Pflanzen waren gezwungen, nach Mitteln zu suchen, die Insekten zu bekämpfen und die wiederum, dem entgegenzuwirken. Damals begann das Streben nach Originalität und Anpassungsfähigkeit, das bis heute anhält. Das Auftreten eines neuen Verteidigungsmittels bei den Pflanzen oder einer neuen Anpassungsfähigkeit bei den Tieren bedeutete das Entstehen einer neuen biologischen Art. So beschleunigte sich der Prozess der Artenbildung in beiden Reichen rapide. Heute ist sich die Wissenschaft einig, dass die Evolution von Pflanzen und pflanzenfressenden Tieren parallel verlaufen ist.

Die einfachste Methode zur Bekämpfung von Pflanzenfressern ist die chemische. Die Pflanzen begannen, Giftstoffe zu produzieren, die für Tiere giftig sind. Es wird angenommen, dass die Gründe für den Erfolg von Angiospermen ihre bessere chemischen Flexibilität und ihre größere Fähigkeit, chemische Abwehrstoffe zu produzieren, sind. Nicht zufällig finden sich Alkaloide, einige der giftigsten Verbindungen pflanzlichen Ursprungs nur in Angiospermen. Neben den spektakulären geologischen und klimatischen Veränderungen, die zum massiven Absterben der alten Vegetation geführt haben, ist also der Hauptgrund für das Verschwinden alter Pflanzenarten ihr schlechter Schutz gegen pflanzenfressende Tiere und krankmachende Mikroorganismen. Es überlebten nur diejenigen, die rechtzeitig begannen, Schutzmechanismen zu entwickeln. Die heutigen Farne zum Beispiel sind nicht so riesig wie ihre Vorfahren, aber sie produzieren Stoffe mit abweisender Wirkung. Alle modernen Pflanzen geben flüchtige Stoffe in die Atmosphäre oder nichtflüchtige Stoffe in den Boden ab, mit denen sie sich vor schädlichen Mikroorganismen, Pilzen und Insekten schützen. Es ist vorgeschlagen worden, diese Stoffe als Phytonzide (von gr. Φύτον, phyton – Pflanze und lat. caedere – töten) zu bezeichnen. Der Begriff „Phytonzide" wurde 1942 von dem russischen Mikrobiologen Boris Tokin eingeführt, der auch der erste Entdecker dieser bis dahin unbekannte Gruppe biologisch aktiver Substanzen war. Er fand die Phytonzide 1930, als er feststellte, dass Hefepilze in Gegenwart von Zwiebeln Schwierigkeiten hatten, sich zu entwickeln oder zu wachsen. Tokin vermutete, dass dies auf flüchtige Substanzen zurückzuführen war, die von der Zwiebel abgegeben wurden. Durch eine Reihe ausgeklügelter Experimente bewies er, dass diese Stoffe nicht nur die Hefepilze, sondern auch viele andere krankmachende Mikroorganismen abtöten. Die flüchtigen Substanzen von Knoblauch, Petersilie, Minze, Dill, Anis, Eichenblättern, Nadelgehölz und anderen haben eine solche Wirkung. Generell ist die Freisetzung von Phytonziden eine universelle Eigenschaft von Grünpflanzen. Von einem Hektar Laubwald werden pro Jahr etwa 2 kg Phytonzide freigesetzt, von der gleichen Fläche mit Nadelbäumen (Kiefer, Tanne, Fichte) 5 kg. Wacholder setzt die meisten Phytonzide frei, etwa 30 kg pro Jahr. Die stärkere Emission von Phytonziden aus Nadelgehölzen erklärt sich durch ein starkes elektrisches Feld um ihre Nadeln, welches die Verbreitung in der Luft fördert. Das Vorhandensein eines solchen elektrischen Feldes erklärt auch die Fähigkeit der Nadelbäume, die Luft zu ozonisieren. Der hohe Gehalt an Phytonziden in der Luft bestimmt ebenso die mikrobiologische Reinheit der Bergluft. Ihr Bakteriengehalt ist etwa 70-mal niedriger als der der Stadtluft. Die Bakterienmenge in der Luft nimmt auch unter dem Einfluss flüchtiger Substanzen der heimischen Pflanzen ab. So senkt beispielsweise ein Topf mit Begonien oder Leinkraut den Bakteriengehalt der Raumluft um 59 %, bei einer Chrysantheme sind es um 66 %.

Unter Laborbedingungen hat sich gezeigt, dass Phytonzide ein breites Spektrum an bakteriziden Wirkungen haben. Die Phytonzide der Zwiebel und des Knoblauchs beispielsweise töten in vitro fast alle pathogenen Bakterien sowie viele Protisten (Gruppe nicht näher verwandter mikroskopischer Lebewesen) ab. Daher werden seit ihrer Entdeckung in letzter Zeit große Hoffnungen auf Phytonzide zur Behandlung von Infektionskrankheiten gesetzt. Und in der Tat, wie verlockend ist die Vorstellung, mit Knoblauch oder Zwiebeln alles von Angina über die Pest bis zur Cholera zu heilen. Doch die Enttäuschung ließ nicht lange auf sich warten. Es stellte sich heraus, dass Phytonzide ihre bakterientötende Wirkung hauptsächlich außerhalb des Körpers entfalten, während sie im Körper unwirksam sind. Es ist möglich, dass sie sich dort chemisch verändern. Es ist aber auch möglich, dass die Erreger selbst im Wirtskörper besser geschützt sind. Die heilende Wirkung von Kräutern und pflanzlichen Nahrungsmitteln wird mit Phytonziden in Verbindung gebracht. In der Volksmedizin vieler Länder werden Erkältungen immer noch durch Inhalation der Dämpfe eines Suds aus ätherischen Pflanzenölen (Lavendel, Kamille, Basilikum usw.) behandelt und in einigen fernöstlichen Ländern werden zum Schutz vor Infektionskrankheiten Halsketten aus Knoblauchzehen getragen. Zwiebeln werden zur Heilung von Grippe, Ohrenentzündungen, ansteckenden Hautkrankheiten usw. verwendet. Bei Augen- und Ohrenentzündungen empfiehlt die Volksmedizin, eine Knoblauchzehe zu kauen und den Atem in das Auge oder Ohr des Erkrankten zu blasen. Die Phytonzide von Knoblauch und Zwiebel wurden in der modernen Medizin weiter untersucht. Aus Knoblauch wurde das Antibiotikum Allicin isoliert (Abb. 1), das bereits in einer Verdünnung von 1:250.000 Streptokokken, Staphylokokken, Typhusbakterien, Paracholera-Viren, Tuberkelbazillen usw. abtötet.

Leider ist Allicin nicht stabil und zersetzt sich bei Lagerung. Es wurden zahlreiche Versuche unternommen, Knoblauch unter klinischen Bedingungen zur Behandlung von akuten Katarrhen der oberen Atemwege, Keuchhusten, Entzündungen, Ohren- und Augenentzündungen, Ruhr und eitrigen Prozessen der Lunge einzusetzen. Die Ergebnisse sind nicht ermutigend.

Phytonzide vieler Pflanzen haben eine insektizide und abwehrende Wirkung gegen Insekten, weshalb sie in der Landwirtschaft zum Schutz von Gemüse- und Obstkulturen sowie zum Schutz von Saatgut vor Schädlingen eingesetzt werden. So können beispielsweise 200 g Knoblauch 100 kg Weizen vor Trauermücken (Sciaridae) schützen. In China wird Knoblauch bei der Lagerung von Reis und Mehl verwendet. In Belgien wird er zum Schutz des

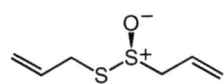

Abb. 1 Allicin

Leinsamens vor Flöhen verwendet. Wässrige Auszüge aus Knoblauch sind auch ein bewährtes Mittel gegen Spinnmilben.

Die Verwendung von insektiziden Pflanzen erfolgt auf zwei Arten: durch Anpflanzung in der Nähe von Nutzpflanzen oder durch Besprühen der Anpflanzung mit ihren Extrakten. So schützt beispielsweise Wermut, der in Obstplantagen gepflanzt wird, Äpfel vor dem Apfelfruchtstecher (*Caenorhinus aequatus*) und ein Sud aus Wermut tötet blattfressende Raupen und wirkt als Abwehrmittel gegen blutsaugende Insekten und Parasiten bei Warmblütern. Der Geruch von Hanf wirkt abweisend auf Maikäfer, weshalb empfohlen wird, ihn als Zwischenfrucht in Obstgärten zu pflanzen. In Indien werden Hanfblätter oder ganze Hanfpflanzen zur Abwehr von Flöhen und Bettwanzen verwendet und hierzulande ist Lavendel ein altes Mittel gegen Wollläuse und Wachsmotten. Pyrethrum (montenegrinisches bzw. dalmatinisches Insektenpulver), gewonnen aus Chrysanthemen hat ebenfalls insektizide Wirkung. Daher werden Chrysanthemen als Industriepflanzen zur Herstellung von hochwirksamen insektiziden Präparaten gegen Insekten und Milben angebaut. Sie entfalten ihre toxische Wirkung in Mengen von 0,000017–0,000065 % Wirkstoff, bezogen auf das Gewicht des Insekts. Sie sind für warmblütige Tiere und den Menschen absolut unschädlich. Bei den aktiven Bestandteilen handelt es sich um Pyrethrin (Abb. 2) und Cinerin (Abb. 3). Es sind Kontaktinsektizide, die dem DDT ähneln mit deutlich stärkerer Wirkung. Sie gelangen auf lymphatischem Weg zu den Nervenganglien und verursachen Lähmungen und Tod des Insektes. Das kommerzielle Präparat „Pulvis Pyrethri" (Pyrethrum-Pulver) besteht aus den getrockneten und pulverisierten Blüten einer dalmatinischen Chrysantheme.

Es wird zur Abtötung von Flöhen und Läusen an behaarten Körperstellen verwendet. Pyrethrin und Cinerin sind Vertreter der sogenannten Polyen-Antibiotika, die die Hauptwirkstoffe der Phytonzide von Korbblütlern sind. Einer der einfachsten Vertreter der Acetylen-Antibiotika ist Agropyren (Abb. 4), das in Queckenwurzeln enthalten ist.

Die flüchtigen Phytonzide der meisten Pflanzen haben eine positive Wirkung auf Säugetiere und Menschen. Die flüchtigen Absonderungen der Bergpflanzen wirken beruhigend und stärkend auf das Nervensystem. Prof. Holo-

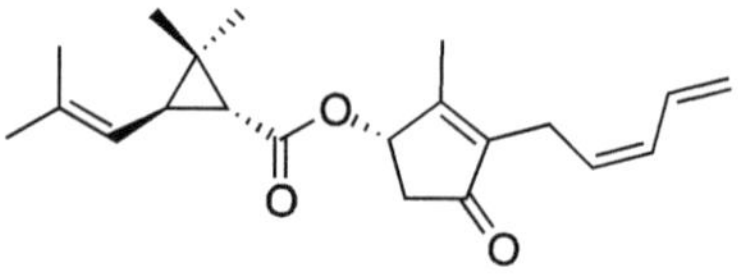

Abb. 2 Pyrethrin

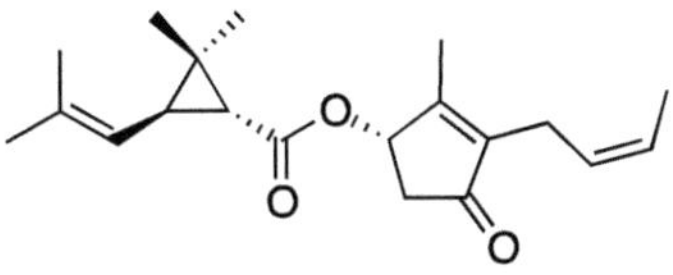

Abb. 3 Cinerin

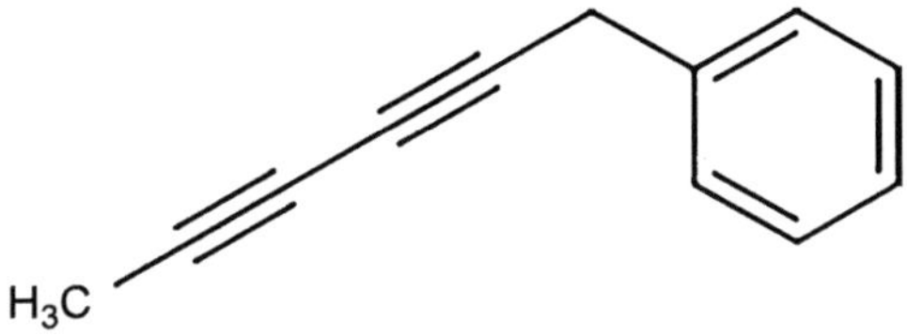

Abb. 4 Agropyren

din ist der Ansicht, dass einige Phytonzide, ähnlich wie Vitamine, für den Menschen lebenswichtig sind. Im Gegensatz zu den Vitaminen gelangen sie jedoch nicht mit der Nahrung, sondern mit der Atemluft in den Organismus. Er nennt sie Atmovitamine.

Phytoalexine

Eine Beschreibung der chemischen Mittel zum Schutz der Pflanzen vor ihren Schädlingen wäre unvollständig ohne die Erwähnung der Phytoalexine. Dabei handelt es sich um Substanzen mit bakterizider und fungizider Wirkung. Sie werden gebildet, wenn der Bestand der Pflanze gefährdet ist. Es sind Verbindungen, die unmittelbar nach einer Infektion durch Mikroorganismen wie Bakterien oder Pilze von der Pflanze produziert werden, um Ausbreitung, Wachstum oder Vermehrung in der Pflanze zu hemmen. Die chemische Natur vieler dieser Stoffe ist inzwischen geklärt. Es wurde festgestellt, dass sie zu verschiedenen chemischen Klassen und Gruppen gehören. Die meisten von ihnen enthalten alkoholische oder phenolische Gruppen, mit denen sie sich in Form von Glykosiden an Kohlenhydratreste binden. Die Glykosidform der Phytoalexine ist inaktiv, im gesunden Pflanzengewebe sind sie „schlafend". Wird das Gewebe verletzt, werden spezifische Enzyme (Hydrolasen) aktiviert, die das Phytoalexin aus seinem Kohlenhydratträger freisetzen. Dadurch werden die angreifenden Mikroben oder Pilzhyphen abgetötet. Indem er die Pflanze angreift, öffnet der Krankheitserreger also selbst die Falle, die ihm die Natur „gestellt" hat. Die Phytoalexine sind die zweite Verteidigungsstufe der Pflanzen. Die erste sind die Phytonzide, die den Schädling aus der Ferne bekämpfen. Wenn sie ihn nicht aufhalten können, erledigen die Phytoalexine die Aufgabe.

Die Erforschung der chemischen Struktur natürlicher Heilmittel ist eine sehr attraktive Aufgabe für Chemiker. Durch sie wurden viele neue Verbindungen entdeckt, einige davon mit sehr interessanten chemischen Strukturen. Phytoalexine sind auch deshalb für Biochemiker interessant, weil sie ihre Wirkung auf verschiedenen Ebenen des zellulären Metabolismus entfalten: Sie hemmen die DNA-, RNA- und Proteinbiosynthese, blockieren die Atmung und die oxidative Phosphorylierung, verringern die Durchlässigkeit der Zellmembranen usw.

Auf der Suche nach wirksamen Mitteln zur Bekämpfung von Plagegeistern haben es einige Pflanzen zu verblüffender Originalität gebracht. Dr. K. C. Williams von der Harvard University entdeckte im Holz der amerikanischen Balsam-Tanne (*Abies balsamea*) die Substanz Juvabion (Abb. 1), die mit dem Juvenilhormon einiger Insekten identisch ist. Das Juvenilhormon reguliert die Zelldifferenzierung und Entwicklung von Insekten im Larvenstadium. Die Umwandlung der Larve in ein erwachsenes Insekt wird von einem anderen Hormon, dem Ecdyson (Häutungshormon) mit Steroidstruktur ge-

Abb. 1 Amerikanische Balsamtanne (*Abies balsamea*) und das von dieser abgesonderte Juvabion, das mit dem Juvenilhormon einiger Insekten identisch ist. (Foto: © Holcy/Getty Images/iStock)

steuert. Die Wirkung des Juvenilhormons tritt in geringen Konzentrationen auf. Bei höheren Konzentrationen kommt es zu dramatischen Veränderungen im Körper der Larve, die verhindern, dass sie sich zu einem erwachsenen Tier entwickelt. Aus diesem Grund sind Juvenilhormone auch starke Insektizide.

Trotz des chemischen Schutzes der Pflanzen hat jeder von uns schon einmal gesehen, wie Bäume von Raupen entlaubt, junge Setzlinge von Kaninchen angeknabbert, schöne Kiefern, Tannen und Buchen von Würmern und Käfern durchlöchert wurden. Dies zeigt, dass die pflanzenfressenden Tiere keineswegs so hilflos sind, wie es nach den obigen Zeilen scheint. Durch die Evolution entwickelt sich gegen fast jede Strategie eine Gegenstrategie. Während sie die Pflanzen mit perfekten chemischen Verteidigungsmitteln ausgestattet hat, entwickelten die Tiere wirksame antichemische Mittel. Im Laufe ihrer Evolution haben die Tiere die Fähigkeiten erworben, Enzyme zu produzieren, die die ihnen zugedachten Gifte erfolgreich abbauen und entsorgen.

Wie wir bereits gesehen haben, sind natürliche chemische Substanzen von vielfältiger chemischer Natur. Das bedeutet, dass ihre Entsorgung nicht nach einem Schema erfolgen kann. Jede giftige Substanz erfordert einen spezifischen Neutralisierungsweg, aber die Aufrechterhaltung eines großen Stoffwechselnetzes ist für das Individuum energetisch nachteilig. Pflanzenfressende Tiere sind deshalb keine Allesfresser, sondern passen sich an eine einzige oder wenige Pflanzenarten an.

So ernähren sich beispielsweise die Raupen einige Schmetterlingsarten aus der Familie der Ritterfalter (Papilionidae) von Apfelblättern, andere von Magnolienblättern, wieder andere von Zitruspflanzen und Petersilie. Der Monarchfalter *Danaus plexippus* (Abb. 2) hingegen bevorzugt Seidenpflanzen (*Asclepias*).

Abb. 2 *Danaus plexippus.* (© olikli/Getty Images/iStock)

Viele Insekten erkennen ihre Lieblingsspeise genau am Geruch des darin enthaltenen Stoffes. Zum Beispiel findet die Zwiebelfliege *Delia antiqua* ihre Nahrung über den Geruch von Propylmercaptan und Propyldisulfid. Die Schmetterlinge der Pieridae (Weißlinge), die sich von Kreuzblütlern ernähren, erkennen diese an den Isothiocyanaten, welche die Schleimhäute der Augen von Säugetieren stark reizen. Die Raupen des Schmetterlings *Papilio ajax*, die die Blätter von Doldenblütlern fressen, werden von dem abgesonderten Carvon und Methylchavicol angezogen (Abb. 3). Wird Filterpapier mit diesen Substanzen getränkt, beginnen sie ohne zu zögern daran zu knabbern. Die Cucurbitacine der Kürbisgewächse (Cucurbitaceae) wiederum locken den Maiswurzelbohrer (*Diabrotica undecimpunctata*) an und stoßen Bienen wie auch Wespen ab. Einige Pflanzen sind für Insekten lebenswichtig, da sie Substanzen enthalten, die nur ihnen eigen sind. So sammeln Bienen beispielsweise Pollen von Klee nicht nur wegen des Pollens selbst, sondern auch, weil sie daraus Octadecatriensäure gewinnen. Es ist der Rohstoff für die Synthese der Königinnensubstanz.

In unserer bisherigen Geschichte über die Beziehungen zwischen Pflanzen und anderen Lebewesen haben wir Tiere nur als Feinde der Pflanzen dargestellt. Wir wissen aber, dass ohne Insekten die meisten Blütenpflanzen von der Erde verschwinden würden. Sie sind an einer entscheidenden Phase ihres Lebenszyklus beteiligt – der Bestäubung. Um nützliche Insekten anzulocken, verwenden die Pflanzen nicht weniger wirksame und originelle chemische Mittel als diejenigen, die der Abwehr oder Vernichtung dienen. Während der Blütezeit scheiden sie chemische Stoffe aus, die starke Anziehungskräfte auf Insekten ausüben. In ihrer Natur ähneln sie manchmal den Pheromonen. Einige ahmen die Aggregationspheromone nach, andere Wegmarkierungspheromone. Es sind sogar echte Sexualpheromone bekannt.

Abb. 3 Der Schmetterling *Papilio ajax* und seine Lockstoffe Carvon und Methylchavicol. (Photo: © Ellita/Getty Images/iStock)

Abb. 4 alpha-Copaen und alpha-Cadinen

So enthalten Orchideenblüten der Gattung *Ophrys* alpha-Copaen und alpha-Cadinen (Abb. 4), die bei *Gorytes mystaceus* und *Gorytes campestris* (Arten der Grabwespen) als weibliche Sexualpheromone wirken. Durch den Geruch angelockt, landen die männlichen Tiere auf den Orchideenblüten und geraten in einen erregten Zustand. Sie versuchen sich zu paaren und führen mittels dieser Täuschung die Bestäubung durch.

Räuberische Pilze und Nematoden

Neben der Bestäubung dienen Insekten in einigen Fällen auch als Nahrung für Pflanzen. Es sind mehr als 450 Arten von niederen und höheren Raubpflanzen bekannt, deren Beziehung zur Beute auf chemischer Basis beruht.

Die räuberischen Pilze gehören zur Ordnung der Fadenpilze (Hyphomycetes). Einige von ihnen werden auch anderen taxonomischen Gruppen zugeordnet (Jochpilze, Zygomycetes). Sie leben hauptsächlich im Wasser und ernähren sich von mikroskopisch kleinen Tieren wie Nematoden (Fadenwürmern), Protisten und Insekten. Ihre Lieblingsspeise sind jedoch Nematoden. Es sind Würmer von 0,1–1 mm Länge, entfernte Verwandte der Spulwürmer. Sie leben in natürlichen Wasserquellen und ernähren sich hauptsächlich von organischen Abfällen, die sich am Grund von Gewässern ansammeln. Viele Nematoden sind sowohl für Tiere als auch für Pflanzen krankheitserregend.

Die Myzelien (fadenförmige Zellen eines Pilzes) räuberischer Pilze entwickeln sich auf Pflanzenresten, ernähren sich aber hauptsächlich von Tieren. Für sie ist der Körper des Opfers wie für Raubtiere nur Nahrung und kein Lebensraum wie für Parasiten. Sie ernähren sich in der Regel von Tieren, die deutlich größer sind als sie selbst. Während die Länge der Fadenwürmer beispielsweise 1 mm erreicht, beträgt die Dicke der Pilzhyphen nur 5–8 µm (0,005–0,008 mm). Der Fang solch großer, gefährlicher und starker Beute ist nur dank der subtilen und raffinierten Jagdvorrichtungen möglich, die im Laufe der Evolution entwickelt wurden. Das wichtigste Jagdwerkzeug ist dabei die Falle. Diese sind bei Raubpilzen unterschiedlich aufgebaut. Die einfachste ist die Klebefalle. Dabei handelt es sich um undifferenzierte, ver-

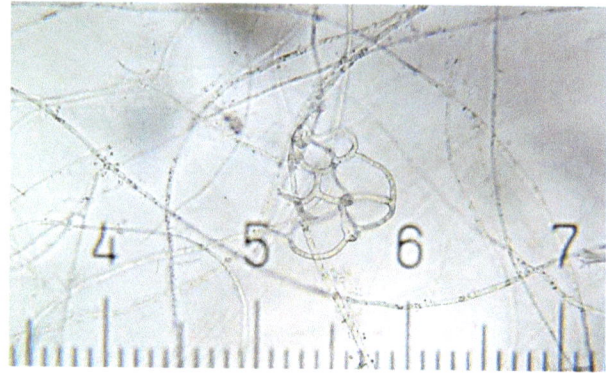

Abb. 1 Klebefallen eines räuberischen Pilzes (Bob Blaylock, CC BY-SA 3.0, Wikimedia Commons)

zweigte Hyphen, welche mit einer klebrigen Substanz überzogen sind. Diese ist in der Lage, einen Fadenwurm unbeweglich zu machen und zu fixieren (Abb. 1). Das klebrige Netz erreicht oft eine beträchtliche Größe, was die Wahrscheinlichkeit erhöht, dass ein Opfer in dieses Netz fällt. Beim Berühren des Netzes bleibt der Wurm kleben. Beim Versuch, sich zu befreien, verstrickt er sich wie eine Fliege, die sich in einem Spinnennetz verfangen hat. Die Bewegungen werden immer hektischer und schließlich verendet der Wurm.

Vermutlich tragen auch die in der klebrigen Flüssigkeit enthaltenen Toxine (Nematoxine genannt) zum Tod des Opfers bei. Nach dem Einfangen des Opfers proliferiert eine Hyphe und dringt in den Körper des Fadenwurmes ein. Darin wachsen trophische (Nahrungs-)Hyphen und füllen das Innere des Wurms aus. Sie saugen etwa einen Tag lang seinen Lebenssaft aus und am Ende bleibt nur die äußere Hülle mit den trophischen Hyphen übrig. Wenn das Opfer stark genug ist, sich zu befreien, ist es trotzdem verloren, denn es nimmt anhaftende Hyphen mit, die zum gleichen Ergebnis führen werden.

Die Fallen anderer Raubpilze wirken rein mechanisch. Sie bestehen aus drei kreisförmig angeordneten Zellen, die sich um das Myzel schließen. Sie wirken im einfachsten Fall passiv. Beim Versuch, in den Kreis einzudringen, wird der Nematode mechanisch in ihnen festgehalten. Die am besten untersuchten Fallen sind vom Typ „Schrumpfkreis". Äußerlich ähneln sie den passiven Fallen, unterscheiden sich von ihnen jedoch dadurch, dass ihre Innenwand berührungsempfindlich ist. Bei einer Berührung blähen sich nach 0,1 s die Zellen des Kreises auf und nehmen eine fast kugelförmige Gestalt an, sodass das Innere des Kreises gefüllt ist. Die Schwellung der Zellen ist irreversibel. In der Falle wird der Fadenwurm fest gepackt. Die Kraft der Kontraktion reicht aus, um das Opfer rein mechanisch zu töten. Der weitere Verzehr erfolgt auf die gleiche Weise wie bei den Klebefallen.

Durch die Untersuchung des Verhaltens von räuberischen Pilzen und Fadenwürmern ist die Wissenschaft zu dem Schluss gekommen, dass die Beziehungen untereinander auf einer komplexen chemischen Kommunikation beruhen. Das bloße Hineingeraten von Nematoden in Fallen ist kein zufälliges Ereignis. In Modellexperimenten mit künstlichen Fallen, deren Parameter denen der Raubpilze entsprechen, werden deutlich weniger Nematoden gefangen als in natürlichen Fallen. Es wird angenommen, dass die Bevorzugung natürlicher Fallen auf Lockstoffe zurückzuführen ist, die von den Hyphen abgesondert werden. Die Nematoden wiederum beeinflussen die Entwicklung von Fallen ebenfalls. Grundlage für diese Behauptung ist die Tatsache, dass räuberische Pilze leicht in vitro gezüchtet werden können, aber in Abwesenheit von Nematoden keine Fallen bilden. Werden dem Nährmedium jedoch Nematoden zugesetzt, kommt es innerhalb von nur 24 h zu Fallenbildungen. Fallen entstehen auch dann, wenn Wasser, in dem zuvor Nematoden gelebt haben, hinzugefügt wird. Dies zeigt, dass der Reiz nicht von den Würmern selbst ausgeht, sondern von chemischen Substanzen, die sie absondern. Die Tatsache, dass nematodenfreies Wasser seine stimulierende Wirkung nach der Sterilisation bei hohen Temperaturen beibehält, deutet darauf hin, dass die biologisch aktiven Substanzen hitzebeständige Verbindungen sind. Höchstwahrscheinlich handelt es sich dabei um Aminosäuren oder kurze Peptide, die Nemine genannt werden.

Fleischfressende Pflanzen

Diese Pflanzen sind ebenfalls grün und nicht weniger zart und schön als andere, aber im Gegensatz zu ihnen lieben sie Fleisch. Für die Pflanzenwelt sind sie regelrechte „Wölfe im Schafspelz". Die erste Beschreibung einer insektenfressenden Pflanze stammt aus dem Jahr 1769 und im Jahr 1875 wurde „Insectivorous Plants" von Charles Darwin veröffentlicht. Es wurde seinerzeit von Botanikern heftig kritisiert. Der Direktor des Botanischen Gartens von Pittsburgh schrieb: „Dies ist eine Theorie, über die jeder vernünftige Botaniker lachen würde. Wenn die Engländer sie glauben, dann nur aus Respekt vor Mr. Darwin".

Die meisten fleischfressenden Pflanzen leben an sumpfigen Orten, an denen Stickstoffmangel herrscht. Sie haben ein mäßig entwickeltes Wurzelsystem, einige sind sogar völlig wurzellos. Der Stickstoffmangel hat sie gezwungen, Fleisch in ihre Ernährung aufzunehmen. In diesem Zusammenhang ist es nicht uninteressant zu erwähnen, dass der Kannibalismus, der in der Vergangenheit in bestimmten Regionen Neuguineas und der pazifischen Inseln praktiziert wurde, einigen Hypothesen zufolge ebenfalls auf Stickstoffmangel zurückzuführen ist.

Fleischfressende Pflanzen betreiben wie andere Grünpflanzen auch Photosynthese, d. h. ihre Hauptkohlenstoffquelle ist Kohlendioxid. Aufgrund des Mangels an anorganischem Stickstoff hat sich bei ihnen die Fähigkeit entwickelt, organischen (tierischen) Stickstoff zu verwerten. Zu diesem Zweck haben die fleischfressenden Pflanzen originelle Jagdvorrichtungen hervorgebracht, bei denen auch Chemie eine Rolle spielt. Im Folgenden werden zwei typische Vertreter der räuberischen Pflanzen betrachtet, der Sonnentau

Abb. 1 Rundblättriger Sonnentau *Drosera rotundifolia*. (© Juan Francisco Moreno Gamez/ Getty Images/iStock)

und die Lianen aus der Familie der Kannenpflanzengewächse (Nepenthaceae). *Drosera rotundifolia* (Abb. 1) wächst in Torfmooren als kleine, zarte Pflanze mit rosettenartigen Blättern. Über der Rosette erheben sich an langen dünnen Stielen kleine weiße Blüten, die mit winzigen durchsichtigen, honigartig riechenden Flüssigkeitströpfchen übersät sind. Sie erinnern an Morgentau. In Wirklichkeit handelt es sich um eine klebrige Flüssigkeit, die Teil der Tautropfenfalle ist. Wenn das Insekt, angelockt durch den angenehmen Duft und das appetitliche Aussehen der Tröpfchen, auf der Rosette landet, bleibt es kleben. Zahlreiche Drüsen werden aktiviert und beginnen reichlich Schleim abzusondern, der das Insekt von allen Seiten umhüllt. Es erstickt bald und die Verdauung kann beginnen. Das Sekret ist ein wahrer Verdauungssaft. Er enthält proteolytische Enzyme, ähnlich den Magenenzymen Pepsin und Trypsin, die Proteine in Aminosäuren zerlegen. Sobald das Insekt verdaut ist, öffnen sich die Blütenblätter und der Wind reinigt die Falle von chitinösen Überresten des Opfers. Dann erscheinen neue Tautropfen und die Falle ist bereit für einen neuen Verdauungszyklus.

Der Tautropfen reagiert nicht nur auf Insekten, sondern auch auf Fleischstücke. Darwin schrieb, dass sein Sonnentau eine Vorliebe für Rumpsteak hatte. Bei Versuchen, die Empfindlichkeit des Sonnentaus gegenüber Reizstoffen zu bestimmen, hat sich gezeigt, dass er sogar auf 0,000822 mg Fleisch reagiert. Die Falle ist nicht nur taktil empfindlich, sondern wird auch durch den Geruch von Fleisch ausgelöst. Auf pflanzliche Reize wird nicht reagiert. Das bedeutet, dass der Sonnentau kein Allesfresser ist. Außerdem hat er eine Vorliebe für bestimmte Insekten. Das Taublatt (*Drosophyllum lusitanicum*) zum Beispiel ernährt sich nur von Fliegen, weshalb er manchmal wie ein Haustier als Fliegenfänger gehalten wird.

Die Jagdausrüstung der räuberischen Lianen aus der Familie der Nepenthaceae beruht auf einem ganz anderen Prinzip (Abb. 2). Sie bewohnen die tropischen Wälder der Inseln Borneo, Neuguinea und Madagaskar. Ihre Falle ist ein modifiziertes, kegelförmiges Blatt mit einem Durchmesser von bis zu 30 cm und einer Höhe von bis zu 50 cm. Der Kragen des Kegels ist mit zahlreichen Nektardrüsen bedeckt, die einen hocharomatischen und für Insekten attraktiven Nektar absondern. Die Drüsen sind so angeordnet, dass sich das Aroma von der Peripherie zum Inneren des Kegels hin verstärkt. Das verlockt Insekten dazu, einzudringen, bis sie irgendwann ins Innere der Falle abstürzen. Da die Innenwand mit einer glatten, wachsartigen Schicht bedeckt und der Kegel selbst bis zur Hälfte seines Volumens mit Flüssigkeit gefüllt ist, ist es praktisch unmöglich herauszukommen. Die Flüssigkeit ist ein Verdauungssaft, ähnlich dem des Sonnentaus. Er wird von speziellen Drüsen abgesondert,

Abb. 2 Kegel einer Liane der Familie *Nepenthaceae*. (© trutenka/Getty Images/iStock)

deren Anzahl 6000/cm² beträgt. Neben proteolytischen Enzymen enthält der Verdauungssaft auch Ameisensäure, die als Konservierungsmittel wirkt und vor Fäulnis schützt. Um zu verhindern, dass der Saft durch Regenwasser verdünnt wird, wird der Kegel mit einem Deckel verschlossen. Obwohl Ameisen und Kakerlaken die Hauptopfer dieser Lianen sind, gehen ihnen manchmal auch kleine Nagetiere und Vögel, die auf Insektenjagd sind, in die Falle. Wenn die Kegel unbrauchbar werden, trocknen sie aus und an ihrer Stelle entstehen neue.

Wie sind die Raubpflanzen entstanden? Man geht davon aus, dass sie ihren Ursprung in Sümpfen haben, wo es schon immer Kadaver von Insekten, Krebstieren und anderen Kleintieren gab. Zunächst dienten tote Tiere als Nahrung für saprophytische (Ernährung nur von toten, organischen Stoffen) Pflanzen, aber nach und nach haben einige Pflanzen auch gelernt, selbst Beute zu fangen. Die Tatsache, dass sich Pflanzen unter bestimmten Bedingungen ähnlich Tieren ernähren können, spricht für die enge Beziehung zwischen dem Pflanzen- und Tierreich.

Das Geheimnis der Galläpfel

An manche Schöpfungen der Natur haben wir uns so sehr gewöhnt, dass es müßig erscheint, nach ihrem Wesen zu suchen. Das ist auch bei den Galläpfeln (auch Eichengalle, Eichengallapfel, Blattgalle oder Eichapfel genannt, Abb. 1) der Fall. Wer hat diese nicht schon einmal gesehen und wer hat als Kind nicht mit ihnen gespielt? Wie viele von uns wissen aber gleichzeitig, was Galläpfel sind? Sie sind ein hervorragendes Beispiel für die komplexen Wechselbeziehungen zwischen Pflanze und Tier.

Bei uns findet man Galläpfel vor allem in Eichenwäldern. Obwohl sie Nüssen oder Eicheln ähneln, würde kaum jemand denken, dass es sich um Früchte handelt. Wenn man sich einen reifen Gallapfel genau ansieht, bemerkt man ein kleines Loch auf seiner Oberfläche, ähnlich dem auf einer verwurmten Frucht. Beim Öffnen werden wir feststellen, dass der Gallapfel tatsächlich Wurmspuren zeigt. Aber wir werden keinen Wurm finden. Unsere Bemühungen, eine reife Frucht ohne Loch oder mit einem lebenden Wurm zu finden, werden erfolglos sein. Nur junge Galläpfel, noch weich und saftig wie eine Erdbeere, haben keine Löcher. Schneiden wir einen solchen auf, werden wir einen Wurm darin finden. Es stellt sich die Frage: Wie ist der Wurm hineingelangt, ohne ein Loch zu hinterlassen? Viele Jahre lang war dies ein Rätsel für die Wissenschaft. Anfangs dachte man, dass der Wurm sich im Gallapfel selbst befruchtet. Später nahm man an, dass seine Eier durch die Wurzeln der Eiche aus dem Boden gesaugt worden waren. Die genaue Antwort auf diese Frage wurde erst viel später gegeben, nach geduldigem und gründlichem Studium des Lebens des Wurms selbst. Es stellte sich heraus, dass zwischen Wurm und Gallapfel eine enge Beziehung besteht.

Abb. 1 Galläpfel. (© esemelwe/Getty Images/istock)

Abb. 2 *Cynips gallae.* (© FrankRamspott/Getty images/iStock)

Der Wurm ist die Larve einer kleinen Wespe, *Cynips gallae,* genannt Gallwespe (Abb. 2). Sie gehört zur Ordnung Hymenoptera (Hautflügler) und ist ein Mitglied der Familie der Gallwespen (Cynipidae). Im Frühjahr legt die Wespe an Knospen oder unter Blättern der Eiche ihre Eier ab. Manchmal auch unter die Rinde junger Zweige, die sie mit ihrem scharfen Legebohrer durchbohrt. Der Ort der Eiablage befindet sich immer in der Nähe von großen saftführenden Gefäßen. Das Ei entwickelt sich zu einer Larve („Wurm"), welche chemische Stoffe absondert, die die Zellteilung stark anregen. An der Kontaktstelle der Larve mit der Eiche beginnt eine lokale Wucherung des Pflanzengewebes. In deren Zentrum verbleibt die kleine Larve. Die Wucherung wächst schnell auf die Größe einer reifen Frucht an, die zunächst weich und saftig ist und später aushärtet. Die Masse der Frucht reicht aus, um die gefräßige Larve zu ernähren bis sie ein erwachsenes Insekt wird. Bei Erreichen der Geschlechtsreife durchbricht die junge Wespe die Fruchthülle und dringt nach außen. So entsteht das Loch im Gallapfel. Mit anderen Worten: Die Frucht ist ein chemisch erzeugter gutartiger Tumor. Indem sie Tumorwucherungen hervorrufen, sorgen die abgesonderten Chemikalien aus den Eiern für Komfort, Ernährung und gute Gesundheit, bis ausgewachsene geflügelten Insekten entstehen, ohne den Wirtsbaum auch nur annähernd zu schädigen.

Manchmal legt die Wespe ihre Eier auch auf anderen Baumarten ab. Bei der Eiablage an jungen Bäumen bilden sich an den Ästen und am Stamm hässliche Wülste (Tumore), die ein Leben lang bleiben. Neben den Insekten der Familie Cynipidae bilden auch Insekten der Familien Tenthredinidae (Blattwespen) und Cecidomyiidae (Gallmücken) ähnliche Wucherungen. Deren Form ist unterschiedlich, sie können kugelförmig, elliptisch, glatt, rau, mit und ohne Rosette, mehrschichtig, doppelschichtig usw. sein. Es scheint, dass die Form spezifisch für die einzelnen Spezies ist, was wiederum Artenspezifität und unterschiedliche Wirkung der von den Insekten abgesonderten chemischen Substanzen veranschaulicht. Es handelt sich nicht nur um Wachstumsinduktoren, sondern um Substanzen, die spezifische Informationen über die Architektur des induzierten Tumors enthalten. Manche gehen davon aus, dass die Wespe mit dem Ei auch ein onkogenes Virus in die Pflanze einschleust. Dies ist aber nicht bewiesen. Ob Wespe oder Larve die biologisch aktiven Substanzen absondern, ist ebenfalls nicht vollständig geklärt. Die Einschätzung, dass die Wespe selbst die Wucherung auslöst, wird durch zwei Tatsachen gestützt: Erstens unterscheiden sich diese nicht von denen einer durch eine lebende Larve ausgelösten, wenn die Larve in den ersten Entwicklungsstadien durch einen Parasiten zerstört wird. Zweitens ist für die Bildung einer Wucherung bei einigen Arten (z. B. *Pontania*) nicht unbedingt ein Ei erforderlich.

Die molekularen Mechanismen der Prozesse, die zur Bildung von Galläpfeln führen, sind noch nicht vollständig geklärt. Auch über die chemische Beschaffenheit der von den Insekten freigesetzten Stoffe ist wenig bekannt. Ihre Menge ist zu gering für detaillierte chemische Untersuchungen und die Larven bzw. Gallwespen lassen sich im Labor nicht kultivieren. Das Geheimnis dieses einzigartigen Naturphänomens zu lüften, ist eine der vielen Aufgaben, vor denen die Naturforscher der Zukunft stehen.

Chemische Waffen der Tiere

In den chemischen Laboratorien der Tiere werden nicht nur Stoffe zu Informationszwecken hergestellt, sondern auch solche, die als chemischer Schutz dienen. Im Gegensatz zu Pheromonen und Moschus, die sowohl für den Erzeuger als auch für den Empfänger von Nutzen sind, sind Toxine nur für den Erzeuger von Nutzen. Da sie dazu bestimmt sind, auf Organismen einer anderen Art einzuwirken, sind sie nach offizieller Klassifizierung Allomone.

Der Begriff Toxin bezeichnete ursprünglich die Gifte, die von den alten Völkern zur Herstellung vergifteter Pfeile verwendet wurden. Er wurde später viel weiter gefasst. Die Präfixe „myco-" (Pilz), „phyto-" (Pflanzen), „neuro-" (Nerven) usw. wurden eingeführt, um die verschiedenen Arten der Herkunft bzw. Wirkung zu benennen. Im Folgenden verwenden wir den Begriff „Toxin" als Synonym für giftige Substanzen.

Auf der Erde leben etwa 50.000–60.000 giftige Tierarten und es gibt Vertreter in fast allen taxonomischen Gruppen. Ihre Zahl ist bei den Gliederfüßern am größten. Sie machen 80 % aller giftigen Tiere aus. Die geringste Zahl giftiger Tiere ist unter den Säugetieren zu finden. In der Tat ist bisher nur ein einziges wirklich giftiges Säugetier bekannt und das ist das Schnabeltier.

Die chemischen Waffen der Tiere unterscheiden sich erheblich in Ausstattung und Wirkmechanismus. Einige Gifttiere verfügen über spezialisierte Giftdrüsen, die meist mit Organen zur Verwundung und Injektion des Giftes in den Körper des Opfers oder Angreifers verbunden sind. Dies sind die sogenannten aktiv giftigen Tiere, zu denen viele für den Menschen gefährliche Arten gehören. Andere besitzen zwar Giftdrüsen, haben aber keinen Verletzungsapparat (passive Gifttiere). Bei anderen sind die Giftdrüsen kombiniert mit Vorrichtungen, mit denen das Gift in Richtung des Gegners geschleudert wird. Es sind auch solche bekannt, die überhaupt keine speziellen Giftdrüsen haben. Was ihre biologische Wirkung betrifft, so können Tiergifte einfache Abwehrstoffe, Zellgifte oder Nervengifte sein und ihre chemische Zusammensetzung reicht von einfachen organischen Verbindungen bis hin zu komplexen Cocktails aus Enzymen, Peptiden und Proteinen.

Die einfachste Art des chemischen Schutzes besteht darin, sich ungenießbar, d. h. giftig oder geschmacklich unangenehm zu machen. Dazu sind nicht einmal Giftdrüsen erforderlich. Es reicht aus, wenn der Organismus durch die Nahrung, die er zu sich nimmt, seinen Körper mit Giftstoffen sättigt, gegen die er selbst resistent ist. Dies ist der Fall beim Monarchfalter (*Danaus plexippus*, Abb. 1, links), dessen Raupen sich von Seidenpflanzen der Gattung *Asclepias* ernährt. Diese sind reich an Herzglykosiden (Kardiotoxinen). Herzglykoside schmecken bitter und sind für Wirbeltiere hochgiftig, nicht aber für Insekten. Sie werden nicht abgebaut, sondern sammeln sich in großen Mengen sowohl im Körper der Raupen als auch der Schmetterlinge an. Wenn ein Vogel zum ersten Mal einen Monarchfalter oder seine Raupe anpickt, nimmt er sie zunächst auf, spuckt sie dann aber schnell wieder aus. So entsteht ein dauerhafter konditionierter Reflex, der auch durch die bunte Färbung der Schmetterlinge unterstützt wird. Der Vogel merkt sich sowohl den Schmetterling als auch seine Raupen lebenslang und pickt sie nie wieder auf. Um zu belegen, dass die Giftstoffe von *Danaus plexippus* aus Seidenpflanzen stammen, züchtete der amerikanischer Entomologe und Ökologe Lincoln Brower Monarchfalter auf Kohl und wies nach, dass sie dann für Vögel ungiftig sind. Die ablehnende Haltung der Vögel gegenüber dem Monarchfalter hat dazu geführt, dass einige ungiftige Schmetterlinge wie zum Beispiel der Tagfalter *Papilio dardanus* (Abb. 1, rechts) eine Färbung entwickelt haben, die der des Monarchfalters ähnelt. Eine ähnliche Mimikry wurde auch bei anderen Schmetterlingen beobachtet.

Abb. 1 Monarchfalter (*Danaus plexippus*, links, © olikli/Getty Images/iStock) und Tagfalter. (*Papilio dardanus*, © johnandersonphoto/Getty Images/iStock)

Ähnlich verhält es sich mit der Blattlaus *Aphis nerii*, die in ihrem Körper aus Oleander stammende Kardiotoxine anhäuft, um sich vor ihren Feinden zu schützen. Auch die Honigbiene profitiert von Pflanzengiften. Sie produziert Bienenleim (Propolis), mit dem sie den Bienenstock vor schädlichen Mikroorganismen, Schimmel und Pilzen schützt. Laborversuche haben gezeigt, dass Propolis mehr als 100 Arten von pathogenen Mikroorganismen abtötet. Chemischen Analysen zufolge ist die bakterizide Wirkung von Propolis auf die darin enthaltenen Phenol- und Terpenverbindungen zurückzuführen. Dazu gehören Benzoesäure, p-Hydroxy- und p-Methoxybenzoesäure, p-Cumarsäure, Isovanillin, die Terpenoide Acetoxybetulinol und Bisabolol sowie die Flavonoide Kaempferol, Noringenin usw. Die Ausgangsprodukte für die Herstellung von Propolis werden aus Baumknospen gewonnen, die besonders reich an solchen Verbindungen sind. Daher wird Propolis vor der Blüte der Bäume und nicht während des Sammelns von Nektar und Pollen hergestellt. Bulgarische Wissenschaftler unter der Leitung von Vasya Bankova wiesen nach, dass bulgarisches Propolis von der Schwarzpappel stammt.

Ein weiteres Beispiel für einen passiven chemischen Schutz ist giftige Hämolymphe (Blutflüssigkeit der Insekten). Dies unabhängig von der Nahrung, die die Insekten zu sich nehmen. Dazu gehören zum Beispiel die Käfer der Gattung *Mylabris* (Abb. 2). Wie bei den meisten giftigen Lebewesen ist ihre Färbung leuchtend und bunt. Sie haben einen schwarzen Kopf und Thorax sowie schwarze oder orangefarbene, mit schwarzen Punkten versehene Flügel. All dies ist eine Warnung vor Gefahr und Voraussetzung für den Schutz des Käfers. In Gefahrensituationen sondert der *Mylabris*-Käfer Tröpfchen giftiger Hämolymphe durch eine kleine Öffnung zwischen Knien und Schenkeln ab. Wenn ein unerfahrener Vogel einen solchen Käfer aufpickt, reinigt er seinen Schnabel lange Zeit am Boden. Verschluckt dagegen ein Pferd,

Abb. 2 Ölkäfer aus der Gattung *Mylabris*. (© Henk Wallays/Getty Images/iStock)

ein Kamel oder ein anderes pflanzenfressendes Tier einen solchen Käfer, kann es eine Darmentzündung bekommen mit eventuell tödlichem Verlauf. Aus diesem Grund achten Viehzüchter besonders darauf, dass ihr Vieh nicht auf von *Mylabris*-Käfern besiedelten Grünflächen weidet. Auch für den Menschen sind sie gefährlich, da sie eine Entzündung der Haut und Blasenbildung wie bei einer Verbrennung verursachen können.

Die Absonderung von Hämolymphe wird auch bei Gottesanbeterinnen beobachtet. Bei Gefahr scheiden sie Hämolymphe an den Beinen aus, deren unangenehmer Geruch für den Menschen wahrnehmbar ist. Dieser und der schlechte Geschmack der Hämolymphe sind auf Chinone zurückzuführen, die für Insekten abstoßend und für höhere Tiere giftig sind. Einige Insekten wie die amerikanische *Cimbex*-Wespe (Birkenblattwespe) und einige Heuschreckenarten sind in der Lage, giftige Hämolymphe in Form eines dünnen Strahls aus speziellen Öffnungen oberhalb der Tracheen zu sprühen.

Eine weitere weit verbreitete Form des harmlosen chemischen Schutzes ist die Freisetzung von unangenehm riechenden Substanzen. Diese werden von Drüsen produziert, die sich an verschiedenen Stellen im Körper des Tieres befinden. Die übel riechenden Sekrete der heimischen Bettwanze befinden sich zum Beispiel an den ersten drei Segmenten des Körpers oder, wie bei der Baumwanze, auf dem Bauch und dem Rücken. Die Sekrete dieser Drüsen sind für die meisten Insekten nicht nur abstoßend, sondern wirken auch als starke Kontaktinsektizide. Nach einer Berührung mit diesen Drüsen werden die Insekten gelähmt und können sterben.

Eine unangenehm riechende Flüssigkeit wird auch von der Ameise *Tapinoma erraticum* abgesondert. Diese ermöglicht ihnen, sich frei unter Insekten zu bewegen, die viel größer sind als sie. Ihr Geruch ist noch in mehreren Metern Entfernung wahrnehmbar. Bei manchen geruchsempfindlichen Menschen verursacht dieser Übelkeit. Alles in allem gehören Ameisen zu den chemisch perfektesten Lebewesen. Bei der Untersuchung der Pheromone haben wir festgestellt, dass sie zahlreiche informative und chemisch vielfältige Verbindungen absondern. Nicht weniger vielfältig sind aber auch die chemischen Schutzstoffe, die sie produzieren. So sondert beispielsweise die Rote Waldameise (*Formica rufa*) ein Sekret ab, das 20–70 % Ameisensäure enthält. Das Sekret der *Myrmicaria natalensis* (Natal-Droptail-Ameise) besteht aus 35 % Essigsäure, 31 % Isovaleriansäure, 22 % Propionsäure und 12 % Wasser. Die argentinische Ameise *Linepithema humile* produziert ein Sekret mit einer starken insektiziden Wirkung. Der Hauptbestandteil ist Iridomyrmecin (Abb. 3). Ein weiteres Insektizid, das von der Ameise *Dendrolasius fuliginosus* produziert wird, ist Dendrolysin. Die Ameisen *Tapinoma nigerrimum, Iridomyrmex rufoniger, Dolichoderus scabridus* und andere scheiden ein Sekret aus, das die Dialdehyde Iridodial und Anisomorphal

Abb. 3 Argentinische Ameise (*Linepithema humile*, alter Name *Iridomyrmex humilis*) und ihr Toxin Iridomyrmecin. (Photo: © Heather Broccard-Bell/Getty Images/iStock)

enthält, die für Menschen und Säugetiere starke Lakrimatoren (tränenbildende Substanzen) sind. Das Gift der Bulldogameise (*Myrmecia gulosa*) enthält Histamin, Hyaluronidase und Hämolysin.

Was den Giftapparat betrifft, so gibt es stechende und nichtstechende Ameisen. Stechende Ameisen bringen ihr Gift auf die gleiche Weise wie Bienen und Wespen in den Körper des Opfers ein. Nicht stechende Ameisen verletzen das Gewebe zunächst mit ihren starken Kiefern, drehen dann den Körper und injizieren das Sekret ihrer Analdrüsen in die verletzte Stelle. Neben den chemischen Verbindungen, die der Kommunikation und dem Schutz dienen, produzieren Ameisen auch zahlreiche andere Stoffe mit unterschiedlichen Wirkungen. Die Blattschneiderameise *Atta sexdens* beispielsweise, die in ihrem Nest eine bestimmte Pilzart züchtet, sondert Phenylessig- und Indolylessigsäure sowie das Fungizid Myrmicacin ab. Phenylessigsäure schützt das Nest vor der Entwicklung pathogener Bakterien, Indolylessigsäure stimuliert das Wachstum der Pilze, und Myrmicacin ist ein Fungizid, das die Entwicklung anderer als der angebauten Pilze hemmt. Fungizide werden auch von der Ernteameise *Messor barbarus* ausgeschieden. Sie sammeln und lagern Samen von Getreidepflanzen, die sie mit Sekreten aus ihren Analdrüsen besprühen, um sie vor Schimmel zu schützen.

Einige passiv giftige Tiere, d. h. ohne Verletzungsorgane, tragen das Gift im wahrsten Sinne des Wortes auf dem Rücken. Dazu gehören Frösche, Salamander und Molche. Auf der Oberfläche ihres Körpers befinden sich zwei Arten von Drüsen: schleimige und seröse. Erstere halten die Haut feucht und letztere erzeugen giftige Stoffe. Das Gift des Feuersalamanders (*Salamandra salamandra*, Abb. 4) ist eines der ersten Tiergifte, das entdeckt wurde. Bereits im Jahr 1866 wurde festgestellt, dass das Serumdrüsensekret des Salamanders die Summenformel $C_{68}H_{60}N_{20}O_{10}$ hat.

Dieser Stoff ist zeichnet sich durch eine starke nervenlähmende Wirkung aus und wird Salamandrin genannt. Wenn ein Salamander in ein Aquarium

Abb. 4 Salamander (*Salamandra salamandra*). (© Tree4Two/Getty Images/iStock)

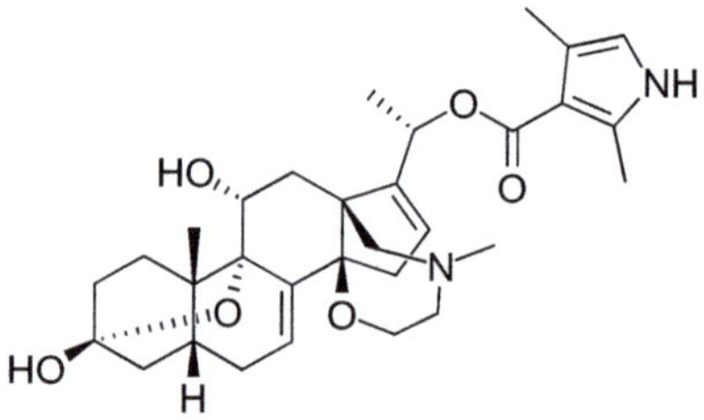

Abb. 5 Von der Haut einiger tropischer Baumsteigerfrösche abgesondertes Batrachotoxin

mit Fischen entlassen wird, bricht nach einigen Minuten die Koordination der Bewegungen der Fische zusammen, Lähmung und Tod folgen. Wenn ein Salamander von einer Viper gebissen wird, stirbt diese nach etwa 4 h. Wenn aber eine Viper einen Salamander frisst, stirbt diese nach 4 min. Salamandergift ist auch für warmblütige Tiere gefährlich.

Noch stärker ist das Gift einiger Frösche. Die Indigenen Südamerikas haben seit jeher bestimmte Arten von Baumsteigerfröschen für die Herstellung ihrer Giftpfeile verwendet. Um stets frisches Gift zur Hand zu haben, führten sie sogar lebende Giftfrösche in speziellen Behältern mit sich. Mit deren Haut rieben sie die Spitzen ihrer Pfeile vor dem Gebrauch ein. Das Toxin eines der giftigsten Baumsteigerfrösche enthält Batrachotoxin (Abb. 5). Es ist wie das des Salamanders nervenparalytisch.

Die giftigen Sekrete von Amphibien haben auch bakterientötende Wirkung. Dies ist nicht verwunderlich. Die Haut von Amphibien ist immer feucht und ein gutes Milieu für das Wachstum von Mikroorganismen. Ohne Schutz vor Infektionen würden die Tiere schnell verenden. Experimentell wurde nachgewiesen, dass Amphibien, wenn ihr Gift neutralisiert wird, an einer Hautentzündung sterben.

Die tödliche Waffe der Schlangen

Kein Tier hat in Religion und Aberglauben eine so große Rolle gespielt wie die Schlange. Seit dem Altertum flößt sie dem Menschen Furcht und Respekt ein. Dem Gift der Schlange hilflos ausgeliefert, wurde sie als göttliches Wesen oder als Verkörperung des Teufels angesehen. Im antiken Griechenland war die Schlange ein Symbol der Weisheit und in Indien genießt die Kobra heute noch Verehrung und Respekt. Ein Hindu fühlt sich geehrt, wenn eine Kobra in sein Haus eindringt. Er tötet sie nicht, sondern wartet darauf, dass sie freiwillig abzieht. Den hinduistischen Legenden zufolge sind die von Buddha gemalten Flecken auf dem Hals der Brillenschlange Augen, um die Milane (Greifvögel) zu verschrecken und damit ihre Abkömmlinge zu schützen (Abb. 1). Neben der Angst haben Schlangen seit jeher auch die Neugier der Naturforscher geweckt.

Das Interesse an Schlangen hat zwei Gründe: erstens, um Informationen über ihr Gift zu erlangen mit dem Ziel, ein geeignetes Gegenmittel zu finden; zweitens, um die Möglichkeit zu erkunden, das Gegenmittel als Medizin zu verwenden. Schon Plinius der Ältere und nach ihm andere Denker des Altertums schlugen eine lange Liste von Heilmitteln vor, die aus verschiedenen Schlangenorganen hergestellt wurden. Bekannt ist Theriak (Gegenmittel gegen tierische Gifte, insbesondere Schlangengift), eine komplexe Mischung aus Kräutern und Schlangengift. Es wurde im ersten Jahrhundert nach Christus entwickelt, war in Gebrauch bis zum Ende des 18. Jahrhunderts und wurde im offiziellen englischen Arzneibuch bis 1746 geführt. Kein Zufall ist es, dass das Symbol von Medizin und Pharmazie bis heute die Schlange ist.

Abb. 1 Brillenschlange (*Naja naja*). (© shylendrahoode/Getty Images/iStock)

Welche Schlangen sind giftig?

Von den rund 4000 bekannten Schlangenarten sind etwa 700 giftig. Die Angaben in der Literatur sind allerdings widersprüchlich. Die meisten Giftschlangen gibt es in Südamerika, die wenigsten in Europa. Die Giftschlangen gliedern sich in Giftnattern (Elapidae) und Vipern (Viperidae). Zu den Giftnattern gehören z. B. Seeschlangen (Hydrophiinae) und Kobras (*Naja*), zu den Vipern z. B. Klapperschlangen (*Crotalus*) sowie bei uns Vipern und Kreuzottern (*Viperinae*). Giftige Schlangen sind nicht sehr groß, ihre Länge übersteigt selten 100–150 cm. Die größte Giftschlange ist die Königskobra, die in Südostasien beheimatet ist und eine Länge von 3,3–3,8 m erreicht (Abb. 1). Eine Rekordlänge von 4,57 m wird berichtet.

Ausnahmslos alle Giftschlangen verfügen über Giftdrüsen zur Herstellung von Gift sowie über Zähnen zur Verwundung und Injektion des Giftes in den Körper des Opfers. Ihre Giftzähne sind hohl und befinden sich im Oberkiefer. Giftdrüsen sind modifizierte Speicheldrüsen und liegen symmetrisch hinter den Augen. Sie sind von einer Kapsel aus faserigem Gewebe umhüllt und haben die Form und Größe eines Mandelkerns. Mit den Drüsen sind Muskeln und Sehnen verbunden, die dazu dienen, das Gift herauszupressen, wenn die Giftzähne in das Opfer (Abb. 2) eindringen.

Die Zähne sind scharf, säbelförmig und liegen versteckt hinter der Falte der Zahnfleischhaut. Bei geschlossenem Maul sind sie waagerecht, mit dem spitzen Ende nach innen. Wenn das Maul geöffnet wird, schießen sie nach vorne und ziehen sich leicht zurück. In den Giftzähnen befindet sich ein Kanal, der das Gift von den Giftdrüsen zum verletzten Gewebe transportiert. Zusätzlich

Abb. 1 Königskobra (*Ophiophagus hannah*). (© Cavan Images/Getty images/iStock)

Abb. 2 Der Giftapparat der Kreuzotter *Vipera berus.* (© Nastasic/Getty Images/iStock)

zu den beiden Hauptzähnen sind am Oberkiefer kleinere Reservezähne zu sehen, die im Falle eines Verlustes die Hauptzähne ersetzen.

Bei einigen Schlangenarten ist der Giftapparat so angeordnet, dass das Gift bis zu 2 m in Richtung des Opfers ausgestoßen werden kann. Dies sind die „spuckenden" Schlangen. Schon die ersten Europäer, die Asien und Afrika besuchten, erzählten Schauergeschichten von Schlangen, die einen Menschen aus mehreren Metern Entfernung blenden konnten. Damals glaubte niemand an diese Geschichten, obwohl sie von der einheimischen Bevölkerung nachdrücklich bestätigt wurden. Später beschrieben auch Naturforscher diese furchterregenden Tiere. Sie entpuppten sich als Speikobras. Es sind mehrere Arten von Speikobras bekannt. Diese kommen weit verbreitet in Afrika und Asien vor. Zu den bekanntesten von ihnen gehören die Rote Speikobra (*Naja pallida*), die Ringhalskobra (*Hemachatus haemachatus*) oder die Java-Speikobra (*Naja sputatrix*). Viele Speikobras können sehr groß werden und erreichen Körperlängen von etwa 2 m. Wie andere Giftschlangen töten sie ihre Beute durch einen Biss. Der Giftschuss dient dem Schutz vor großen Feinden. Die aufgeschreckte Speikobra stellt sich in charakteristischer Drohhaltung auf. Sie hält den Kopf waagerecht, richtet das Vorderteil senkrecht auf und spreizt den Hals. Dann zielt sie und schießt mit beneidenswerter Treffsicherheit einen dünnen Strahl giftiger Flüssigkeit in die Augen des Aggressors. (Abb. 3). Es folgt eine rasche Entzündung der Bindehaut, eine Trübung der Hornhaut und damit Verlust des Sehvermögens. Der Schmerz ist so stark, dass das Opfer dadurch buchstäblich gelähmt wird. Was ist der Mechanismus des Giftschusses? Der Giftapparat von Speikobras ist ein wenig anders aufgebaut als der anderer Giftschlangen. Die Giftdrüsen befinden sich in der Mitte des Kopfes und sind mit starken Muskeln verbunden, durch deren Kontraktion der Druck in der Drüse auf 1,5 bar ansteigt. Dies schafft die Voraussetzungen dafür, dass das Gift als Strahl aus einer Entfernung von 1,5–2 m verschossen

Abb. 3 Speikobra. (© Michal/Stock.adobe.com)

werden kann. Es werden zwei Strahlen abgefeuert, die sich in 0,5 m Entfernung vom Kopf zu einem einzigen vereinigen (Abb. 3). Die gereizte Schlange kann bis zu 28 aufeinanderfolgende Schüsse abgeben. Die Zeit für einen Schuss vom Öffnen bis zum Schließen des Mauls beträgt nur eine Viertelsekunde, wobei das Gift nach 0,07 s ab Öffnung ausgestoßen wird. Aufgrund der blitzschnellen Geschwindigkeit hat der Angreifer nicht einmal die Chance zu blinzeln und das Gift gelangt direkt in das Auge. Um die Zielgenauigkeit zu verbessern, schließt sich die Luftröhre der Schlange während des Ausstoßes. Dadurch wird verhindert, dass der Strahl durch die ausgeatmete Luft gestreut wird.

Wie stark ist Schlangengift und wie gefährlich ist es für den Menschen?

Schlangengift ist nur dann tödlich, wenn es in das Unterhautgewebe oder ein Blutgefäß injiziert wird. Wird es auf die Haut oder die äußeren Schleimhäute aufgetragen, führt es zu einer Entzündung, aber nicht zu Vergiftung oder Tod. Die Sterblichkeit ist bei intravenöser Injektion am höchsten, bei intramuskulärer Injektion niedriger und bei subkutaner Injektion am geringsten. Bei oraler Einnahme ist es nahezu wirkungslos. Die tödliche Dosis des Giftes ist bei den verschiedenen Schlangenarten unterschiedlich hoch. Einige der giftigsten Schlangenarten sind Kobras. Ein Gramm Kobragift kann 25 Hunde, 60 Pferde, 165 Menschen oder 300.000 Tauben töten. Sieben- bis achtmal giftiger als diese sind Seeschlangen. Die bei uns lebenden Vipern und Kreuzottern gehören zu den schwach giftigen Schlangen, obwohl sie nicht zu unterschätzen sind.

Die Folgen eines Bisses durch eine Giftschlange hängen sowohl von der Stärke des Giftes als auch von der injizierten Giftmenge ab. Diese beiden Parameter hängen wiederum von einigen anderen Faktoren ab, wie Alter und Geschlecht der Schlange, Jahreszeit, Lebenszyklus (vor oder nach der Häutung), physiologischer Zustand (hungrig oder gesättigt, ruhig oder erregt) usw. Es wurde experimentell nachgewiesen, dass die Toxizität des Giftes nach längerer Hungerzeit und nach Häutung bis zum Zehnfachen ansteigt. Verschiedene Tiere sind unterschiedlich empfindlich gegenüber Schlangengift. Pferde gehören zu den empfindlichsten, während Kaninchen und Hunde deutlich resistenter sind. Während 1 g Kobragift 20.000 kg Pferde tötet, kann die gleiche Menge 1250 kg Hunde, 2000 kg Kaninchen, 1430 kg Ratten töten.

Einige Tiere haben eine angeborene Immunität gegen Schlangengift. Das ermöglicht es ihnen, Giftschlangen in ihren Speiseplan aufzunehmen, wenn sich Gelegenheit dazu ergibt. Dazu gehören z. B. Igel, Mungo (Familie der Mangusten, Herpestidae), Fuchs, Schwein und Stinktier. Die Art und Weise, wie sie die Schlangen töten und fressen, ist unterschiedlich. Während Igel und Stinktier den Hals der Schlange durchbeißen und nur die Innereien fressen, fasst der Fuchs den Kopf der Schlange und rammt diesen auf den Boden, bis sie sich nicht mehr bewegt. Dann frisst er erst den Kopf und dann den Rest. Es wurde schon beobachtet, dass ein Fuchs drei große Schlangen in einer Stunde verschlingt. Auch Hunde greifen Schlangen an, aber da sie gegen deren Gift nicht immun sind, kann ihre Begegnung mit einer Schlange tödlich enden.

Die Statistiken zu Schlangenopfern sind recht widersprüchlich. Einer der Gründe dafür ist, dass in den ärmeren Ländern, in denen die meisten Giftschlangen vorkommen, mangelhafte Statistiken geführt werden. Es gibt Angaben, dass weltweit jedes Jahr bis zu 150.000 Menschen durch Schlangen sterben. Nach Ansicht einiger Epidemiologen sind diese Zahlen jedoch unterschätzt. In vielen Ländern der Dritten Welt werden ungeklärte Todesfälle häufig auf Schlangenbisse zurückgeführt. Ein Großteil der Schlangenbissopfer geht nicht in die Statistiken ein, weil es dort oft zu wenige Krankenhäuser gibt, die diese Daten erheben könnten. Die Zahl der Bisse ist natürlich wesentlich höher, aber bei weitem nicht alle enden tödlich. In vielen Fällen von Giftschlangenbissen tritt der Tod auch ohne medizinische Intervention nicht ein. Der Grund dafür ist ein glückliches Zusammentreffen von Umständen – guter Gesundheitszustand des Gebissenen, schlechte körperliche Verfassung der Schlange, oberflächliches Eindringen des Giftes usw.

Nach der Art ihrer Wirkung werden die Schlangengifte in zwei Gruppen eingeteilt: vasotoxische und neurotoxische Gifte. Zur ersten Gruppe gehören die Gifte der Viperidae (Vipern, Kreuzottern) und Klapperschlangen, zur zweiten die der Seeschlangen und Kobras. Das Gift der ersteren wirkt lokal und erzeugt nach wenigen Minuten ein Ödem, das schnell die gesamte Gliedmaße bedeckt. Aufgrund der nicht reversiblen Schädigung kommt es zu Nekrosen im Weichteilgewebe. Die Durchlässigkeit der Blut- und Lymphgefäße nimmt stark zu, sie werden durchlässig für Blutplasma und Erythrozyten. Es kommt posttraumatisch zu starken Blutungen in der Extremität sowie im Magen-Darm-Trakt, in der Lunge, im Gewebe um das Herz und in anderen Organen. Infolge des Blutverlustes, der bis zu 50 % betragen kann, entwickelt sich eine akute Anämie. Oberflächliche Blutungen tragen ebenfalls dazu bei. Das Gift von Vipern und Klapperschlangen bewirkt übrigens eine zweistufige Beeinflussung des Blutgerinnungssystems. Wenige Minuten nach der Injektion des Giftes kommt es zu einer beschleunigten Hämokoagulation (Gerinnung). Dies führt zu Thrombenbildung. Es folgt nach 1–3 h eine Fibrinolyse, das Blut verliert seine Gerinnungsfähigkeit. Der Biss verursacht auch einen Elastizitätsverlust der Blutgefäße, der mit Verlegung und Blutstau einhergeht. Dies betrifft nicht nur die Gliedmaßen, sondern auch die Blutgefäße der inneren Organe mit der Folge von Ödemen und dystrophischen Veränderungen. An den Gliedmaßen entstehen wässrige Blasen, die aufplatzen. An ihrer Stelle bleiben schwer heilende Geschwüre zurück. Insgesamt handelt es sich um vasotoxische Reaktionen.

Ganz anders ist das klinische Bild bei Bissen einiger Klapper- und Seeschlangen. Das charakteristischste Symptom ist hier eine schnelle und fortschreitende Lähmung. Zunächst ist die Bissstelle schmerzhaft, aber es gibt kein oder nur ein schwach ausgebildetes Ödem. Bald werden Koordination und Bewegungsablauf gestört, die gebissene Gliedmaße ist gelähmt und das Opfer wird zunehmend unbeweglich. Die Lähmung dehnt sich schnell auf andere Muskeln des Körpers aus, einschließlich der Atemmuskulatur. Gleichzeitig wird die Stimmritze gelähmt, das Gaumensegel erschlafft und die Atmung wird erschwert. Die Zunge wird taub, Speichelfluss setzt ein. Der Speichel kann nicht geschluckt werden und läuft in die Atemwege. Die Atmung setzt bei vollem Erhalt des Bewusstseins aus, das Herz schlägt weiter und die Pupillen reagieren noch bis zu 2 h nach dem Atemstillstand auf Licht. Der Tod ist dramatisch. Insgesamt handelt es sich um neurotoxische Reaktionen.

Was ist in Schlangengift enthalten?

Vom äußeren Anschein her ähneln sich die Gifte aller Schlangen. Es handelt sich um eine leicht opalisierende Flüssigkeit von zitronengelber Farbe. In der chemischen Zusammensetzung unterscheiden sich die beiden vorkommenden Giftarten (vasotoxisch und neurotoxisch) jedoch erheblich. Sie ähneln sich nur insofern, als es sich bei beiden Arten um komplexe Mischungen biologisch aktiver Substanzen mit Proteincharakter handelt. Das Gift von Vipern und Klapperschlangen ist reich an hydrolytischen Enzymen, während das Gift von Kobras und Seeschlangen reich an Peptidneurotoxinen ist.

Die Enzyme im Gift von Viperidae (Vipern, Kreuzottern) und Klapperschlangen ähneln denen des Verdauungstrakts. Da es sich bei ihren Giftdrüsen um modifizierte Speicheldrüsen handelt, diente ihr Sekret in der Vergangenheit wohl dazu, tierische Nahrung zu zersetzen. Einige Forscher sind der Ansicht, dass die gleichen Enzyme auch im Speichel von ungiftigen Schlangen zu finden sind. Diese sind aber deshalb nicht giftig, weil sie keine Vorrichtung haben, um das Gift in den Körper des Opfers einzubringen. Im Gift von Vipern und Klapperschlangen wurden Esterasen, Phospholipasen, Phosphodiesterasen, Nukleasen, Cholinesterasen, Oxidoreduktasen, Hyaluronidase und verschiedene proteolytische Enzyme, darunter Exo- und Endopeptidasen, Bradykinase und Enzyme der Blutbildung gefunden. Phospholipasen bauen Phospholipide ab. Diese dringen in die Zellmembranen ein und zerstören sie. Hyaluronidase wiederum baut Hyaluronsäure ab als Bestandteil der interzellulären Substanz. Dies bewirkt, dass das Gewebe schwammiger und die Wände der Blutgefäße durchlässiger werden. Einige Forscher sind der Meinung, dass Proteasen stärker für die Durchlässigkeit der Blutgefäße verantwortlich sind als Hyaluronidase. Das ist aber umstritten. Proteolytische Enzyme hydrolysieren Peptidbindungen und sind im Allgemeinen nicht sehr substratspezifisch. Es gibt aber auch hochspezifische Proteasen in Schlangengiften, die erstaunlich selektiv wirken. Dazu gehören zum Beispiel Bradykinasen, die Bradykinin abbauen. Dabei handelt es sich um ein Peptid, das aus 9 Aminosäuren besteht und bei Säugetieren an der Regulierung des Blutdrucks beteiligt ist. Es wurden auch fibrinolytische Enzyme gefunden, die Fibrin auflösen und auf die Blutgerinnung Einfluss haben. Wir haben bereits festgestellt, dass die blutgerinnende Wirkung des Giftes nur für die ersten Stadien nach dem Biss charakteristisch ist. Dies ist nicht ohne biologische Bedeutung. Die rasche Bildung eines Thrombus an der Verletzungsstelle verhindert, dass ausfließendes Blut das Gift abtransportiert. So wird die vollständige Aufnahme in den Körper gesichert.

Im Gegensatz zu den Giften der Vipern haben die neurotoxischen Gifte der Kobras und Seeschlangen keine proteolytische Wirkung. Ihre Wirkstoffe sind niedermolekulare Polypeptide (Neurotoxine), die die Übertragung des Nervenimpulses von Neuron zu Muskel und in geringerem Maße auch von Neuron zu Neuron hemmen. Um die molekularen Wirkmechanismen der Neurotoxine zu verdeutlichen, werden wir kurz auf die Mechanismen der Übertragung von Nervenimpulsen von Neuron zu Neuron oder von Neuron zu Muskelzelle eingehen.

Dies geschieht über Synapsen. Die Synapse ist ein mikroskopisches Gebilde am Ende des Neurons, das aus drei Hauptstrukturen besteht: der präsynaptischen Membran, der postsynaptischen Membran und dem synaptischen Spalt (Abb. 1). Das Nervenende, das in einer präsynaptischen Membran endet, ist eigentlich ein neurosekretorischer Apparat, der chemische Substanzen, sogenannte Mediatoren, produziert und absondert. In den peripheren Nerven höherer Organismen ist dies Acetylcholin. Im ruhenden, nicht erregten Zustand des Neurons sammelt sich Acetylcholin in kleinen Bläschen (Vesikeln) von 30–50 nm Durchmesser an, die sich in der Nähe der präsynaptischen Membran befinden. Nach der Polarisierung des Neurons platzen die Bläschen und ergießen ihren Inhalt in den synaptischen Spalt, von wo aus der Mediator durch Diffusion zur postsynaptischen Membran gelangt. Dort wiederum befinden sich spezifische Rezeptoren, die diesen binden, sodass die postsynaptische Membran polarisiert und der Nervenimpuls an das nächste Neuron oder Ausführungsorgan weitergeleitet wird. Nach der Übertragung des Impulses werden die Rezeptoren durch das Enzym Acetylcholinesterase „gereinigt", das Acetylcholin zu Cholin und Essigsäure abbaut. Somit ist der Rezeptor nun bereit, ein neues Acetylcholinmolekül zu binden und einen neuen Impuls zu erzeugen. Der Wirkungsmechanismus der Schlangenneuro-

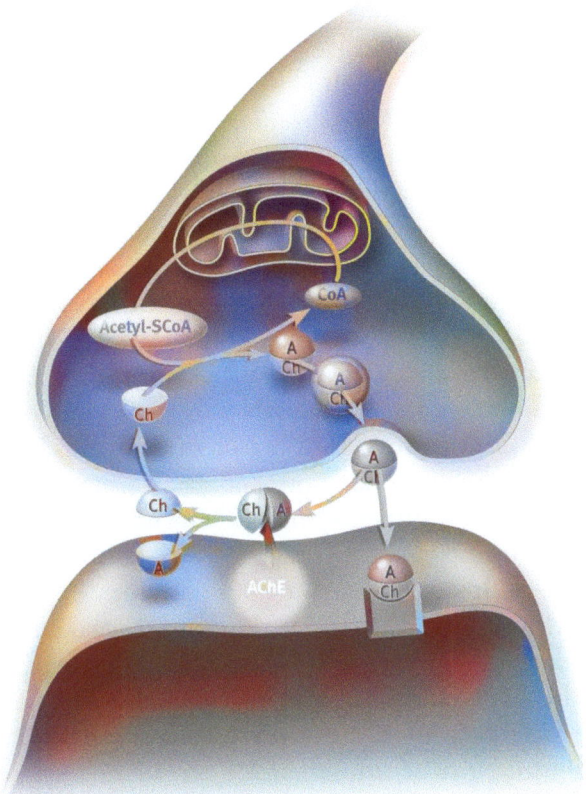

Abb. 1 Aufbau der cholinergen Synapse und Mechanismus der Nervenimpulsübertragung (*A:* Acetat [Essigsäure]; *ACh:* Acetylcholin; *AChE:* Acetylcholinesterase). (© RFBSIP/stock.adobe.com)

toxine besteht in der Unterbrechung des Nervenimpulses über die Synapsen. Je nachdem, welche Stufe der Übertragungskaskade betroffen ist, haben diese Neurotoxine entweder eine dem Curare ähnliche oder andere Wirkungen. Erstere finden sich nur im Gift von Kobras und Seeschlangen, letztere bei den anderen Giftschlangen.

Was bedeutet Curare-ähnliche Wirkung? Curare umfasst eine Gruppe von Giften, die von Pflanzen der Gattung Brechnüsse (*Strychnos*) stammen. Die Indigenen des Amazonas- und Orinoco-Tals bestrichen damit ihre Pfeilspitzen. Es handelt sich um typische Nervengifte, die aus Alkaloiden bestehen und bis heute zu den stärksten Giften der Natur gehören. Einmal im Blut, blockieren sie die Übertragung des Nervenimpulses vom Neuron zum Muskel und verursachen eine Lähmung der motorischen Muskulatur, ohne das zentrale Nervensystem zu beeinträchtigen. Der Erkrankte stirbt daher an einem Atemstillstand, ohne das Bewusstsein zu verlieren. Studien zur Wirkung der Curare-Gruppe zeigen, dass die Toxine eine hohe Affinität zu Acetylcholinrezeptoren haben und somit Konkurrenten von Acetylcholin sind. Die Curare-Alkaloide werden im tierischen Gewebe relativ schnell abgebaut. Wenn das Opfer künstlich beatmet wird, wird ihre Wirkung nach einiger Zeit überwunden und die Atmung wiederhergestellt. Die „Curare-ähnliche" Wirkung der Schlangenneurotoxine bedeutet also, dass sie am Acetylcholinrezeptor wirken. Im Gegensatz zu den Curare-Toxinen haben sie jedoch eine viel stärkere Affinität und gehen viel stärkere Bindungen mit dem Rezeptor ein. Daher ihre höhere Toxizität. Während beispielsweise die intravenöse tödliche Dosis von D-Tubocurarin (ein Curare-ähnliches Alkaloid) bei Mäusen 200 µg/kg beträgt, liegt sie für das Kobra-Neurotoxin bei 50–100 µg/kg.

Curare-ähnliche Schlangenneurotoxine sind niedermolekulare Polypeptide, die je nach Molekulargewicht in kleine und große Peptide unterteilt werden. Kleine Neurotoxine bestehen aus 60–62 Aminosäureresten (entsprechend einer Molekülmasse von etwa 7000 Dalton), enthalten 4 Disulfidbrücken und behalten ihre Aktivität auch nach Erhitzen auf 100 °C. Sie sind jedoch empfindlich gegenüber starken Basen, Oxidationsmitteln und Schwermetallionen, die die Disulfidbrücken zerstören. Da sich kleine und große Neuropeptide in ihrer Aminosäurezusammensetzung und Primärstruktur unterscheiden, ist das Antiserum gegen das eine nicht auch gegen das andere aktiv. Beide Gruppen von Toxinen weisen eine unterschiedliche Affinität zu Acetylcholinrezeptoren auf. Die großen Neurotoxine binden stärker. Wenn eine neuromuskuläre Blockade durch ein kleines Neurotoxin verursacht wird, kann sie leicht durch eine Spülung mit Neostigmin behoben werden. Die Maßnahme ist bei großen Neurotoxinen jedoch erfolglos.

Vergleicht man die chemischen Formeln von Acetylcholin und den Neurotoxinen, so stellt man fest, dass es keine Gemeinsamkeiten zwischen ihnen gibt. Es stellt sich logischerweise die Frage: Wenn Acetylcholinrezeptoren hochspezifische Strukturen sind, die in der Evolution höherer Organismen entstanden sind, wie ist es dann möglich, dass Verbindungen mit völlig unterschiedlichen chemischen Strukturen die gleiche biologische Wirkung zeigen? Die Antwort lautet: Acetylcholin interagiert mit dem Rezeptor über seine positiv geladene quartäre Ammoniumgruppe (die vom Cholin stammt) und eine Carbonylgruppe (die vom Acetatrest stammt). Diese Gruppen finden sich auch in Neurotoxinmolekülen. Die positiv geladene Ammoniumgruppe wird von der Guanidylgruppe der Aminosäure Arginin nachgeahmt, die sich an Position 37 in der Polypeptidkette der großen Toxine befindet. Die Carbonylgruppe stammt von der Aminosäure Asparagin an Positionen 31 und 67. Beide Gruppen dienen als Erkennungsstellen und zur initialen Bindung des Toxins an den Rezeptor, während die Bindung selbst weitaus größere Bereiche des Moleküls betrifft. Das Gift von Seeschlangen ist extrem reich an Neurotoxinen. Der Gehalt kann bis zu 85 % betragen, während das Gift von Landschlangen deutlich weniger beinhaltet. Das Gift der Siamesischen Speikobra *Naja siamensis* enthält nur 20–30 % Neurotoxine.

Neben den Toxinen mit Curare-ähnlichem Effekt enthalten Schlangengifte auch weitere neurotoxische Substanzen mit anderem Wirkmechanismus. Dazu gehört das Neurotoxin der in Südamerika beheimateten Schauer-Klapperschlange (*Crotalus durissus terrificus*, Abb. 2). Das Neurotoxin hat Phospholipaseaktivität und wurde 1956 in reiner Form isoliert, bekannt als Crotamin. Es zeichnet sich durch eine Molekülmasse von 13.000 Dalton und eine tödliche Dosis von 50 µg/kg Maus aus. Seine Wirkung besteht darin, die Freisetzung von Acetylcholin an den Synapsen zu hemmen, Dadurch wird die Übertragung von Nervenimpulsen unterbrochen. Neurotoxine mit ähnlichen Wirkungen sind im Gift anderer Schlangen gefunden worden. Eines dieser Gifte, Taipoxin, isoliert aus dem australischen Taipan (*Oxyuranus scutellatus*), ist das giftigste der bisher bekannten Neurotoxine. Seine tödliche Dosis beträgt nur 2 µg/kg Mäuse. In der Regel haben präsynaptische Neurotoxine ein höheres Molekulargewicht und sind toxischer als Curare-ähnliche Stoffe.

Schließlich gibt es noch eine weitere Gruppe von Neurotoxinen, die ihre Wirkung auf die Zwischenstufe der Nervenimpulsübertragung ausüben. Dies sind die Cholinesterasen. Sie behindern die Weiterleitung des Nervenimpulses durch die Synapse, indem sie Acetylcholin abbauen.

Abb. 2 Südamerikanische Schauer-Klapperschlange (*Crotalus durissus terrificus*). (© AlizadaStudios/Getty Images/iStock)

Wenn man sich die Wirkungsmechanismen von Schlangengiften ansieht, kommt man nicht umhin, die Anpassungsfähigkeiten von Lebewesen zu bewundern. In diesem Zusammenhang fragen wir uns: Woher kennt die Schlange die Biochemie und Physiologie ihrer Opfer so gut, dass sie so perfekte Gifte herstellen kann? Der Punkt ist, dass weder die Schlange jemals ein solches Wissen hatte, noch konnte sie die Aktivitäten ihres chemischen Labors steuern. Die Perfektion wurde blindlings durch unzählige Zufallsexperimente erreicht, von denen die erfolgreichsten durch die natürliche Auslese bestätigt wurden. Die Kenntnis der molekularen Wirkungsmechanismen von Schlangengiften hat dazu beigetragen, neue Methoden für die Behandlung von Schlangenbissopfern zu entwickeln. Alte Methoden, wie das Verbrennen der Bissstelle mit einem heißen Bügeleisen, der tiefe Schnitt mit einem Messer, um das Gift abfließen zu lassen, das Ausgießen mit heißem Öl, die Behandlung mit starken Säuren, Basen oder Oxidationsmitteln (Kaliumpermanganat), die Einnahme von Alkohol usw., werden schon lange nicht mehr angewendet. Die moderne Medizin empfiehlt die Verwendung möglichst schonender Mittel, wie z. B. Antischlangenseren. Diese werden aus dem Blut von mit Schlangengift immunisierten Tieren (in der Regel Pferde) gewonnen. Daraus wird die Gammaglobulinfraktion, die Antikörper gegen die Proteine des Schlangengifts enthält, extrahiert. Die Antikörper binden an die Giftstoffe und verwandeln diese in inaktive Proteinkomplexe, die von spezialisierten Blutzellen zerstört werden. Ein Antiserum gegen Viperngift wird auch in Bulgarien hergestellt. Um Blutverluste auszugleichen, werden Bluttransfusionen und Infusionen von mit Fibrinogen angereicherten Präparaten eingesetzt.

Wir haben bereits gesagt, dass die Schlange nicht nur ein Feind ist, sondern auch für den Menschen nützlich sein kann. Das Interesse an den heilenden Eigenschaften von Schlangengift begann im frühen 20. Jahrhundert, nachdem Berichte auftauchten, dass Epilepsiepatienten nach einem Klapperschlangenbiss wieder gesund wurden. Studien zeigten tatsächlich, dass Schlangengift die Anfälle reduzierte und das Leiden der Epilepsiepatienten linderte. Es wurde auch beobachtet, dass einige chronische Schmerzen nach einem Schlangenbiss verschwanden. Das wurde ebenfalls experimentell bestätigt. Das Gift der Kobras zeichnet sich durch eine solche Wirkung aus. In geringen Konzentrationen hat es eine schmerzlindernde Wirkung und kann bei Krebspatienten anstelle von Morphium eingesetzt werden. In diesem Fall hat es sogar den Vorteil, dass seine Wirkung länger anhält und keine Gewöhnung auftritt. Aus Schlangengift werden eine Reihe pharmazeutischer Präparate hergestellt wie Vipratox und Lebetox (Russland), Epileptasid (Deutschland), Viperalgin (Tschechische Republik) usw. zur Behandlung von Polyarthritis, Rheuma, Ischias und anderen Neuralgien.

Für die Herstellung von Schlangenserum und pharmazeutischen Präparaten auf der Basis von Schlangengift werden große Mengen an Gift benötigt. Es wird aus Schlangen gewonnen, die in speziellen Schlangenfarmen (Serpentarien) gezüchtet werden. Die erste derartige Farm wurde 1899 in São Paulo, Brasilien, eingerichtet. Später wurde dort eines der größten Institute der Welt für das Studium von Schlangen, das Instituto Butantã gegründet. Im Jahr 1939 wurde auch in Taschkent ein großes Serpentarium eröffnet, das mehrfach erweitert und renoviert wurde. Heute gibt es Serpentarien in vielen Ländern, insbesondere dort, wo Schlangen natürlich vorkommen.

Wie wird das Schlangengift gesammelt? Früher wurde die Schlange geköpft und die Giftdrüsen wurden ausgepresst. Heute wird das Gift so gesammelt, dass die Schlangen nicht getötet werden. Die Technik besteht darin, die Schlange auf einen Tisch zu legen, sie mit der Hand hinter dem Kopf zu fassen und ihr einen Glasbecher über das Maul zu stülpen. Wenn sie ihr Maul öffnet, wird der Rand des Glases unter die beiden Giftzähne geschoben. Ihr Kopf wird nach unten gedrückt und die Giftdrüsen werden mit den Fingern vom Hals bis zum Kopf massiert (Abb. 3). Die Massage gilt als der heikelste Teil der Prozedur. Seit 1961 wird das Schlangengift mithilfe von elektrischem Strom gewonnen. Dabei werden zwei Elektroden an die Mundschleimhaut der Schlange herangeführt und ein schwacher Strom (6 V) angelegt. Dies verkürzt die Zeit bis zur Entnahme des Giftes um das Dreifache und verringert das Trauma für das Tier. Während ein erfahrener Sammler auf klassische Weise bis zu 20 Schlangen pro Stunde verarbeiten kann, schafft er mithilfe von Strom 60. Nachdem das Gift entnommen wurde, wird es gefriergetrocknet. Das ermöglicht, den Wirkstoff bis zu 50 Jahre aktiv zu erhalten.

Abb. 3 Sammlung von Schlangengift. (© Ratchapong/Stock.adobe.com)

Das Gift der lebenden Fossilien – Skorpione

Skorpione sind lebende Fossilien. Sie sind die ältesten Landtiere der Erde. Sie tauchten im Paläozoikum auf, haben alle Katastrophen des Planeten überlebt und sind fast unverändert bis in die Gegenwart gelangt. Sie sind bemerkenswert widerstandsfähig. Ihre Vertreter leben sowohl in Wüsten als auch in Höhenlagen von 7500 m. Skorpione halten bis zu 386 Tage ohne Wasser und Nahrung aus und überleben, nachdem sie 150.000 Röntgen ausgesetzt wurden. 600 Röntgen sind für den Menschen tödlich. Ein makabrer Scherz einiger Wissenschaftler ist, dass nach einem Atomkrieg nur noch Skorpione und Blaualgen auf der Erde übrig bleiben werden.

Für Menschen aus Ländern mit gemäßigtem Klima sind Skorpione vor allem als Tierkreiszeichen bekannt. Für diejenigen, die in den Tropen und Subtropen leben, sind sie eine echte Plage. In Ägypten werden jährlich etwa 36.000 Menschen gestochen, in Mexiko sind es 20.000. Als Kuriosum sei erwähnt, dass im gleichen Zeitraum die Zahl der von Giftschlangen gebissenen Menschen in diesen Ländern 2000 bzw. 200 betrug.

Auf der Erde leben ungefähr 2000 Skorpionarten, die nach morphologischen Merkmalen in etwa 13 Familien unterteilt werden. Je nach Lebensraum werden die Skorpione in xerophile (trockenheitsliebende) und hydrophile (feuchtigkeitsliebende) Arten unterteilt. Erstere bewohnen Trocken- und Wüstengebiete, während letztere in feuchten, dunklen Höhlen, unter Steinen und Baumwurzeln leben. Hydrophile Skorpione sind auch in Europa zu finden. Sie sind klein, bis zu 5–6 cm lang und bewohnen z. B. Gebiete des Balkangebirges, Sredna Gora, Belasitsa. Ein charakteristisches Merkmal dieser Skorpione ist, dass sie bei feuchtem Wetter Unterschlupf suchen und sich auch in menschlichen Behausungen einnisten können. Es ist gut zu wissen, dass sie sich gerne in Schuhen, Taschen und Ärmeln sowie in Bettwäsche verstecken.

Der Körper der Skorpione besteht aus locker verbundenen Chitinsegmenten und endet mit einem abgeknickten Segment am Schwanz (Abb. 1). Er hat 4 Beinpaare, die in zwei Krallen enden und ein Paar Fangarme mit Zangen, die denen von Krebstieren ähneln. Die Giftdrüse befindet sich am letzten Segment und besteht aus zwei bohnenförmigen Drüsen, die in einer gemeinsamen Blase eingeschlossen sind. Diese endet in einem hohlen Stachel zum Verwunden und Einspritzen des Giftes. Die Giftblase ist durch eine Chitinhülle geschützt und im Inneren befindet sich ein Muskelfaserring aus Hohlfasern, um das Gift durch den Giftstachel in das verletzte Gewebe zu pressen. Der Skorpion setzt seine Giftwaffe in der Regel zur Verteidigung ein. Manchmal greift er aber auch auf sie zurück, um größere Insekten zu töten, die er mit den Zangen allein nicht überwältigen kann. Man geht davon aus, dass Skorpione den Menschen nur in äußersten Notfällen angreifen. Die oben genannten Zahlen zeigen aber, dass sie in Ländern, in denen sie vorkommen, eine echte Gefahr darstellen.

Wie wirkt Skorpiongift? Es hat gleichzeitig hämotrope (auf das Blut wirkend) und neurotrope (auf das Nervensystem wirkend) Wirkungen, wobei die beiden Wirkungen bei den verschiedenen Skorpionarten unterschiedlich stark ausgeprägt sind. Im Moment des Stichs tritt in der Regel ein stechender

Abb. 1 Schwarzer Skorpion *Heterometrus*. (© 43035245/Getty Images/iStock)

Schmerz auf, so, als ob man mit einer heißen Nadel gestochen wurde. Gelegentlich kann Blut aus der Wunde fließen. Die Haut um die gestochene Stelle herum wird schnell rot und schwillt an. Nach 1–2 h beginnen akute lokale Schmerzen, die sehr stark sein können. Es treten Herzklopfen, Erstickungsanfälle, Atembeschwerden und Kopfschmerzen auf. Die schmerzhaften und entzündlichen Reaktionen erreichen ihr Maximum nach etwa 6–8 h. Dazu kann auch ein Hautausschlag auftreten. Die neurotrope Wirkung des Skorpiongifts entfaltet sich über das zentrale Nervensystem. Durch die Reizung der mitreagierenden Areale des Gehirns kann es zu Krämpfen einzelner Muskelgruppen kommen. Die Finger z. B. verkrampfen sich so stark, dass sie selbst von einer anderen Person kaum geöffnet werden können. In schwersten Fällen kommt es zu Lähmungen einer Gliedmaße. Die Krämpfe können auch die Brust-, Zungen- und Rachenmuskulatur betreffen, Schlucken und Atmen ist erschwert. Die Opfer sind hochgradig unruhig und ruhelos, häufig tritt ein Zittern der Augenlider und Finger auf. In seltenen Fällen werden Symptome psychiatrischer Störungen beobachtet. Einige Forscher vergleichen die erste Phase der neurotropen Wirkung des Skorpiongifts mit der von Strychnin und die zweite Phase mit der von Curare.

Skorpiongift kann schwere Schäden sowohl am Blut als auch an inneren Organen verursachen. Auf das Blut wirkt es hämolytisch (zerstört die roten Blutkörperchen), die Leber und die Nieren können geschädigt werden. Neurotoxine erreichen das zentrale Nervensystem auf dem Blutweg, während hämotrope Substanzen drei aufeinanderfolgende biologische Barrieren passieren müssen mit dem Ziel, die Wirkung zu neutralisieren. Die erste ist der Ort des Stichs selbst. Über die angrenzenden Gewebe gelangen die hämotropen Stoffe in die Lymphknoten (zweite Barriere) und schließlich in die Leber (dritte Barriere), wo sie chemisch verändert und abgebaut werden.

Die Neurotoxine der Skorpione ähneln in ihrer chemischen Zusammensetzung denen der Elapidae. Sie bestehen aus einkettigen Polypeptiden mit einer Molekularmasse von 7000 Dalton (63–65 Aminosäuren), die durch 4 Disulfidbrücken stabilisiert werden. Im Gift von Skorpionen der Gattung *Centruroides* sind 8, in der Gattung *Tityus* 6 solcher Peptide gefunden worden. Die Aminosäuresequenz dieser Neurotoxine wurde geklärt. Es wurde festgestellt, dass sie reich an aromatischen Aminosäuren und insbesondere an Tyrosin sind.

Obwohl die Ähnlichkeit in der Molekularstruktur von Schlangen- und Skorpionneurotoxinen groß ist, ist ihr Wirkmechanismus unterschiedlich. Im Gegensatz zu den Schlangenneurotoxinen haben die Skorpionneurotoxine keine Affinität zu Acetylcholinrezeptoren. Sie bewirken eine Depolarisierung von Neuronen- und Muskelmembranen, indem sie deren Durchlässigkeit für

Natriumionen erhöhen. Sie sind daher giftiger als die meisten Schlangenneurotoxine. Die tödliche Dosis liegt hier zwischen 9 und 90 µg/kg Mäuse. Die wichtigsten Eiweißbestandteile des Giftes des südindischen hydrophilen Skorpions *Heterometrus scaber* (Schwarzer Thaiskorpion) sind saure Phosphatase, Hyaluronidase, Acetylcholinesterase und Ribonuklease (ein RNA-zerstörendes Enzym) und ähnelt damit dem Gift von Vipern. Die Gifte von Skorpionen und Schlangen sind auch in immunlogischer Hinsicht ähnlich. Bereits zu Beginn des 20. Jahrhunderts wurde gezeigt, dass ein Antiserum gegen Kobragift auch eine neutralisierende Wirkung auf Skorpiongift hat. Heute wird dieses Serum sowohl bei Kobrabissen als auch bei Skorpionstichen eingesetzt.

Neben den Neurotoxinen enthält das Skorpiongift auch Insektengifte. Dabei handelt es sich um Stoffe, die bei Insekten eine stark lähmende Wirkung haben, für Säugetiere aber harmlos sind. Ein solches Toxin wurde aus dem Gift des zentralasiatischen Skorpions *Mesobuthus eupeus* isoliert. Es handelt sich um ein aus 36 Aminosäuren bestehendes Polypeptid, dessen Molekül durch 4 Disulfidbrücken stabilisiert wird.

Die chemische Waffe der Spinnen

Abgesehen von den sechseckigen Waben der Honigbienen gibt es kaum perfektere architektonische Schöpfungen der Natur als Spinnennetze. Spinnen weben sie mit einer solchen Schnelligkeit und Virtuosität, dass sie zu Recht den Neid der griechischen Göttin Pallas Athene erregt haben. Der Legende nach sind die Spinnen auf folgende Weise entstanden: Im Landstrich Lydien lebte das Bauernmädchen Arachne. Sie war berühmt dafür, die beste Weberin in ganz Hellas zu sein. Ihr Stoff war so zart wie Nebel und so durchsichtig wie Luft. Sie war von ihren Fähigkeiten so überzeugt, dass sie nicht zögerte, sogar mit Athene, der Göttin der Kunst, des Handwerks und der Handarbeit und Lieblingstochter des Zeus, an einem Wettbewerb teilzunehmen. Der Wettbewerb wurde von 12 Göttern beobachtet und beurteilt unter Leitung von Zeus. Die „Jury" vergab den ersten Platz erwartungsgemäß an Pallas Athene. Arachne konnte diese Schmach nicht ertragen und versuchte, sich zu erhängen. Doch die großmütige Athene befreite sie vom Strick und sagte: „Lebe, rebellische Jungfrau! Aber von heute an wirst du hängen und weben, solange du lebst." Dann besprengte sie sie mit dem Saft von Zauberpflanzen, ihre Haare fielen aus, sie schrumpfte und verwandelte sich in eine Spinne. Seitdem hängt die Spinne Arachne in ihrem Netz und webt es weiter. Die große Klasse der Spinnentiere Arachnida ist nach Arachne benannt.

Es gibt mehr als 52.000 Spinnenarten auf der Erde, die ungleichmäßig über die Länder und Kontinente verteilt sind. So gibt es zum Beispiel – jeweils Mindestwerte – 2494 Arten in Brasilien, 1346 in Frankreich, 688 in der Schweiz, 556 in Großbritannien, 341 in Norwegen usw. Jedes Jahr wird die Familie der Spinnen um 200–250 neu entdeckte Arten erweitert. Abgesehen von ihrer großen Vielfalt verblüffen die Spinnentiere durch ihre hohe Populationsdichte. Auf 1 ha Waldlichtung leben etwa 5.000.000 Individuen, auf der gleichen Fläche eines tropischen Waldes 25.000.000.

Obwohl die Spinnen unterschiedlich aussehen, ist ihr Körper immer gleich aufgebaut. Er besteht aus zwei Teilen – Cephalothorax und Abdomen. Am Cephalothorax befinden sich 4 Beinpaare (im Gegensatz zu Insekten, die 3 Beinpaare haben), zwei Taster und zwei Chelizeren (Kiefer). Die Chelizeren befinden sich in der Nähe der Mundöffnung und sind symmetrische hohle, sichelförmige Stacheln. Bei fast allen Spinnen sind sie Verletzungsorgane. Bei Spinnen dienen sie auch dazu, Gift in den Körper des Opfers zu injizieren. Spinnen sind von 1 mm bis mehr als 20 cm groß. Entsprechend variiert die Größe der Chelizeren, bei großen Spinnen sind es bis zu 2 cm.

Spinnen setzen ihre chemischen Waffen vorwiegend ein, um ihre Beute anzugreifen und zu töten. Da sie sich hauptsächlich von Insekten und anderen Gliederfüßern ernähren, wirkt ihr Gift bei Kaltblütern viel stärker als bei Warmblütern. Von den vielen Spinnenarten sind einige für den Menschen giftig. Eine, die sich in der Vergangenheit einen üblen Ruf als Menschentöter erworben hat, ist die Vogelspinne (Abb. 1). Dies ist ihr Trivialname und ein Sammelbegriff, der viele Vertreter der Familie Theraphosidae umfasst.

Die Vogelspinnen sind wärmeliebende Tiere, die in warmen Regionen auf allen Kontinenten leben. Sie sind dunkelbraun bis schwarz. Der Körper ist birnenförmig, der Kopf schildartig. Vogelspinnen leben nachts, sodass ihre

Abb. 1 Vogelspinne. (© MirekKijewski/Getty Images/iStock)

Begegnung mit Menschen zufällig ist. Der amerikanische Reisende V. Nadson schrieb 1896: „Die Vogelspinne ist äußerst aktiv, mobil und reizbar. Wenn man sie beobachtet, denkt man unwillkürlich, dass die Natur sie geschaffen hat, um das Gleichgewicht zu stören. Man braucht nur an ihrem Bau vorbeizugehen, auch wenn man 3–4 Meter davon entfernt ist, schon springt sie auf und jagt einen 30–40 Meter weit".

Vor 100–200 Jahren herrschte bei einigen Völkern eine wirkliche Psychose in Bezug auf Vogelspinnen (italienisch: Tarantola). In Süditalien zum Beispiel galt die Tarantola als Todfeind des Menschen. Man glaubte, dass der gebissene Mensch nur durch starkes Schwitzen von ihrem Gift befreit werden konnte. Deshalb ließ man die Gebissenen sich in einem schnellen Rhythmus bewegen, bis sie zu den Klängen einer speziellen Melodie namens Tarantella schwitzten.

Weitaus gefährlicher für den Menschen ist eine andere Spinnenart – *Latrodectus tredecimguttatus* (Abb. 2). Bei uns wird sie Schwarze Witwe genannt, in arabischen Ländern Karakurt (schwarzer Wolf). Sie erreicht eine Länge von 12–15 mm. Die Spinne hat eine samtige rote Farbe und einen großen eiförmigen Hinterleib mit 13 punktförmigen Rillen, die nicht immer sichtbar sind. Sie kommt fast in ganz Europa, Asien, Nord- und Westafrika vor. Verbreitet ist die Spinne z. B. im Bereich der Schwarzmeerküste, dem Balkangebirge und der westlichen Türkei.

Sie lebt hauptsächlich auf Wiesen und Feldern und baut ihre Nester in Bodennähe. Dabei nutzt sie auch verlassene Nager- und Insektenhöhlen. Zu unangenehmen Begegnungen mit der Schwarzen Spinne kommt es meist bei der Feldarbeit, vor allem beim Heusammeln oder bei der Erholung in der

Abb. 2 Schwarze Witwe (*Latrodectus tredecimguttatus*). (© Frank Buchter/Getty Images/iStock)

Natur. Bulgarischen Ärzten zufolge können die Folgen einer Vergiftung durch die Schwarze Witwe schwerwiegender sein als die durch Vogelspinnen. Der Biss ähnelt einem plötzlichen Stich. Die erste Phase ist asymptomatisch. Nach etwa einer halben Stunde treten jedoch Schmerzen im unteren Rückenbereich, in der Brust und vor allem im Unterleib auf. Es setzt Schüttelfrost ein und die Patienten geraten in einen merkwürdigen psychischen Zustand mit starker nervöser Erregung, Unruhe und einem Gefühl von Todesangst. Verstärkt wird dies durch das Auftreten von Pseudolähmungen der unteren Gliedmaßen. Die Körpertemperatur steigt an. Das ausgeprägte Krankheitsbild hält 24–36 h an, danach tritt Besserung ein. In der Literatur sind Todesfälle beschrieben worden. So starben in Kalifornien 32 von 578 Gebissenen und in North Carolina 32 von 34. Es wird geschätzt, dass die Todesrate durch den Biss durchschnittlich 2–4 % beträgt.

Was ist der Grund für die hohe Toxizität der Schwarzen Witwe? Ihr Gift ist reich an Neurotoxinen. Daraus wurden mehrere Proteine mit einem Molekulargewicht von etwa 130.000 Dalton isoliert, die in der Lage sind, die neuromuskuläre Impulsübertragung zu blockieren. Im Gegensatz zu den Neurotoxinen von Schlangen und Skorpionen ist der Wirkungsmechanismus ein anderer. Die Acetylcholinesterase wird gehemmt. Dadurch sammelt sich in den Synapsen ein Überschuss an Acetylcholin an, der verhindert, dass die synaptischen Membranen ihr elektrisches Potenzial wiederherstellen und neue Impulse weiterleiten können. Die Neurotoxine der Schwarzen Witwe ähnlen in ihrer Wirkung den nervenparalytischen Organophosphorgiften.

Wir haben gesehen, dass die Toxine dieser Spinne und der Vogelspinne trotz des unterschiedlichen Wirkmechanismus Proteincharakter haben. Dies trifft jedoch keineswegs auf alle Spinnentiere zu. Die chemischen Waffen einiger Arachniden basieren auf niedermolekularen Verbindungen. So enthält das Wehrsekret Weberknechte (Ordnung Opiliones) die Ketone 4-Methylheptanon-3,4,6-dimethylnonen-6-on-3 und 4,6-Dimethylketon-6-on-3. Einige ähneln Alarmpheromonen der Ameisen. Das Gift von Weberknechten der Familie Gonyleptidae, bekannt als Gonyleptidin, ist eine Mischung aus 2,3-Dimethylbenzochinon und 2,3,5-Trimethylbenzochinon.

Wie spuckende Schlangen sind auch spuckende Spinnentiere bekannt. Ein solches ist der tropische Geißelskorpion *Mastigoproctus giganteus*, 2–5 cm lang. Er kann einen Strahl ätzender Flüssigkeit bis zu 80 cm weit schießen. Die chemische Analyse zeigt, dass es sich um Essigsäure (84 %) und Caprylsäure (5 %) handelt.

Mit einem Hauch von Mandeln

Oft lernen die Menschen den Geruch von Bittermandeln aus Liebes- und Kriminalromanen kennen, bevor sie selbst eine Bittermandel zu Gesicht bekommen. Dieser Geruch wird meist mit einem der bekanntesten chemischen Gifte in Verbindung gebracht, dem Kaliumcyanid, auch Zyankali genannt. Nur, trockenes Kaliumcyanid riecht genauso wenig nach Bittermandeln wie Kochsalz. Der begleitende Bittermandelgeruch kommt von der Blausäure, die bei der Hydrolyse freigesetzt wird. Diese wiederum erfordert Wasser oder Feuchtigkeit. Sowohl Kaliumcyanid als auch Blausäure sind starke Zellgifte. Aufgrund der hohen Affinität des Cyanid-Anions zu Eisen bindet es sich fest an Hämoglobin und eisenhaltige Enzyme und blockiert so die Redoxprozesse in der Zelle. Das Cyanid-Anion ist sowohl für niedere als auch für höhere Organismen hochgiftig.

Vor dem Hintergrund all dessen, was über Blausäure bekannt ist, war der Bericht einer amerikanischen Forschergruppe, dass bestimmte Arten von Tausendfüßlern Blausäure produzieren, seinerzeit eine Sensation. Bei Studien mit dem Tausendfüßler *Apheloria corrugata* (Abb. 1) fiel den amerikanischen Wissenschaftlern auf, dass dieser in Gefahrenlage nach Bittermandeln roch. Bittermandelgeruch gibt es auch bei anderen Tieren, ohne dass Blausäure beteiligt ist. Es handelt sich um andere organische Verbindungen, die für Tiere und Menschen völlig unschädlich sind. Um zu testen, ob die vom Tausendfüßler freigesetzten Sekrete giftig sind, setzten die Forscher den Tausendfüßler in einen geschlossenen Behälter mit Ameisen und anderen Insekten. Nach einiger Zeit stellten sie fest, dass alle außer den Tausendfüßlern tot waren. Dies veranlasste die Wissenschaftler, die Untersuchung des Tausendfüßlers zu in-

Abb. 1 Tausendfüßler (*Apheloria corrugata*). (© tbradford/Getty Images/iStock)

tensivieren. Die erste Aufgabe bestand darin, die chemische Natur des Giftgases zu klären. Mithilfe eines Gaschromatografen und qualitativer Reaktionen wurde bestätigt, dass es sich bei dem nach Bittermandel riechenden Gas tatsächlich um Blausäure handelt. Folgende Fragen ergaben sich: In welcher Form befindet sich das Giftgas im Körper des Tausendfüßlers? Welches sind die Organe, die es produzieren? Warum ist der Tausendfüßler resistent dagegen?

Im Körper des Tausendfüßlers wurden keine spezifischen anatomischen Formationen für die Speicherung von Blausäure gefunden. Entdeckt wurden aber eigenartige Drüsen, die symmetrisch an jedem Segment in der Nähe der Beine angeordnet sind. Wenn diese Drüsen gereizt werden, scheiden sie eine Flüssigkeit mit dem Geruch von Bittermandeln aus. Jede dieser Drüsen bestand aus zwei Sektoren, die die Forscher als Vorratskammer und Vorkammer bezeichneten

Weder in der Vorratskammer noch in der Vorkammer wurde Blausäure gefunden. Sie war nur in dem Flüssigkeitstropfen vorhanden, der bei Reizung der Füße abgesondert wurde. Die Blausäure lag also nicht in fertiger Form vor, sondern wurde erst im Moment der Abwehrreaktion gebildet. Die Frage ist: Was ist die Art des Vorläufers? Um diese Frage zu beantworten, haben die Wissenschaftler die chemische Zusammensetzung des Inhalts der Drüsen untersucht. In ihnen wurde Benzaldehyd gefunden, eine Verbindung, die Blausäure in Form von Cyanhydrin binden kann. Da Cyanhydrin jedoch instabil ist, wird es in der Natur in Form eines Glykosids gespeichert, d. h. an ein Kohlenhydrat gebunden.

Chemisch handelt sich um Amygdalin (Abb. 2). Es findet sich in Kernen von Bittermandel, Kirsche, Sauerkirsche, Pflaume, Pfirsich und anderen

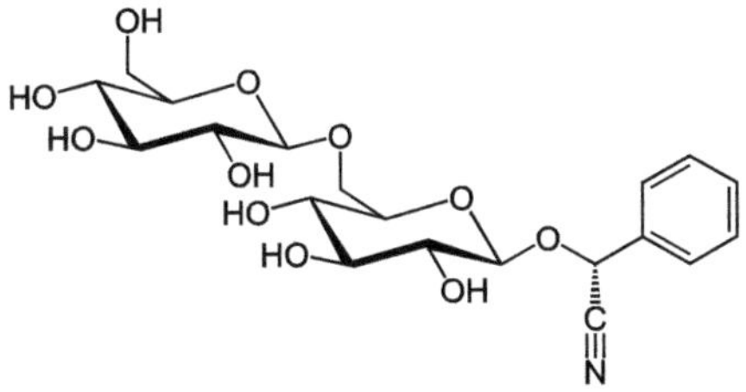

Abb. 2 Amygdalin

Früchten. Bei seiner Hydrolyse entstehen Glucose, Benzaldehyd (ebenfalls mit dem Geruch von Bittermandeln) und Blausäure. Im Körper des Tausendfüßlers wird Amygdalin in den „Vorratsraum" abgesondert und durch spezifische hydrolytische Enzyme, wie sie in der „Vorkammer" der Giftdrüsen zu finden sind, zerlegt.

Nach diesen Informationen lässt sich die Funktion der giftigen Waffe der Tausendfüßler erahnen. Bei Reizung öffnet sich das Ventil, das die beiden Kammern der Giftdrüse trennt. Das Amygdalin gelangt aus dem Vorratsraum in die Vorkammer und zerfällt nach Vermischung mit den dort vorhandenen Enzymen zu Blausäure, Benzaldehyd und Glucose. Die Reaktion ist zunächst intensiv, klingt aber allmählich ab, nachdem das Amygdalin aufgebraucht ist, und dauert nur wenige Minuten. Die von einem Tausendfüßler produzierte Menge an Blausäure beträgt 0,55 mg. Das reicht aus, um eine Maus zu töten. Das Sekret des Tausendfüßlers ist jedoch selbst für kleine Tiere nicht tödlich, da Blausäure flüchtig ist und in der freien Luft keine tödlichen Konzentrationen erreichen kann. Es ist jedoch ein wirksames Mittel gegen Insekten und insektenfressende Tiere. Wenn der Tausendfüßler auf einen Ameisenhaufen stößt, wird er von den gefräßigen und allesfressenden Ameisen schnell angegriffen, aber er zieht sich spiralförmig zusammen und setzt seine chemische Waffe ein. Einen Moment später huschen die Ameisen davon, berauscht von der Cyanwolke. Diejenigen, die es geschafft haben, den Tausendfüßler zu überwältigen, versenken ihre Kiefer in dessen Körper und säubern ihn lange Zeit, als wollten sie etwas Ekelhaftes entfernen. Interessanterweise greifen die Ameisen den Tausendfüßler nochmals 20–30 min nach dem ersten Angriff an, d. h., wenn die Blausäure bereits verdunstet ist. Der Grund für ihr Verhalten ist, dass nicht nur die Blausäure für die Ameisen unangenehm ist, sondern auch der Benzaldehyd. Er ist weniger flüchtig und verbleibt länger auf dem Körper des Tausendfüßlers. Er hat also einen doppelten chemischen Schutz – Blausäure und Benzaldehyd. Ohne diesen Schutz wäre der Tausendfüßler sehr verwundbar, da seine Blausäurevorräte nicht länger als 2–3 min reichen würden. Der zweite Schutz gewährt jedoch mindestens 20–30 min lang Sicherheit. Das reicht aus, um sich in Sicherheit zu bringen. Die chemische Waffe des Tausendfüßlers schützt ihn auch vor größeren Tieren wie Fröschen, Eidechsen und Vögeln.

Apheloria corrugata ist nur eine Vertreterin der großen Klasse der Tausendfüßler (Myriapoda). Diese besteht aus den Unterklassen Chilopoda und Diplopoda. Erstere haben gut ausgebildete Organe zum Verwunden und Injizieren von Gift, während Letztere, zu denen *Apheloria* gehört, keine solchen Werkzeuge haben. Sie verteilen das giftige Sekret auf der Oberfläche ihres Körpers. Daraus ergibt sich der unterschiedliche Zweck der Giftwaffe in den beiden Tausendfüßlergruppen. Den Ersteren dient sie als Angriffs- und Jagdmittel, während sie bei den Letzteren ein Mittel der Verteidigung ist. Die Evolution hat *Apheloria* dazu gebracht, seine Giftwaffe ökonomisch einzusetzen. Wenn er gereizt wird, aktiviert er nicht alle seine Giftdrüsen, sondern nur die, die sich in der Nähe der gereizten Stelle befinden. Wenn wir nur eines seiner Beine mit einer Pinzette einklemmen, sind zwei Drüsen beteiligt. Bei sehr starker und lang anhaltender Reizung werden ausnahmsweise alle Drüsen ausgelöst.

Im Gegensatz zu den Chilopoda verwenden Diplopoda andere chemische Verbindungen zum Schutz. Einige scheiden Chinone aus und verursachen bei Berührung mit bloßen Händen eine Rötung der Haut, andere scheiden Parakresol aus (ein Abwehrmittel gegen Insekten und kleine Raubtiere). Einige riechen nach Kampfer. Die Giftdrüsen dieser Tausendfüßler ähneln den Drüsen von *Apheloria* mit dem Unterschied, dass sie keine „Ökonomisierung" haben. In ihrem Fall ist dies nicht notwendig, da Chinone und Phenole stabile und schwach flüchtige Verbindungen sind und als „Fertigprodukte" in den jeweiligen Speicherorganen aufbewahrt werden können.

Die chemische Waffe der Hautflügler

Die Hautflügler (Hymenoptera) sind die größte Ordnung der Insekten. Sie entstand in der Trias und umfasst über 150.000 lebende und 2000 ausgestorbene Arten. Ihr Name leitet sich vom häutigen Aussehen der Flügel ab, sie ähneln einem dünnen transparenten Reißverschluss. Zu dieser Ordnung gehören die Familien der Bienen (Apoidea), der Wespen (Vespidae), der Ameisen (Formicidae) usw. Die meisten dieser Insekten stechen und verfügen über ein gut entwickeltes System zur Produktion und Injektion von Gift in den Körper eines Opfers (Abb. 1).

Anatomisch ist der Stechapparat von Bienen und Wespen am besten untersucht. Der Stachel der Bienen ist ein modifizierter Legestachel, der nur weiblichen Individuen vorbehalten ist. Nur die Königin und die Arbeitsbienen besitzen also einen Stachel. In der Regel setzt die Königin ihren Stachel nur im Kampf mit anderen Königinnen ein.

Der Stachel befindet sich am Ende des Bienenkörpers, am hintersten Segment des Körpers und besteht aus zwei hohlen, gezackten Nadeln (Stilettos). Mithilfe eines starken Muskels werden die Nadeln in den Körper des Opfers getrieben. Die an ihnen befindlichen Zacken sorgen für eine unidirektionale Bewegung und verhindern ein Zurückziehen (Abb. 2).

Dadurch verbleibt der Stachel der Biene an der Einstichstelle – zumindest bei Wirbeltieren – und lebenswichtige innere Organe werden herausgerissen. Dies führt 1–2 h nach dem Stich zum Tod der Biene. Mit anderen Worten: Die Biene begeht mit ihrem Stich Selbstmord. Die Natur hat es in dieser Hin-

Abb. 1 Honigbiene (links) und Wespe (rechts). (© schnuddel/Getty Images/iStock)

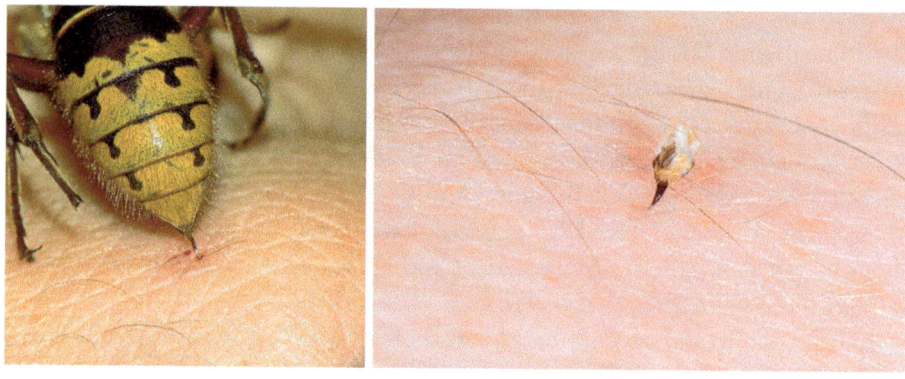

Abb. 2 Stachel einer Wespe und Stachel einer Biene. (links: © ChriSes/Fotolia, rechts: © mirkograul/Stock.adobe.com)

sicht mit Wespen gut gemeint. Ihre Stilettos sind glatt und lassen sich leicht aus dem Gewebe des Opfers herausziehen, sodass eine Wespe wiederholt stechen kann.

An der Basis des Stachels befinden sich eine große und eine kleine Drüse. Die große Drüse produziert das Gift. Das Sekret der kleinen Drüse dient der Aktivierung des von der großen Drüse produzierten Giftes. Die Sekrete der beiden Drüsen sammeln sich in einer pyramidenförmigen Blase, die mit dem Hohlraum des Stachels verbunden ist. Die Menge des giftigen Sekrets hängt vom Alter der Biene ab. Die produktivsten Bienen sind 17–18 Tage alt. Der Stich wird von akuten Schmerzen begleitet. Dieser ist nicht auf den Stich selbst, sondern auf das injizierte Gift zurückzuführen. Nach dem Stich führt der Stachel unter dem Einfluss der mit ihm verbundenen Muskeln weiterhin Bewegungen aus und sinkt dadurch tiefer ein.

Tiere sind unterschiedlich empfindlich gegenüber Bienengift. Am empfindlichsten ist die Biene selbst. Für sie kann der gleichzeitige Stich mehrerer Bienen tödlich sein. Der Mensch ist in der Regel weniger sensibel für Bienengift. Außerdem kann es für ihn auch ein Heilmittel sein. Seit der Antike wird Bienengift zur Behandlung von Rheuma, Gicht, Ischias, Arthritis, Myositis usw. eingesetzt.

Was enthalten die Gifte der Hautflügler?

Die Gifte der Hautflügler sind komplexe Gemische aus verschiedenen organischen Verbindungen, Proteinen und Peptiden, die lokale Schmerzen, Entzündungen, Juckreiz, Reizungen und mäßige bis schwere allergische Reaktionen hervorrufen können. Von allen Giften ist das der Honigbiene *Apis mellifera* am besten erforscht. Es ist reich an Enzymen und Peptiden, aber auch an Histamin, Serotonin, Dopamin, Noradrenalin und Polyaminen. Bei den Enzymen sind Phospholipase A2 (verantwortlich für den Abbau von Membranphospholipiden), Hyaluronidase (Abbau der in der interzellulären Matrix enthaltenen Hyaluronsäure), saure Phosphatase (Abspaltung der Phosphatgruppe von organischen Phosphaten) usw. zu nennen. Bekannt bei den Peptiden sind Melittin (lytisches Polypeptid), Apamin (neurotoxisches Peptid) und Mastzell-degranulierendes Peptid (MCD). Bei den Bienengiftenzymen handelt es sich um Proteine mit einer Molekularmasse zwischen 15,0 und 50,0 kDa. Phospholipase A2 (15,0–16,0 kDa) stellt mit etwa 12 % den größten Anteil. Neben der Verursachung von Ödemen wirkt es auch kardiotoxisch, neurotoxisch, myotoxisch, gerinnungshemmend usw. und ist ein starkes Allergen. Phospholipase baut die Phospholipide der Zellmembranen zu Lysophospholipiden und langkettigen Fettsäuren ab, wodurch Poren in der Zellmembran entstehen und so die Zelle zerstört wird. In zahlreichen Studien wurde eine synergistische Reaktion zwischen Phospholipase A2 und Melittin (siehe unten) nachgewiesen. Resultat ist eine Hämolyse (Zerstörung der roten Blutkörperchen). Hyaluronidase ist ein Enzym, das für den Abbau von Hyaluronsäure und Chondroitinsulfat verantwortlich ist,

Substanzen, die im Bindegewebe und im Interzellulargewebe vorkommen. Hyaluronidase macht die Umgebung des stichverletzten Gewebes schwammiger und leichter zugänglich für das Gift. Es wird deshalb auch als „Giftverteilungsfaktor" bezeichnet. Das Molekulargewicht reicht von 30,0–60,0 kDa. Die saure Phosphatase oder Phosphomonoesterase macht etwa 1 % der Trockensubstanz des Bienengifts aus. Sie entfernt Phosphatgruppen aus verschiedenen organischen Substraten und ist bei niedrigen (sauren) pH-Werten aktiv. Weitere Enzyme, die im Bienengift sowie in den Giften anderer Hymenopteren gefunden werden, sind alpha-Glycosidase (0,6 % des Trockengewichts), Lysophospholipase, verschiedene Esterasen, Lipasen usw. Es wird angenommen, dass Lipasen an den Prozessen der Zelllyse (Zerfall einer Zelle) beteiligt sind. Die Gifte von Hautflüglern enthalten auch Proteasen. Man vermutet, dass sie eine moderate Nekrose verursachen. Am besten untersucht ist die für einige schwere allergische Reaktionen verantwortliche Protease der Hummel (*Bombus*). Diese entstehen durch die Interaktion von Mastzellen mit Immunglobulin E (IgE). Es wird eine Kaskade von Mediatoren ausgelöst, darunter Histamin, Leukotriene, plättchenaktivierende Faktoren, Enzyme, Peptide usw., welche eine dauerhafte lokale Entzündung hervorrufen. In seltenen Fällen kann diese Reaktion zu einer kardiorespiratorischen Depression, einem systemischen anaphylaktischen Schock und zum Tod führen. In den meisten Fällen verläuft der Stich von Vertretern der Hymenoptera mild. Im typischen Fall wird er von Schmerzen, lokalen Entzündungen und Juckreiz begleitet, die nach einigen Stunden abklingen.

Wie bereits erwähnt, handelt es sich bei den Giften der Hautflügler um Peptide. Das am besten untersuchte dieser Gifte ist Melittin. Es macht 40–50 % der Trockenmasse des Bienengifts aus. Es weist alkalische Eigenschaften auf und scheint der Hauptbestandteil zu sein, der lokale Schmerzen verursacht. Melittin besteht aus 26 Aminosäuren mit amphipathischen (polaren und unpolaren) Eigenschaften, die es ihm ermöglichen, mit Phospholipiden zu interagieren und so die Permeabilität von Zellmembranen zu erhöhen. Man nimmt an, dass seine tetraedrische Struktur ionophorische Eigenschaften besitzt, die für die anhaltende Depolarisierung der Neuronen der Haut verantwortlich ist und auf die der Stichschmerz zurückgeführt wird. Melittin löst außerdem bei vielen Zelltypen eine Lyse aus, die mit der Freisetzung von zellulären Enzymen und anderen biologisch aktiven Substanzen in den Zellzwischenraum einhergeht. Melittin kann weiterhin eine Erweiterung oder Verengung der Blutgefäße bewirken und so die Herz- und Skelettmuskulatur beeinflussen.

Ein weiteres Peptid im Bienengift ist Apamin. Es macht etwa 2 % der Trockenmasse des Giftes aus, besteht aus 18 Aminosäureresten (2,0 kDa) und hat neurotoxische Wirkungen. Apamin verursacht bei kleinen Säugetieren

Krämpfe, hat aber keine ernsthaften Auswirkungen auf den Menschen. Wie andere Neurotoxine bindet auch Apamin an Rezeptoren an der postsynaptischen Membran und hemmt oder hyperaktiviert so alpha-adrenerge, cholinerge und purinerge Rezeptoren. Diese Wirkungen stehen im Zusammenhang mit der Blockierung postsynaptischer Ionenkanäle, die eine wichtige Rolle für die Effizienz sich wiederholender Aktivitäten in Neuronen sowohl bei Wirbeltieren als auch bei Wirbellosen spielen.

Das Mastzell-degranulierende Peptid (MCD) ist ebenfalls im Bienengift enthalten und ähnelt in seiner chemischen Struktur Apamin. Es besteht aus 22 Aminosäureresten, macht 2 % der Trockensubstanz des Giftes aus und ist wahrscheinlich der Hauptfaktor, der die massive Freisetzung von Histamin nach einem Stich verursacht. Es wird vermutet, dass es wie Apamin an spezifische Membranrezeptoren bindet.

Im Gegensatz zu den Giften von Bienen und Wespen ist das Gift von Ameisen deutlich weniger erforscht. Das der Ameisen der Unterfamilien Myrmicinae, Ponerinae und Formicinae ist am besten bekannt. Ihr Gift enthält organische Säuren, Histamin, Hyaluronidase, chininähnliche Substanzen usw. In einigen Fällen, wie z. B. im Gift der Formicinae, können auch Neurotoxine enthalten sein.

Großer Bombardierkäfer

Kaum ein volkstümlicher Name passt so gut zu einem Tier wie der des Bombardierkäfers (*Brachinus crepitans*). Er kann im wahrsten Sinne des Wortes Schüsse abgeben, indem er über eine Entfernung von 25–30 cm ein heißes Gasgemisch mit einer Temperatur von über 100 °C ausstößt. In seiner Wirkung ähnelt seine chemische Waffe einem Flammenwerfer. Dieser Käfer ist in der Lage, bis zu 70 aufeinander folgende Schüsse mit einer Geschwindigkeit von 500 Schüssen pro Sekunde abzugeben. Wie sieht der Bombenkäfer aus und wie funktioniert seine Waffe?

Es sind etwa 500 Arten von Bombardierkäfern bekannt, die zur Gattung *Brachinus* (Familie Carabidae) gehören und hauptsächlich in warmen Ländern leben. Einige Arten wie *Brachinus crepitans* (Abb. 1), *Brachinus explodens* und *Brachinus psophia* sind auch bei uns zu finden.

Die ersten Berichte darüber, dass einige Käfer der Gattung *Brachinus* ein Gasgemisch ausstoßen, wenn sie gestört werden, stammen aus dem Jahr 1778. Pastor Wilhelm beschrieb 1796 das Verhalten eines solchen Käfers. Seine Schüsse ähnelten einem Pistolenschuss und die Luft roch nach dem Schuss leicht nach Staub. Im Jahr 1808 beschreibt Dr. L. Dufault, ein Arzt in Napoleons Armee, dass auf dem Marsch durch die Pyrenäen nach Spanien auf der Haut der Soldaten manchmal gelb-braune Flecken unbekannter Herkunft erschienen. Nach sorgfältiger Beobachtung stellte er fest, dass die Flecken, die einer Verbrennung mit Gas ähnelten, auf das Einwirken einer bestimmten Käferart zurückzuführen sind. Im Jahr 1899 wurde festgestellt, dass das Gasgemisch eine Temperatur von über 100 °C aufwies.

Abb. 1 Bombardierkäfer (*Brachinus crepitans*) (Udo Schmidt, CC BY-SA 2.0, Wikimedia Commons)

Heute weiß man, dass die chemische Waffe der Bombardierkäfer auf zwei chemischen Reaktionen beruht, katalysiert durch zwei verschiedene Enzyme. Die erste besteht in der Zersetzung von hoch konzentriertem Wasserstoffperoxid (H_2O_2) zu Sauerstoff und Wasser unter der Einwirkung des Enzyms Katalase. Die zweite besteht in der Oxidation von Hydrochinon und Methylhydrochinon zu 1,4-Benzochinon und 1,4-Methylbenzochinon durch den aus dem Wasserstoffperoxid freigesetzten Sauerstoff. Die zweite Reaktion ist stark exotherm und geht mit der Freisetzung einer großen Wärmemenge einher, die ausreicht, um das Reaktionsgemisch auf eine Temperatur von über 100 °C zu erhitzen und über eine Entfernung von 25–30 cm auszustoßen.

Wie ist der „Flammenwerfer" des Bombardierkäfers aufgebaut? Er befindet sich an seinem Hinterteil und ähnelt einer Rakete, aus deren Düse ein heißes Gasgemisch austritt (Abb. 2). Wie aus der Abbildung ersichtlich, hat die „Sprengkammer" einen dicken äußeren Chitinmantel, der sowohl Hitzeschutz ist als auch Garant für die mechanische Festigkeit. Die Kammer ist mit zwei „Tanks" für Wasserstoffperoxid und Hydrochinon verbunden, die von speziellen Drüsen produziert werden. Die Konzentration des Wasserstoffperoxids im Tank erreicht bis zu 25 %, was für Chemiker ein wahres Wunder ist. Sie wissen, dass H_2O_2 schwer zu konzentrieren und zu lagern ist. Da die maximal mögliche Konzentration 40 % (Perhydrol) beträgt, wird angenommen, dass der Tank Stabilisatoren enthält, deren chemische Natur unbekannt ist. Bekannt ist nur, dass der Tank durch ein Ventil verschlossen wird. Mit einem Muskel ausgestattet, wird das Ventil bei Gefahr geöffnet, um die Reaktanten in der „Explosionskammer" zu mischen. Gleichzeitig werden mikroskopisch kleine Drüsen aktiviert, die die Enzyme Katalase und Peroxidase produzieren. Deren Vermischung mit dem Reaktionsgemisch führt zu dem oben beschriebenen explosiven Verlauf der Reaktion, bei dem die Temperatur in wenigen Sekunden auf über 100 °C ansteigt. Dies wiederum führt zu einem starken Druckanstieg und zum spontanen Ausstoß des heißen Gasgemisches.

Die Temperatur des Gasstrahls wurde ursprünglich auf der Grundlage der thermodynamischen Kenntnisse über die ablaufenden chemischen Reaktionen

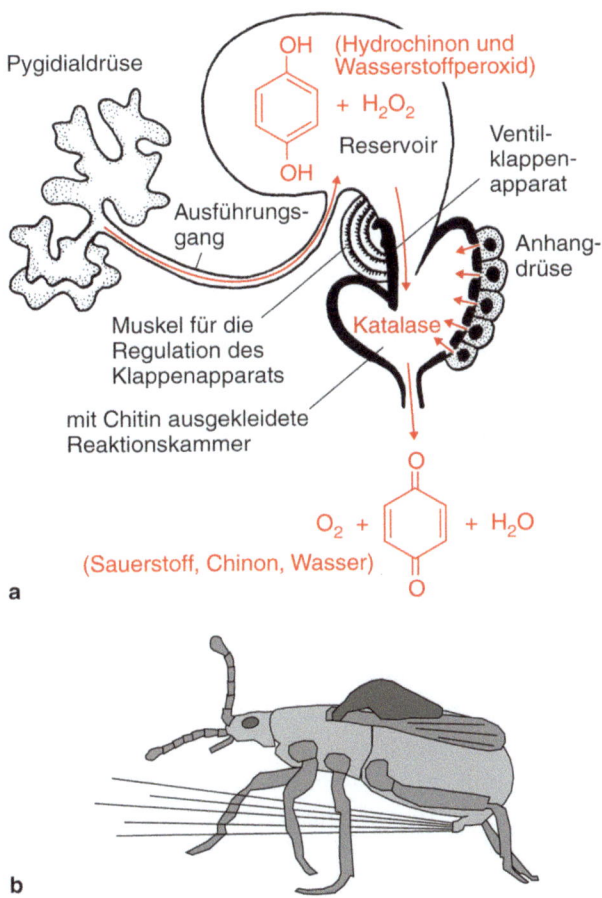

Abb. 2 Vorrichtung und Funktionsweise der Abschussvorrichtung des Bombardierkäfers

berechnet. Die Berechnungen zeigen, dass, wenn sich die gesamte Menge der Reaktanten gemäß den beschriebenen Gleichungen verhält, 1 mg der Reaktionsmischung 0,19 cal (Kalorien) Wärme abgeben, was ausreicht, um 20 % der Reaktionsmischung zu verdampfen und auf 100 °C zu erhitzen. Um dieses theoretische Ergebnis zu überprüfen, konstruierte ein Team amerikanischer Wissenschaftler ein hochempfindliches Mikrokalorimeter zur direkten Messung der Wärme. Es besteht aus einem Zylinder aus dünner Kupferfolie, welcher mit einem empfindlichen Thermoelement und einem Aufzeichnungsgerät verbunden ist. Der Käfer wird mit einem speziellen Haken in den Zylinder hinabgelassen, zu einem Schuss gezwungen und die abgegebene Wärme direkt gemessen. Der experimentell ermittelte Durchschnittswert liegt bei 0,22 cal pro 1 mg, was dem theoretisch berechneten Wert (0,19 cal/mg) nahekommt. Dieselben Autoren haben auch die Temperatur des Gasgemischs mit einem hochempfindlichen Thermoelement und einem Oszilloskop direkt gemessen und einen Wert von etwa 100 °C ermittelt. Bis vor kurzem galten solch hohe Temperaturen als unvereinbar mit lebender Materie und der Nachweis an sich ist schon beeindruckend.

Wie vermeidet der Bombardierkäfer die schädlichen Auswirkungen hoher Temperaturen auf seinen eigenen Organismus? Der dicke Chitinpanzer, der die Innenwand der Sprengkammer auskleidet, hilft ihm dabei. Chitin ist ein guter Wärmeisolator und tauscht nur schwer Wärme mit der Umgebung einschließlich der angrenzenden Weichteile aus. Außerdem steigt die Temperatur des Gasgemischs innerhalb von 1–2 s an. Die kurze Zeit reicht nicht für einen intensiven Wärmeaustausch mit den inneren Körperflüssigkeiten. Fast die gesamte Wärme wird mit den ausgestoßenen Gasen abgeführt. Die Chitinhülle schützt das Innere des Käfers auch vor den toxischen Wirkungen von Wasserstoffperoxid und Chinonen. Andernfalls würde Wasserstoffperoxid Reaktionen in Gang setzen, die Zellmembranen, intrazelluläre Proteine und Nukleinsäuren schädigen könnten. Chinone sind ebenfalls reaktiv und können Proteine, mit denen sie in Berührung kommen, denaturieren.

Die chemische Waffe der Bombardierkäfer ist ein zuverlässiges Mittel zur Verteidigung. Damit vertreiben sie nicht nur kleine Nagetiere, sondern auch größere insektenfressende Tiere und Vögel. Einmal unter den Beschuss des Bombardierkäfers geraten, wird das Tier gestresst und entwickelt einen stabilen konditionierten Reflex für den Rest seines Lebens. Nach einem solchen Vorfall schließt es diese Insekten dauerhaft von seinem Speiseplan aus. Einige kleine Raubtiere werden durch den heißen Gasstrahl sogar blind und müssen verhungern.

Verfügen Säugetiere über chemische Waffen?

Die Natur hat die Säugetiere mit einem höher entwickelten Gehirn ausstattete, gleichzeitig hat sie ihnen chemische Hilfsmittel „vorenthalten". Es ist schwierig, eine annehmbare Erklärung für diese Tatsache zu finden, aber offensichtlich lässt sich ein stärker entwickeltes Nervensystem besser mit starken Zähnen, scharfen Krallen, kräftigen Muskeln und schnellen Füßen kombinieren als mit Giftdrüsen. Es ist jedoch ein Säugetier bekannt, das zu den giftigen Tieren gezählt werden kann. Es handelt sich um das Schnabeltier (Abb. 1). Es hat an den Hinterbeinen einen hohlen Giftstachel, der mit Giftdrüsen verbunden ist. Damit werden einem Räuber Verletzungen zufügt und Gift in den Körper injiziert. Das Gift ist für den Menschen nicht tödlich, aber für kleine Tiere. Chemisch ist das Gift des Schnabeltieres wenig erforscht. Physiologische Studien haben gezeigt, dass es die Blutgerinnung beeinflusst. Es verursacht Gerinnsel, die wichtige Blutgefäße verstopfen können.

Neben dem Schnabeltier sind einige andere Säugetiere bekannt, die chemische Waffen zum Schutz, nicht aber zum Gifteinsatz besitzen. Dabei handelt es sich um Tiere mit gut entwickelten Analdrüsen, die in Notfällen übel riechende Flüssigkeiten produzieren. Der Meistertitel wird hier vom amerikanischen Stinktier gehalten (Abb. 2). Es kann eine übel riechende Flüssigkeit bis zu 3 m (und laut einigen Autoren bis zu 12 m) weit schießen. Der Geruch wird Hunderte von Metern vom Ort des Geschehens entfernt wahrgenommen.

Die beste Vorstellung von den Eigenschaften des Geruchs erhält der Leser durch Gerald Durrells Beschreibung: „Die Hunde standen in respektablem Abstand um etwas im Gras herum versammelt. Wir leuchteten mit Taschenlampen. Dort stand trotzig ein katzengroßes Tier mit einem schwarz-weißen

Abb. 1 Schnabeltier (*Ornithorhynchus anatinus*). (© Vac1/Getty Images/iStock)

Abb. 2 Amerikanischer Streifenskunk (*Mephitis mephitis*). (© Gerald Corsi/Getty Images/iStock)

aufgerichteten Schwanz. Es war ein schwarz-weißes Stinktier. Es beobachtete uns ohne die geringste Spur von Besorgnis und war offensichtlich davon überzeugt, dass es sowohl uns als auch den Hunden überlegen ist. Gelegentlich gab er ein kurzes Knurren von sich und machte zwei oder drei kleine Sprünge in unsere Richtung. Hätten wir uns ihm weiter genähert, hätte er uns den Rücken zugewandt und warnend über die Schulter geschaut. Die Hunde, die sehr wohl wussten, dass das Stinktier sie mit seiner stinkenden Flüssigkeit bespritzen konnte, hielten respektvollen Abstand. Als das Stinktier weiter seine Überlegenheit demonstrierte, konnte einer der Hunde sich nicht mehr zurückhalten. Er stürzte sich darauf und versuchte, es zu beißen. Das Stinktier sprang in die Luft und drehte sich so, dass es mit dem Rücken zum Hund stand. Im nächsten Moment wälzte sich der Hund im Gras, winselte und wischte sich das Gesicht mit den Pfoten ab. Die kalte Nachtluft war mit dem stechendsten und ekelhaftesten Gestank erfüllt, den man sich vorstellen kann. Obwohl wir großen Abstand hatten, zwang uns der Gestank, noch weiter zurückzutreten. Wir husteten, begannen zu keuchen und uns liefen die Tränen aus den Augen. Es war als hätten wir Ammoniak eingeatmet. Nachdem das Stinktier seine Kraft demonstriert hatte, lief es auf die Hunde zu, sprang zwei- oder dreimal auf sie zu und verjagte sie. Dann tat es dasselbe mit uns. Und wir entfernten uns wie die Hunde. Es wedelte mit seinem schönen Schwanz und trottete mit einem Ausdruck der Zufriedenheit über die Wiese. Wir hatten keine Lust mehr, uns in der Nähe aufzuhalten. Wir riefen die Hunde und setzten unseren Weg fort. Der besprühte Hund stank noch 3 oder 4 Tage lang. Der Geruch wurde allmählich schwächer".

Wie ist die chemische Zusammensetzung des stinkenden Stinktierstrahls? Älteren Angaben zufolge enthält dieser das übel riechende Butylmercaptan und Mercaptan. Diese Stoffe gehören bekanntlich zu den unangenehm riechenden chemischen Verbindungen. Im Jahr 1974 wurde dies jedoch widerlegt. Es wurde gezeigt, dass das Stinktiersekret aus Crotylmercaptan und Crotyldisulfid besteht.

Auch der Vielfraß *Gulo gulo* (Abb. 3) aus der Familie der Mustelidae stößt eine übel riechende Flüssigkeit aus. In seinem Fall dient diese zur Reviermarkierung. Da seine Moschusdrüsen sehr aktiv sind und er ein großes Reservoir besitzt, wird sein Moschus im Bedarfsfall auch als Waffe eingesetzt. Ähnliche Waffe haben auch einige Mitglieder der Skunk-Familie wie der Palawan-Stinkdachs (*Mydaus marchei*) und die Schweinsnasenskunks (*Conepatus*).

Abb. 3 Vielfraß (*Gulo gulo*). (© slowmotiongli/Getty Images/iStock)

Was Tiergifte für die Menschheit leisten können

Einleitung

Über die Jahrtausende hinweg haben Menschen eine tief verwurzelte Faszination für giftige Tiere entwickelt. Sie tauchen in Sagen und Mythen weltweit auf. Sinnbildlich dafür ist zum Beispiel ihre Bedeutung in der ägyptischen Mythologie. Hier spielen Gifttiere eine bedeutende Rolle, insbesondere Schlangen und Skorpione. Sie wurden oft als Symbole für Macht, Schutz oder auch Gefahr betrachtet. Die Kobra, eine giftige Schlange, war ein Symbol der königlichen Autorität und wurde mit der Göttin Wadjet in Verbindung gebracht, die als Beschützerin des Königs galt. Skorpione wurden ebenfalls als Schutzsymbole betrachtet, insbesondere in Bezug auf die Unterwelt und das Jenseits. Sie wurden mit der Göttin Selket assoziiert, die den Toten half, sich vor Gefahren zu schützen und sicher in das Leben nach dem Tod überzugehen. Trotz ihrer gefährlichen Natur wurden diese Gifttiere in der ägyptischen Mythologie oft verehrt und respektiert. In der modernen westlichen Welt hingegen begegnet man Gifttieren jedoch eher mit Furcht und Abscheu.

Obwohl Ängste vor Gifttieren weit verbreitet sind, haben sie in den Medien an Popularität gewonnen und sind sogar als unkonventionelle Haustiere zu finden. Dieser scheinbare Widerspruch zwischen Furcht und Anziehungskraft kann auf die tatsächlichen Gefahren zurückgeführt werden, die einige dieser Tiere, besonders in tropischen Gebieten, für die menschliche Gesundheit darstellen. Schlangenbisse allein fordern jährlich mehrere Hunderttausend Menschenleben. Paradoxerweise bergen die toxischen Cocktails, die von Gifttieren produziert werden, auch segensreiche Eigenschaften. Aufgrund ihrer starken Wirkung auf pathologisch relevante Zielmoleküle eignen sich tierische Toxine als vielversprechende Ausgangsstoffe für die Entwicklung neuer Therapeutika. Bereits existierende Medikamente zur Behandlung von Herz-Kreislauf-Erkrankungen, Schmerzen und Diabetes wurden aus diesen Toxinen abgeleitet. Bemerkenswerterweise wurden bis heute nur wenige der weltweit existierenden Gifttiere detailliert erforscht. In den letzten Jahren hat sich jedoch ein regelrechter globaler Wettlauf entwickelt, angetrieben durch technologische Durchbrüche in Bioinformatik, Biotechnologie und chemischer Analytik. Forschungsgruppen weltweit konkurrieren darum, neue Leitstrukturen aus Tiergiften zu entdecken, die potenziell gegen Krankheiten eingesetzt werden können. Diese Entwicklung signalisiert einen bedeutenden Fortschritt in der Erforschung und Nutzung von Tiergiften für medizinische Zwecke.

Giftige Vielfalt im Tierreich

Gifte sind im Tierreich weit verbreitet und treten in nahezu jeder Tiergruppe auf. Der Anteil giftiger Arten wird auf etwa 15 % geschätzt, und die Entstehung von Giftigkeit ist in verschiedenen Gruppen konvergent verlaufen. Diese Vielfalt erstreckt sich über bekannte giftige Tiergruppen hinaus, einschließlich Seeanemonen, Schnecken, Insekten, und sogar Vögel. Selbst innerhalb der Säugetiere haben einige Arten Gifte entwickelt. Der Plumplori beispielsweise, ein nachtaktiver, baumbewohnender, in Südostasien lebender Primat, verteidigt sich durch den Einsatz von Gift.

Die Vielfalt der giftigen Tiergruppen spiegelt sich auch in der chemischen Komplexität ihrer Gifte wider, die oft Hunderte bis Tausende von Komponenten, sogenannte Toxine, umfassen. Die Gifte werden in zwei Klassen unterteilt, abhängig von der Art und Weise, wie sie angewendet werden. Die erste Klasse umfasst die passiv giftigen Tiere (im englischen als „poisonous" bezeichnet), die entweder ihre Gifte selbst produzieren oder aus der Umwelt anreichern, und deren Toxine bei Berührung oder oraler Aufnahme wirken. Die zweite Klasse sind die aktiv giftigen Tiere (im englischen als „venomous" bezeichnet), die ihre Gifte selbst produzieren und oft ausgeklügelte Injektionssysteme wie Giftzähne oder Stacheln entwickelt haben. Über diese Strukturen können sie ihre Toxine tief in den Körper ihres Gegenübers injizieren.

Die Art und Weise, wie Gifte in beiden Klassen von Tiergiften eingesetzt werden, hat bedeutende Auswirkungen auf die biochemische Zusammensetzung des Giftcocktails. Die Geschwindigkeit, mit der Biomoleküle durch Gewebe migrieren, hängt stark von ihrer Größe ab, wobei kleinere Moleküle eine schnellere Ausbreitung ermöglichen. Passiv giftige Tiere, die ihre Gifte nicht injizieren können, sind daher stark auf die Migration ihrer Toxine durch verschiedene Gewebetypen hin zu ihrem Wirkort angewiesen, was die Effizienz und Funktionalität des Gifts beeinflusst. Aus diesem Grund bestehen die Gifte passiv giftiger Tiere hauptsächlich aus sehr kleinen organischen Molekülen wie Alkaloiden, Polyaminen oder Steroiden. Dank ihrer geringen Größe gelangen diese Toxine schnell an ihren Wirkort und entfalten trotz des Fehlens einer Injektionsstruktur rasch ihre pharmakologische Wirkung. Im Gegensatz dazu können aktiv giftige Tiere ihre Gifte direkt in den Organismus ihres Gegners injizieren. Bei Säugetieren gelangen die injizierten Toxine sehr schnell von der extrazellulären Matrix über das Lymphsystem in den Blutkreislauf und von dort aus zu ihrem Wirkort. In Tieren ohne geschlossenes Herz-Kreislauf-System, hauptsächlich Arthropoden, werden die Toxine direkt in die Hämolymphe injiziert und von dort aus schnell verteilt. Da bei aktiv injizierten Giften die Migration durch Gewebeschichten eine geringere Rolle spielt, ist der Einfluss der Molekülgröße weniger entscheidend. Daher finden sich in aktiv eingesetzten Tiergiften eher Makromoleküle, insbesondere Proteine und Peptide, deren Größe mehrere Größenordnungen über den Komponenten passiver Tiergifte liegt.

Tiergifte erfüllen eine Vielzahl von biologischen Funktionen. Die Gifte passiv giftiger Tiere werden hauptsächlich zur Verteidigung gegen Fressfeinde, Krankheitserreger und Parasiten eingesetzt. Im Gegensatz dazu dienen die Gifte aktiv giftiger Tiere einer deutlich breiteren Palette von Funktionen. Obwohl auch sie zur Abwehr von Fressfeinden eingesetzt werden, liegt ihre bedeutendste Funktion im Beutefang. Fast jede bekannte aktiv giftige Tierart nutzt Gift, um Beute zu erlangen. Es ist gut dokumentiert, dass das jeweilige Beutespektrum einer Art einen entscheidenden evolutionären Antrieb für die Entwicklung und allmähliche Modifikation von Giften darstellt. Neben der Verteidigung und dem Beutefang erfüllen aktiv eingesetzte Tiergifte eine dritte zentrale Funktion in der innerartlichen Konkurrenz, insbesondere in Revierkämpfen oder um sich fortpflanzen zu können. Ein herausragendes Beispiel für diese Kernfunktion ist das männliche Schnabeltier (*Ornithorhynchus anatinus*, siehe auch Abb. 1), das sein schmerzhaft wirkendes Gift einsetzt, um mit anderen Männchen um das Paarungsrecht zu kämpfen. Darüber hinaus erfüllen aktiv eingesetzte Tiergifte auch seltenere Nebenfunktionen, wie etwa die innerartliche Kommunikation, Immunfunktionen oder die Reproduktion.

Abb. 1 Der hochgiftige Rindenskorpion *Tityus serrulatus*. (© PorqueNoStudios/Getty Images/iStock)

Mensch und Gifttier – ein widersprüchliches Verhältnis

Wie bereits erwähnt, ist das Verhältnis zwischen Gifttieren und Menschen eher ambivalent. Auf den ersten Blick stellen Gifttiere mit ihren Toxingemischen ein medizinisches Problem dar. Besonders im globalen Süden, insbesondere in Südostasien und Subsahara-Afrika, sind Schlangenbissvergiftungen ein bedeutendes medizinisches Problem. Jährlich ereignen sich weltweit über 5 Millionen Schlangenbisse, welche zu etwa 2 Millionen Schlangenbissvergiftungen, mindestens 100.000 Todesopfern und einer halben Million dauerhaft körperlich beeinträchtigter Bissopfer führen. Ein Großteil dieser Fälle tritt in den genannten Regionen des globalen Südens auf, insbesondere in abgelegenen und ländlichen Gebieten, wo die medizinische Infrastruktur oft mangelhaft ist und daher nur ein Bruchteil der tatsächlichen Schlangenbisse erfasst wird. Es ist daher anzunehmen, dass eine erhebliche Dunkelziffer von Schlangenbissen weltweit existiert, und tatsächlich könnten mehrere Millionen Menschen von diesem Problem betroffen sein. Als Reaktion darauf hat die Weltgesundheitsorganisation 2017 Schlangenbisse als vernachlässigte Tropenkrankheit der höchsten Kategorie (Priority 1) eingestuft. Es werden erhebliche Bemühungen unternommen, die medizinischen Folgen, welche sich aus Schlangenbissen ergeben, zu bekämpfen und es ist ein wichtiges Strukturziel der Weltgesundheitsorganisation, die Anzahl der Schlangenbissvergiftungen bis ins Jahr 2030 zu halbieren.

Obwohl Schlangen weltweit das relevanteste Gesundheitsrisiko unter den Gifttieren darstellen, können auch andere Gruppen von Bedeutung sein. Das medizinisch bedeutsamste Gifttier nach den Giftschlangen ist sicherlich die Biene. Bienen, sei es in domestizierter oder wilder Form, kommen rund um den Erdball vor und leben oft in engem Kontakt mit dem Menschen. Bienenstiche komme daher sehr häufig vor. Obwohl das schmerzhaft wirkende Gift einer einzelnen Biene per se nicht besonders gefährlich für den Menschen ist, können schwerwiegende Vergiftungen in Fällen von Schwarmangriffen erfolgen, in denen das Opfer Dutzende bis Hunderte Stiche erleiden kann. Solche massiven Attacken sind jedoch eher selten. Es ruht jedoch noch eine andere Gefahr in Bienengiften. Ihre Gifte können in Menschen allergische Reaktionen verursachen, die bis zum anaphylaktischen Schock führen und so durchaus lebensbedrohliche Verläufe einnehmen können. Man schätzt, dass etwa 3 % der Weltbevölkerung auf Bienenstiche allergisch reagieren und so sind mehrere Millionen Menschen potenziell von Bienen gefährdet. In einigen Regionen Nordafrikas, des Nahen Ostens und Mittelamerikas sind außerdem Skorpione ein großes medizinisches Problem. Hier können Zehntausende von Menschen von Skorpionstichen betroffen sein, und insbesondere Kinder und Menschen mit Vorerkrankungen können an den resultierenden Vergiftungen sterben. Die allermeisten dieser medizinisch bedeutsamen Skorpione entstammen einer einzigen Familie, den ursprünglichen Buthidae. Von besonderer Relevanz sind die Gattungen *Androctonus* und *Leiurus* in Nordafrika, *Parabuthus* in Südafrika, *Hottentotta* in Westafrika, dem Mittleren Osten und Teilen Asiens sowie *Tityus* (Abb. 1) und *Centruroides* in Mittel und Südamerika.

Die oft gefürchteten Spinnen spielen global gesehen hingegen kaum eine Rolle, da weniger als 1 % aller Spinnen überhaupt in der Lage sind, Vergiftungen beim Menschen zu verursachen, wie beispielsweise Mitglieder der Gattungen *Latrodectus* (Schwarze Witwen), *Phoneutria* (Wanderspinnen), *Atrax* (australische Trichternetzspinnen) oder *Loxosceles* (Einsiedlerspinnen). Da schwere Vergiftungen durch Spinnen selten auftreten, gibt es weltweit nur wenige Spinnenbisse mit systemischen Folgen, und Todesfälle treten so gut wie nie auf.

Die medizinischen Herausforderungen, die von Gifttieren ausgehen, stehen in starkem Kontrast zum großen Potenzial ihrer menschlichen Nutzung. Besonders in der Biomedizin spielen Gifttiere und ihre Toxine seit etwa 50 Jahren eine bedeutende Rolle. Dies liegt in der molekularen Wirkweise der Toxine begründet, die ihre zerstörerische Wirkung durch präzise Interaktionen mit ausgewählten Zielstrukturen im Körper entfalten. Neurotoxine zum Beispiel interagieren mit chirurgischer Präzision mit spezifischen Ionenkanälen in der Membran von Nervenzellen und beeinflussen so die Reizweiterleitung. Dies kann zu Lähmungen oder Krämpfen führen, abhängig vom Wirkmechanismus des Toxins. Auf der anderen Seite interagieren Blutgifte mit Komponenten des Blutkreislaufsystems, häufig mit der Blutgerinnungskaskade. Dabei wird entweder die Fähigkeit des Blutes zur Gerinnung beeinträchtigt oder die Gerinnungskaskade überstimuliert. Die Folge können unkontrollierte Blutungen ins Gewebe oder die Bildung von Blutgerinnseln sein. Eine Vielzahl tierischer Toxine interagiert mit Zielmolekülen, die an der Entstehung verschiedener Krankheitsbilder beteiligt sind. In der Theorie können diese Toxine gezielt eingesetzt werden, um Krankheitssymptome zu lindern oder zu beseitigen, indem sie die zugrunde liegenden biochemischen Prozesse kontrollieren.

Bis heute wurden bereits einige Wirkstoffe aus Tiergiften isoliert, weiterentwickelt und als Therapeutika zugelassen. Ein herausragendes Beispiel hierfür ist Captopril (Abb. 2), das wahrscheinlich wichtigste tiergiftbasierte Medikament. Captopril hemmt das Angiotensin-konvertierende Enzym (ACE), ein Molekül, das eine entscheidende Rolle bei der Regulation des Blutdrucks spielt. Ursprünglich leitet sich Captopril vom Teprotid ab, einem kleinen Nonapeptid aus dem Gift der brasilianischen Jararaca-Lanzenotter *Bothrops jararaca*. Klinisch manifestiert sich die Wirkung des Teprotids durch einen schnellen Blutdruckabfall, der bis zum Schock führen kann. In den 1970er-Jahren wurde Teprotid schrittweise chemisch modifiziert, vor allem durch Größenreduktion. Anfang der 1980er-Jahre wurde es als Captopril (Abb. 2) patentiert und zugelassen. Captopril ist etwa 80 % kleiner als sein natürliches Vorbild und verteilt sich daher deutlich schneller im Körper, behält aber seine hemmende Wirkung gegen ACE bei. Es wird erfolgreich zur Behandlung von Bluthochdruck und anderen kardiovaskulären Erkrankungen eingesetzt und gilt als der Stammvater der Wirkstoffklasse der ACE-Inhibitoren, einer der wichtigsten Wirkstoffklassen zur Behandlung von Blutdruckproblemen.

Eine weitere bemerkenswerte, aus Tiergiften gewonnene, Medikation ist Ziconotid, abgeleitet aus dem Gift einer Kegelschnecke der Gattung Conus. Ziconotid ist ein starkes Neurotoxin, das die Aktivität von Ionenkanälen

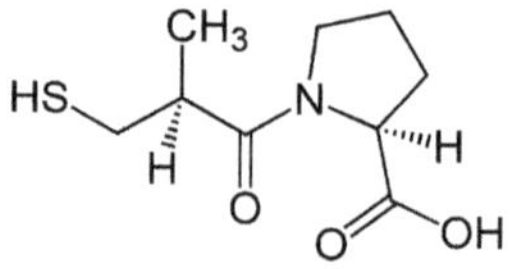

Abb. 2 Strukturformel von Captopril, ein von einem Schlangentoxin abgeleitetes Bluthochdruckmittel

innerhalb der Schmerzsignalkaskade inhibiert und somit Schmerzen lindern kann. Im Vergleich zu Morphium ist es etwa tausendmal stärker, weist jedoch nahezu kein Suchtpotenzial auf. Daher wird Ziconotid als starkes Schmerzmittel eingesetzt. Leider gehen mit der Anwendung von Ziconotid relativ häufig unerwünschte Nebenwirkungen einher. Darüber hinaus befinden sich die Zielmoleküle von Ziconotid im menschlichen Gehirn, jedoch kann das Molekül selbstständig nicht die Blut-Hirn-Schranke überwinden. Aus diesem Grund muss Ziconotid über eine operativ implantierte Pumpe kontinuierlich in den Patienten injiziert werden. Daher ist der medizinische Einsatz von Ziconotid bisher relativ begrenzt und der Wirkstoff wird derzeit nur bei besonders schweren Fällen chronischer Schmerzen verwendet, wie sie beispielsweise bei terminalen Krebspatienten auftreten können. Es wird jedoch intensiv daran gearbeitet, synthetische Formen von Ziconotid zu entwickeln, die eigenständig das Gehirn erreichen können, um die Behandlung von chronischen Schmerzen zu revolutionieren.

Eine dritte bedeutende medizinische Entwicklung aus Tiergiften ist Exenatid, Handelsname Byetta. Dieses kleine Peptid wurde aus dem Gift der Gila-Krustenechse (*Heloderma suspectum*) isoliert. Es weist große Strukturähnlichkeiten mit Glukagon-ähnlichen Peptiden auf, die die Insulinproduktion im menschlichen Körper regulieren. Exenatid und einige seiner Derivate werden bereits seit einiger Zeit erfolgreich zur Behandlung von Typ-II-Diabetes eingesetzt. Angesichts der steigenden Lebenserwartung ist zukünftig mit einer weiteren Zunahme der Anwendung dieser Komponente zu rechnen.

Neben diesen drei ausgewählten Beispielen finden sich noch weitere von Tiergiften abgeleitete Wirkstoffe, wie zum Beispiel Schlangentoxine zur Behandlung von Blutgerinnseln oder des Raucherbeins, Blutegelgift zur Behandlung von Gerinnungsstörungen oder diverse chemisch modifizierte Versionen von Captopril und Exenatid. Auch die Rohgifte an sich finden Anwendung. So ist beispielsweise die Behandlung von Entzündungen durch Bienengift (Apitherapie) aus der Naturmedizin nicht wegzudenken und auch hierfür zugelassen. Ähnlich wird die Blutegeltherapie, die Hirudotherapie, sowohl in der Human- als auch der Veterinärmedizin häufig eingesetzt.

Doch nicht nur in der Behandlung von Krankheiten wurden Tiergifte bislang eingesetzt. Sie spielen auch eine wichtige Rolle in der Grundlagenforschung und helfen, die Funktionsweise von Molekülen im Körper und die Entstehung von Krankheiten zu verstehen. So spielen sie eine bedeutende Rolle bei der Charakterisierung von Rezeptoren, insbesondere von Neurotransmitterrezeptoren und Ionenkanälen. Diese Proteine sind für die Übertragung von Signalen zwischen Nervenzellen und anderen Zellen im Körper verantwortlich und sind daher von entscheidender Bedeutung für zahlreiche physiologische Prozesse. Tiergifte enthalten oft eine Vielzahl von bioaktiven Molekülen, die gezielt an diese Rezeptoren binden und ihre Funktion modulieren können. Durch die Isolierung und Untersuchung dieser Toxine können Forscher wichtige Einblicke in die Struktur und Funktion dieser Rezeptoren gewinnen. Ein häufig verwendetes Verfahren zur Charakterisierung von Rezeptoren mit Tiergiften ist die Patch-Clamp-Technik, die es ermöglicht, die elektrische Aktivität einzelner Zellen zu messen. Tiergifte dienen als Werkzeuge, um die Aktivität spezifischer Rezeptoren zu manipulieren und ihre Rolle in verschiedenen physiologischen Prozessen zu untersuchen. Zum Beispiel können Neurotoxine aus Schlangengiften verwendet werden, um die Funktion von Ionenkanälen im Nervensystem zu untersuchen und deren Beteiligung an Krankheiten wie Epilepsie oder neuropathischen Schmerzen zu verstehen. Darüber hinaus können Tiergifte auch als Strukturbiologie-Werkzeuge dienen, um die dreidimensionale Struktur von Rezeptoren aufzuklären. Einige Toxine binden hochspezifisch an bestimmte Regionen von Rezeptoren und können daher als Sonden verwendet werden, um ihre Bindungsstellen zu identifizieren und die Struktur-Reaktions-Beziehungen zu charakterisieren. Dies ermöglicht es den Forschern, detaillierte Modelle der Rezeptorstruktur zu entwickeln und potenzielle Zielmoleküle für die Entwicklung neuer Medikamente zu identifizieren. Insgesamt spielen Tiergifte eine entscheidende Rolle bei der Erforschung von Rezeptoren und tragen wesentlich zum Verständnis der zellulären Signalübertragung und der Entwicklung neuer pharmakologischer Therapien bei.

Neue Perspektiven mit Tiergiften

Die Erforschung tierischer Toxine für medizinische Anwendungen hat der modernen Medizin bereits mehrere äußerst wirksame Komponenten geliefert, die jährlich Menschenleben retten. Trotz dieses großen Potenzials, das in Tiergiften verborgen liegt, muss jedoch festgestellt werden, dass nur wenige Arten wirklich gründlich untersucht wurden.

Insbesondere die großen Gifttiere, vor allem Reptilien, wurden bisher erforscht. Diese machen jedoch nur einen geringen Teil der globalen Gifttierdiversität aus. Die größte Artenvielfalt findet sich bei den kleinbleibenden Arten, insbesondere aus dem Stamm der Gliederfüßer (Arthropoda), deren Mitglieder hinsichtlich ihrer Gifte bislang nur wenig Aufmerksamkeit erfahren haben. Es liegt daher noch ein enormes Potenzial zur Entdeckung neuer therapeutischer Wirkstoffe in den vielen unerforschten Arten von Gliederfüßern, die weiterhin darauf warten, untersucht zu werden. Darüber hinaus weisen die Gifte dieser kleinen Gifttiere oft eine deutlich höhere chemische Komplexität auf. Das Gift von Spinnen kann über 3000 verschiedene Toxine enthalten, während die Toxindiversität von Schlangengiften im Vergleich dazu deutlich geringer ist. Etwa 20-mal mehr giftige Spinnen als giftige Schlangen existieren außerdem in der Natur. Aus dieser umfangreichen Vielfalt an Arten und Molekülen ergibt sich, dass ein Großteil der aus Tiergiften isolierbaren Komponenten in diesen vernachlässigten Tiergruppen zu finden sein wird. Trotzdem sind die Gifte gerade dieser Arten bisher nahezu unerforscht. Dies wird besonders deutlich bei Spinnen. Schätzungen zufolge könnten etwa 10 Mio. Biomoleküle global in Spinnengiften vorkommen, was etwa der Hälfte aller Toxine im gesamten Tierreich entspricht. Von dieser enormen Vielfalt sind jedoch nur wenig mehr als 2000 beschrieben worden, und weit mehr als 99 % aller Spinnentoxine bleiben bislang unidentifiziert. Auch auf der Ebene der Artenvielfalt spiegelt sich dieses Ungleichgewicht wider. Von den 52.000 Spinnenarten sind nur wenige Hundert hinsichtlich ihrer Gifte erforscht worden. Ähnliche Verhältnisse zwischen unbekannten und bekannten Molekülen, sowie zwischen noch nicht untersuchten und untersuchten Arten, bestehen bei allen kleineren Gifttieren, wie beispielsweise Insekten, Pseudoskorpionen oder auch giftigen Würmern

Die weitreichende Vernachlässigung dieser kleineren Gifttiere ist vor allem auf das methodische Vorgehen der Tiergift-Bioprospektion zurückzuführen. Traditionelle Methoden der Naturstoffforschung werden hier hauptsächlich angewendet, wobei aus Rohgift mittels Flüssigchromatografie die Einzelkomponenten schrittweise isoliert und anschließend einzeln hinsichtlich ihrer Funktion und Struktur untersucht werden. Dieser Ansatz ist äußerst zeitaufwendig und mit hohen Kosten verbunden, aber vor allem ist er sehr probenintensiv. Für eine einzige chromatografische Aufreinigung mit nachfolgenden Funktionstests der Komponenten können mehrere Milligramm Rohgift erforderlich sein. Solche Mengen können problemlos von großen Gifttieren gewonnen werden, jedoch müssen für kleinere Arten unter Umständen Hunderte bis Tausende Tiere beprobt werden. Oftmals scheitern Giftprobenahmen bereits rein physisch aufgrund der geringen Körpergröße. Aus diesen Gründen wurden kleine Gifttiere in der Vergangenheit nur selten untersucht, und ihr enormes Potenzial für die Bioprospektion bleibt größtenteils unberührt. Eine bemerkenswerte Errungenschaft der jüngeren Vergangenheit liegt in der Entwicklung neuer Methoden der chemischen Analytik, insbesondere der Massenspektrometrie, die eine äußerst präzise Detektion selbst kleinster Probenmengen ermöglichen. Mit dem Anstieg der Rechenkapazitäten und den Fortschritten in der Bioinformatik können diese hochpräzisen Methoden nun im Hochdurchsatz angewendet werden. Diese Ansätze aus der Proteomforschung haben die moderne Tiergiftforschung revolutioniert und ermöglichen es nun, die Gifte der meisten Arten zu entschlüsseln. Ebenso haben sich Sequenziertechnologien zu wichtigen Säulen der Tiergiftforschung entwickelt. In Fällen, in denen die Entnahme von Gift aufgrund der Größe scheitert, können die Giftdrüsen der Tiere operativ entfernt und die darin enthaltenen mRNA sequenziert werden. Das resultierende Transkriptom (die Gesamtheit aller mRNA) ermöglicht es dann, am Computer die Giftzusammensetzung einer Art vorherzusagen. Weitere wichtige analytische Neuerungen umfassen Techniken der Metabolomforschung, die die Analyse von Sekundärmetaboliten und kleinen organischen Verbindungen beinhalten, sowie die Vorhersage von Giftkomponenten aus ganzen Genomen. Die Verwendung von massenspektrometrischen Imaging-Technologien zur Bestimmung der Verteilung von Giftkomponenten innerhalb der Giftdrüsen ermöglicht es zudem, die Modulation und Reifung von Giften in den jeweiligen Arten zu erforschen.

Obwohl die oben genannten analytischen Techniken äußerst effektive Lösungen zur Entschlüsselung von Giftzusammensetzungen bieten, reichen sie allein nicht aus, um neue Wirkstoffe zu generieren, da sie keine Bioaktivitätsdaten liefern können. Um dieses Ziel zu erreichen, müssen die einzelnen pharmakologisch interessanten Komponenten im Labor erschlossen werden. Da oft nicht genügend Rohgift verfügbar ist, ist die traditionelle Isolation für diese Arten nicht praktikabel. Aus diesem Grund hat sich die Biotechnologie in letzter Zeit zu einer Schlüsseltechnologie entwickelt. Ausgewählte Komponenten, die zuvor mit den oben genannten Methoden identifiziert wurden, können nun gezielt in Bakterienzellen im Großmaßstab produziert und anschließend getestet werden. Diese neuen Methoden der Tiergiftforschung werden zusammen als ein neuer Forschungszweig betrachtet, der international als „Modern Venomics" bekannt ist. Durch Modern Venomics werden nun theoretisch alle Giftcocktails quer durch das Tierreich für Bioprospektionszwecke erschlossen. Infolgedessen wurden in den letzten Jahren viele bisher unbekannte Gifte identifiziert, darunter vor allem von kleinen Arthropoden wie Insekten oder Spinnentieren, aber auch die Gifte von Seeanemonen, Fischen und Würmern wurden mittels Modern Venomics erschlossen. Mit der Erweiterung des Artenspektrums für die Wirkstoffsuche konnten bereits einige äußerst vielversprechende Wirkstoffkandidaten identifiziert werden.

Eine der vermutlich aussichtsreichsten Komponenten ist Hi1a aus dem Gift der australischen Trichternetzspinne *Hadronyche infensa* (Abb. 3). Hi1a ist ein kleines Peptid, das durch die Präsenz des ICK-Motivs („inhibitor cystine knot") gekennzeichnet ist, welches aus knotenartig quervernetzten Disulfidbrücken besteht. Diese Struktur verleiht der Komponente eine hohe

Abb. 3 Trichternetzspinne *Hadronyche infensa*. (© Bjoern Bartsch/Getty Images/iStock)

Stabilität gegen proteolytischen Abbau. Hi1a bindet an „acid sensing ion channels" (ASIC), eine Rezeptorklasse, die eine bedeutende Rolle im durch Sauerstoffmangel eingeleiteten Zelltod spielt. Im Mausmodell konnte gezeigt werden, dass Hi1a in der Lage ist, die neuronalen Schäden infolge ischämischer Schlaganfälle nahezu vollständig zu lindern, selbst wenn die Komponente mehrere Stunden nach dem Schlaganfall verabreicht wird. Schlaganfälle stellen weltweit eine bedeutende medizinische Herausforderung dar und sind eine der häufigsten Ursachen für Behinderungen und Todesfälle. Sie treten auf, wenn die Blutversorgung zu einem Teil des Gehirns unterbrochen wird, entweder durch eine blockierte oder geplatzte Blutgefäßverbindung. Dies führt zu einem schnellen Verlust der Hirnfunktionen, einschließlich der motorischen Kontrolle, der Sprache und der Wahrnehmung. In Hi1a steckt somit ungeahntes Potenzial in der Bekämpfung einer der wichtigsten medizinischen Komplikationen der Menschheit.

Interessanterweise spielen ASIC auch eine entscheidende Rolle beim Zelltod in explantierten Organen. Ebenfalls im Tiermodell konnte Hi1a eingesetzt werden, um die Viabilität und somit die Transplantierbarkeit explantierter Herzen dramatisch zu erhöhen. Es zeichnet sich daher ab, dass Hi1a und davon abgeleitete Analoga potenziell eingesetzt werden könnten, um einerseits neuronale Einschränkungen nach Schlaganfällen zu bekämpfen und andererseits seltene, für Transplantationszwecke nutzbare Herzen länger haltbar zu machen. Diese potenziellen Anwendungen würden einen revolutionären Fortschritt in der Medizin darstellen.

Zusätzlich zu den bereits diskutierten Anwendungen gegen Schlaganfälle und im Bereich der Herztransplantation zeichnen sich weitere vielversprechende biomedizinische Anwendungen vor allem bei Spinnengiften ab. Im Mausmodell wurde erfolgreich ein Peptid aus Vogelspinnengift zur Linderung des Dravet-Syndroms eingesetzt. Das Dravet-Syndrom ist eine seltene und schwerwiegende Form der Epilepsie, die häufig bereits im Säuglingsalter beginnt. Es wird durch Mutationen im SCN1A-Gen verursacht, das für die Produktion eines wichtigen Proteins in den Nervenzellen des Gehirns kodiert. Menschen mit dem Dravet-Syndrom leiden typischerweise unter schwer zu kontrollierenden Anfällen, die verschiedene Formen annehmen können, einschließlich generalisierter tonisch-klonischer Anfälle, und sogar tödlich verlaufen können. Zusätzlich zu den Anfällen können auch Entwicklungsverzögerungen, Verhaltensprobleme und motorische Beeinträchtigungen Auftreten. Das Dravet-Syndrom ist bislang nicht heilbar. Dies unterstreicht das Potenzial von Tiergiften zur Bekämpfung schwer therapierbarer Krankheiten. Weitere Anwendungen von Tiergiften, insbesondere zur Behandlung von Erkrankungen des zentralen Nervensystems, werden derzeit intensiv untersucht.

Abgesehen von kardiovaskulären und neuronalen Erkrankungen sind auch Anwendungen im Bereich der Antiinfektiva (antimikrobielle, antimykotische und antivirale Komponenten) denkbar. Insbesondere sind viele derartige Komponenten aus dem Gift von Wolfsspinnen bekannt. Kürzlich konnte unser Team eine Reihe von Wolfsspinnentoxinen funktionell untersuchen, die eine Hemmung des Wachstums krankheitserregender Bakterien zeigten. Obwohl noch keine geeigneten Komponenten für die Anwendung beim Menschen identifiziert wurden, deutet diese Arbeit darauf hin, dass die molekulare Vielfalt bei Wolfsspinnen eine vielversprechende Grundlage für die Suche nach neuen antimikrobiellen Wirkstoffen darstellt. Neben Wolfsspinnen wurden auch Ameisengifte untersucht, wobei ein kleines lineares Toxin entdeckt wurde, das vielversprechende Aktivität gegen *Listeria monocytogenes*, einen Erreger von Hirnhautentzündungen bei Neugeborenen, zeigte. Weiterführende Forschungen zu dieser Komponente sind derzeit im Gange. Eine besonders spannende Tiergiftkomponente im Kontext der Suche nach neuen Antiinfektiva sind jedoch die Checacine, eine Toxinfamilie aus dem Pseudoskorpion *Chelifer cancroides*. Das Toxin Checacin 1 zeigt eine hochpotente Wirkung gegen Methicillin-resistenten *Staphylococcus aureus*, einen global bedeutsamen multiresistenten Krankenhauskeim, während seine Aktivität gegen menschliche Zellen gering ist. Es besteht das Bestreben, die Aktivitäten von Checacin 1 weiter zu erforschen und dieses Toxin gegebenenfalls weiterzuentwickeln.

Doch auch jenseits der Medizin könnten Tiergifte der Menschheit zukünftig Gutes tun. Der Einsatz von Spinnengiften in der Landwirtschaft stellt beispielsweise eine vielversprechende Möglichkeit dar, um Schädlinge effektiv und umweltschonend zu bekämpfen. Einige Spinnengifte enthalten Toxine, die spezifisch auf Insekten wirken und für andere Organismen, einschließlich Nutzpflanzen und Wirbeltieren, ungefährlich sind. Durch gezielte Anwendung von Spinnengiften könnten Landwirte Schädlinge wie Blattläuse, Raupen und Käfer kontrollieren, ohne dabei auf schädliche chemische Pestizide zurückgreifen zu müssen. Diese alternative Methode könnte dazu beitragen, die Umweltbelastung durch den Einsatz von Pestiziden zu reduzieren und gleichzeitig die Erträge und die Qualität der landwirtschaftlichen Erzeugnisse zu verbessern. Darüber hinaus können sie die Arbeit in der Landwirtschaft deutlich sicherer machen. Denn Insektizide, auch wenn sie zur Bekämpfung von Schädlingen in der Landwirtschaft unerlässlich sind, bergen potenzielle Gefahren für den Anwender. Viele dieser Chemikalien können giftig sein und bei unsachgemäßer Anwendung oder Exposition ernsthafte Gesundheitsrisiken für den Menschen darstellen. Zu den möglichen Gefahren gehören akute Wirkungen wie Hautreizungen, Atembeschwerden oder Vergiftungen, sowie langfristige Auswirkungen wie chronische Erkrankungen oder sogar Krebs. Im Gegensatz dazu sind die allermeisten Spinnentoxine für den Menschen nur von geringer Toxizität und stellen somit eine deutlich sicherere Alternative im Pflanzenschutz dar.

Eine letzte Anwendungsoption von Tiergiften findet sich in der industriellen Güterproduktion. Hier werden seit Jahrzehnten Enzyme eingesetzt, um eine Vielfalt an Produkten herzustellen. Tiergifte enthalten oft auch hoch wirksame Enzyme mit interessanten Eigenschaften und diese könnten zukünftig eingesetzt werden, um Industrieprodukte auf nachhaltige Weise zu erzeugen.

Fazit

Die Untersuchung und Erforschung von Tiergiften ist zweifellos ein äußerst faszinierendes und vielschichtiges Forschungsgebiet innerhalb der angewandten Zoologie. Diese Faszination ergibt sich aus der bemerkenswerten Dualität dieser Gifte: Sie sind nicht nur Verursacher von Leiden, sondern gleichzeitig auch Quelle für eine Vielzahl segensreicher Moleküle, die potenziell lebensrettende Anwendungen in der Biomedizin haben könnten. Trotz der bisherigen Fortschritte und der Gewinnung einiger hochwertiger Wirkstoffe aus Tiergiften in der Vergangenheit ist es wichtig anzumerken, dass noch ein erheblicher Teil potenziell interessanter Moleküle unentdeckt bleibt, da nur eine begrenzte Anzahl von Tierarten bisher eingehend untersucht wurde. Doch dank der jüngsten Fortschritte in der Forschungsmethodik, insbesondere im Bereich des Modern Venomics, eröffnen sich nun ganz neue

Möglichkeiten, das gesamte Tierreich für die Bioprospektion zu erschließen. Zukünftige Arbeiten werden sich intensiv darauf konzentrieren, diese bislang unentdeckten Gifte zu entschlüsseln und die darin enthaltenen biomolekularen Schätze systematisch zu nutzen. Diese vielversprechenden Entwicklungen könnten dazu führen, dass die potentesten Waffen des Tierreichs letztendlich einen entscheidenden Beitrag nicht nur zur Gestaltung der Medizin, sondern auch zur Weiterentwicklung der Landwirtschaft und der Produktion von Gütern in der Zukunft leisten.

Schlussfolgerungen

Die Kommunikation zwischen lebenden Organismen mittels chemischer Signale begann lange vor dem Erscheinen des Menschen auf der Erde. Die chemische Kommunikation hat die mehrere Millionen Jahre währende Evolution des Lebens auf unserem Planeten begleitet und ist die Grundlage für die dauerhaften ökologischen Verbindungen zwischen den Organismen. Der hochsensible und empfindliche Kanal der chemischen Kommunikation trägt zur Aufrechterhaltung von Gleichgewicht und Harmonie in der Natur bei. Mit dem Auftauchen des Menschen und seiner Etablierung als dominierender biologischer Spezies auf dem Planeten beginnt sich dieses Gleichgewicht zu verändern. Mit dem Beginn der wissenschaftlich-technischen Revolution hat der Mensch angefangen, massiv in das Leben der Biosphäre einzugreifen. In den letzten 100–200 Jahren haben wir Veränderungen auf der Erdoberfläche erlebt, die den größten Umwälzungen über Millionen Jahre entsprechen. Leider hat sich der Sinn der Menschen für Dankbarkeit, Respekt und Verantwortung gegenüber der Natur viel langsamer entwickelt als der technische Fortschritt. Viele Jahre lang hat der Mensch die Natur als einen Gegner betrachtet, mit dem er erbittert und unerbittlich kämpfen muss. Lange Zeit sahen wir in den Errungenschaften des technischen Fortschritts neue Mittel zum Kampf und zur Unterwerfung der Natur. Es hat lange gedauert, bis wir unsere Zugehörigkeit zur Natur und die Tatsache, dass jede gegen die Natur gerichtete Tätigkeit auch eine Tätigkeit gegen den Menschen selbst ist, erkannt haben. Als Folge des unverantwortlichen menschlichen Handelns sind zahlreiche Pflanzen- und Tierarten für immer vom Erdboden verschwunden. Aber der technische Fortschritt ist eine Tatsache und er ist die Grundlage für die rasante soziale Entwicklung des Menschen. Wie jede andere menschliche Errungenschaft hat auch dieser Fortschritt seine guten und schlechten Seiten. Wir wissen, dass ein Stein, der von der Straße genommen und an einen Stock gebunden wird, sowohl ein Instrument der Arbeit als auch eine Waffe der Zerstörung sein kann. In gleicher Weise sind die Errungenschaften des technischen Fortschritts in einer Hinsicht konstruktiv, in einer anderen jedoch destruktiv.

Die rasante Entwicklung der ökologischen Wissenschaft und ihre Popularisierung in den letzten Jahrzehnten hat wichtige Erkenntnisse über die komplexen Zusammenhänge zwischen den Lebewesen auf der Erde einerseits und zwischen ihnen und dem Menschen andererseits hervorgebracht. Auch die Natur hat ein Recht auf Schutz erhalten. Das Gesetz kann aber nur schützen, was objektiv nachgewiesen schutzbedürftig ist. Trotz der Erfolge der ökologischen Wissenschaft ist diese noch nicht in der Lage, langfristig alle Folgen der einen oder anderen menschlichen Aktivität auf die Natur und ihr Gleichgewicht vorherzusehen. Hier ein einfaches Beispiel. Was würde passieren, wenn irgendwo in der Natur ein Feuer ausbricht? Jeder würde antworten: „Das hängt von der Größe und dem Ort des Feuers ab". Der quantitative Schaden eines Brandes wird in Hektar zerstörten Waldes, Tonnen von Heu, Stroh, Öl usw. gemessen. Niemand spricht jedoch über die vernichteten Tiere, die in den betroffenen Gebieten leben, da sie nicht in den Informationsdiensten erfasst werden. Man kann davon ausgehen, dass ihre Zahl nicht sehr groß ist, da viele von ihnen entkommen werden, wenn sich ein Feuer ausbreitet. Genau das Gegenteil aber wurde bei einem großen Brand in Kalifornien beobachtet. Er brach in einer Ölraffinerie aus und vernichtete in kurzer Zeit 120.000 t Öl. Völlig unerwartet machten sich unzählige Schwärme von Prachtkäfern (Buprestidae) der Arten *Melanophila consputa* und *Melanophila atropurpurea auf* den Weg ins Feuer und verbrannten. Diese Käfer leben in Wacholderbeständen. Es stellte sich heraus, dass einige der Bestandteile des Rauchs (es ist nicht genau bekannt, welche) mit ihren Aggregationspheromonen verwandt sind. Interessanterweise war in diesem Fall der nächstgelegene Wacholderwald, aus dem sie stammen könnten, 80 km vom Brandort entfernt.

Heute wird die Schädlichkeit von Industrieabfällen, die in die Umwelt gelangen, hauptsächlich anhand ihrer Toxizität beurteilt. Die chemische Ökologie, die in diesem Buch kurz vorgestellt wird, lehrt uns jedoch, dass die Toxizität keineswegs eine Voraussetzung dafür ist, dass ein Stoff eine schädliche biologische Wirkung hat. Chemische Verbindungen vom Typ der Pheromone, die ihre Wirkung über das Geruchssystem entfalten, sind zwar nicht giftig, können aber dennoch zu gravierenden Veränderungen im Lebenszyklus

Schlussfolgerungen

der ihnen ausgesetzten Organismen führen. Wir haben gesehen, dass der sexuelle Lockstoff für den neuseeländischen Blatthornkäferart *Costelytra zealandica* Phenol ist. Das erscheint uns heute seltsam. Phenol findet sich unter, in und auf der Straße. Phenollösungen werden zur Desinfektion öffentlicher Fahrzeuge und sanitärer Anlagen in öffentlichen Gebäuden verwendet. Phenol ist ein wichtiger Rohstoff für die Herstellung von Kunststoffen, Farben, Lacken, Arzneimitteln, Sprengstoffen usw. Vor dem Zeitalter der großen Chemie war Phenol in der Natur jedoch so einzigartig wie die Atombombe heute. Wir haben also keinen Grund, dem neuseeländischen Käfer vorzuwerfen, dass er Phenol als Sexualpheromon gewählt hat. Er wusste einfach nicht, dass die Zeit kommen wird, in der der Mensch anfangen, tonnenweise Phenol in die Atmosphäre zu leiten und damit männliche Käfer daran hindert, eine Partnerin zu finden. Leider ist Phenol nicht das einzige Pheromon, welches die chemische Industrie als Konkurrenzstoff herstellt. Eng verwandt mit den Pheromonen sind die zahlreichen Stoffe, die von der Öl-, Forst-, Parfüm- und anderen Industrien in die Luft und ins Wasser abgegeben werden. Den Produkteigenschaften zufolge sind diese Abfälle ungiftig und werden daher als nicht schädlich angesehen. Aber berücksichtigt jemand ihre Auswirkungen auf die Fortpflanzungsfähigkeit der Tiere? Die Unterdrückung des Fortpflanzungsprozesses aufgrund der Schwierigkeiten bei der Partnersuche ist für eine Art nicht weniger schädlich als ihre physische Ausrottung. Zahlreiche Detergenzien gelten als ungiftig. Werden sie jedoch in die Flüsse eingeleitet, zerstören sie die Flimmerhärchen des Riechepithels der Fische, was für diese einer Erblindung gleichkommt.

Die Fortschritte bei der Erforschung der chemischen Beziehungen zwischen Tieren zeigen immer deutlicher, dass der Begriff „schädlicher Stoff" nicht mit „giftiger Stoff" gleichgesetzt werden darf. Ein Stoff kann für das Individuum völlig harmlos sein, aber für die Art gefährlich. Dies lehrt uns die chemische Ökologie, die uns in den letzten Jahren wertvolle Erkenntnisse über die komplexen Wechselbeziehungen zwischen den Lebewesen vermittelt hat. Für die kluge Steuerung des technischen Fortschritts und für eine angemessene Lösung des Mensch-Natur-Konflikts unserer Zeit sind diese Erkenntnisse unerlässlich.

Glossar

Allomone Signalstoffe, die zwischen Individuen verschiedener Arten Informationen übertragen. Die Informationen sind dabei ausschließlich für den Sender vorteilhaft.

Angiospermen Bedecktsamer, Blütenpflanzen, größte Klasse der Samenpflanzen, die Samenanlagen sind von einem Fruchtblatt bzw. Fruchtknoten umschlossen und darin geschützt („bedeckt")

Anosmie vollständiger Verlust des Geruchssinns

Antheridien männliches Gametangium (Sexualorgan) bei z. B. Moosen, Farnen, Bärlappgewächsen, bestimmten Algen und Pilzen

Aphrodisiaka Wirkstoffe zur Belebung oder Steigerung der Libido

Arthropoden Gliederfüßer; wirbellose Tiere wie Spinnen, Krebse, Tausendfüßler und Insekten

Autotroph Fähigkeit von Lebewesen, ihre Baustoffe ausschließlich aus anorganischen Stoffen aufzubauen

Bioprospektion Ermittlung des kommerziellen Potenzials biologischer Ressourcen, besonders für medizinische Zwecke

Chemorezeption Physiologischer Vorgang, bei dem chemische Signale aus der Umwelt über entsprechende Rezeptoren in ein Aktionspotenzial umgewandelt werden und für das ZNS zuordenbar werden wie z. B. Geruch oder Geschmack

Chemotaxis Beeinflussung der Fortbewegungsrichtung von Lebewesen oder Zellen durch Konzentrationsgefälle eines Wirkstoffes

Chitin Hornähnlicher Hauptbestandteil der Körperhülle von Krebsen, Insekten, Spinnen und Tausendfüßlern

cis-trans-Isomerie Angabe, ob sich Moleküle dadurch unterscheiden, dass zwei Substituenten sich auf der gleichen Seite einer Referenzebene befinden oder nicht

Chromophoren Farbstoff, in dem anregbare Elektronen vorhanden sind
Dalton, kiloDalton (kDa) Name für die atomare Masseneinheit, exakt gleich 1/12 der Masse des Kohlenstoff-Isotops ^{12}C und entspricht in etwa der Masse eines Wasserstoffatoms
Denaturieren Strukturänderung von z. B. Eiweißstoffen mit einem Verlust der biologischen Funktion, wobei die Primärstruktur unverändert bleibt
DNA Desoxyribonukleinsäure („deoxyribonucleic acid"), trägt die Erbinformation bei allen Lebewesen
Dystrophisch Mangelernährt
Ekkrin nach außen absondernd
Ethologie Wissenschaft vom Verhalten der Tiere und des Menschen
Eukaryoten Lebewesen, deren Zellen über einen Zellkern verfügen
Exokrin siehe auch **ekkrin;** Absonderung an äußere (z. B. Schweiß über die Haut) oder innere Oberflächen (z. B. Speichel in die Mundhöhle, Verdauungsenzyme in den Darm)
extrazellulären Matrix Teil des Gewebes, der zwischen den Zellen liegt und sie geflechtartig umgibt
Gameten zusammenfassender Begriff für Samen- (Pollen) und Eizellen
Gamone Pheromone (siehe dort) der Gameten
Gustatorisch den Geschmackssinn, das Schmecken betreffend
Gymnospermen Samenpflanzen, deren Samen nicht von Fruchtfleisch umgeben sind
Hämolymphe Körperflüssigkeit wirbelloser Tiere ohne geschlossenen Blutkreislauf
Heterotroph Organismus, der seine Nahrung nicht selbst produzieren kann; bezieht Nahrung aus anderen Quellen organischen Kohlenstoffs, pflanzlich oder tierisch
Homo sapiens Vertreter der Gattung Mensch
Hormon Hormone sind chemische Botenstoffe, produziert im Körper zur Regulation wichtiger Körperfunktionen.
Hydrolyse Spaltung chemischer Verbindungen durch eine Reaktion mit Wasser
Hydrophob Stoffe, die nicht oder nur schwer in Wasser löslich sind
in vitro im Reagenzglas durchgeführter wissenschaftlicher Versuch
ionophorisch Molekül, das in der Lage ist, geladene Ionen (Kationen oder Anionen) zu binden
Kairomone Botenstoff zur Informationsübertragung zwischen unterschiedlichen Arten; nützt nur dem aufnehmenden Organismus, dem Empfänger
kDa siehe Dalton
konvergent sich einander annähernd, übereinstimmend
Lipophilie Substanzen mit Neigung, sich mit den Molekülen von Fetten oder Ölen zu verbinden („fettliebend")
Metabolom fasst alle charakteristischen Stoffwechseleigenschaften einer Zelle bzw. eines Gewebes oder eines Organismus zusammen
Mikrobiom Gesamtheit aller Mikroorganismen (z. B. Bakterien oder Viren), die ein Lebewesen besiedeln
mcg/ml Microgramm pro Milliliter

Moschus Moschus, auch Bisam genannt, ist ein stark riechendes Sekret des männlichen Moschustieres

mRNA („messenger ribonucleic acid"), Boten-Ribonukleinsäure; überträgt genetische Information für den Aufbau eines bestimmten Proteins in einer Zelle

Myzel fadenförmige Zellen (Hyphen) von Pilzen, die sich als verzweigendes Pilzgeflecht ausbreiten

Nematode Fadenwürmer, artenreicher Stamm des Tierreichs, mehr als 20.000 Arten bekannt

Neostigmin reversibler Cholinesterasehemmer, hemmt den Abbau von Acetylcholin

Odorologie Lehre vom Geruch, als Zweig der Kriminalistik und Forensik zur Identifizierung von Personen durch ihren individuellen Geruch eingesetzt

Ökologie Wissenschaft von den Wechselbeziehungen zwischen den Lebewesen und ihrer Umwelt

Olfaktorisch den Geruchssinn betreffend

Ontogenetisch Entwicklung eines Einzelwesens bzw. eines einzelnen Organismus

Osmophoren in Riechstoffen vorkommende charakteristische funktionelle Gruppen, oft angenehm riechend

Pheromone abgesonderter Duftstoff, der Stoffwechsel und Verhalten anderer Individuen der gleichen Art beeinflusst

Phylogenetisch stammesgeschichtliche Entwicklung aller Lebewesen und ihrer Verwandtschaftsgruppen

Phytoalexin antimikrobiell wirkende Substanzen, die Pflanze produzieren zur Abwehr von krankmachenden Keimen

Phytonzide von einer Pflanze produzierte, auf Pathogene wachstumshemmend oder letal wirkende Stoffe

Primaten Ordnung, zu der Halbaffen, Affen, Menschenaffen und damit auch Menschen gehören

Riechkolben Bulbus olfactorius, eine Anschwellung an der vorderen Basis des Gehirns

RNA aus Nukleotiden aufgebauter Einzelstrang in jeder Zelle eines Lebewesens, wichtiger Informations- und Funktionsträger in einer Zelle

Saprophytisch heterotrophe Ernährungsweise, bei der totes, organisches Material als Substrat dient

Semiochemikalien Botenstoffe, die der chemischen Kommunikation zwischen den Individuen einer Art oder zwischen verschiedenen Arten dienen.

Speziation die Bildung mehrerer Arten aus einer Art heraus durch die reproduktive Isolation von Teilpopulationen mit unterschiedlichen Genbeständen

Sporen dienen der ungeschlechtlichen Vermehrung, sehr widerstandsfähig und können ihren kompletten Stoffwechsel einstellen

Symbiose Vergesellschaftung von Individuen zweier unterschiedlicher Arten, die für beide Partner vorteilhaft ist

Synomone Signalstoffe, die zwischen Individuen verschiedener Arten Informationen übertragen

Taxonomie Systematik zur Einordnung der Lebewesen in Kategorien

Toxin Gift, das von einem Lebewesen synthetisiert wird

Transkriptom Summe aller zu einem bestimmten Zeitpunkt in einer Zelle transkribierten, das heißt von der DNA in RNA (siehe dort) umgeschriebenen Gene

Trophallaxis zoologische Bezeichnung für die Weitergabe von flüssiger Nahrung vom Mund oder After eines Tier zum anderen

Van-der-Waals-Wirkung Anziehungskräfte zwischen zwei Molekülen, die spontan Dipole entwickeln. Durch die ungleiche Ladungsverteilung ziehen sich die entgegengesetzt geladenen Bereiche der Moleküle an.

Weiterführende Literatur

Abd El-Ghany NM (2019) Semiochemicals for controlling insect pests (Review). J Plant Prot Res 59:1–11. https://doi.org/10.24425/jppr.2019.126036

Achyuthan VS, Sunagar SS (2018) Animal venoms: origin, diversity and evolution. Wiley Online Library. https://doi.org/10.1002/9780470015902.a0000939.pub2

Ada FB, Sunday KI, Ugbong EA (2021) Animal venoms (Book). GSC Biol Pharm Sci 14:047–054. https://doi.org/10.30574/gscbps.2021.14.1.0371

Aldich JR (1995) Chemical communication in the true bugs and parasitoid exploitation. In: Carde RT, Bell WJ (Hrsg) Chemical ecology of insects. Chapman & Hall, New York, S 318–363

Aldrich JR, Oliver JE, Taghizadeh T, Ferreira JTB, Liewehr D (1999) Pheromones and colonization: reassessment of the milkweed bug migration model (Heteroptera: Lygaeidae; Lygaeinae). Chemoecology 9:63–71

Aldrich JR, Khrimian A, Zhang A, Shearer PW (2006) Bug pheromones (Hemiptera, Heteroptera) and tachinid fly host- finding. Denisia 19, zugleich Kataloge der OÖ. Landesmuseen Neue Serie 50:1015–1031

Alidrich JR, Rosi MC, Bin F (1995) Behavioral correlates for minor volatile compounds from stink bugs (Heteroptera: Pentatomidae). J Chem Ecol 21:1907–1920

Arnold G, Le Conte Y, Trouiller J, Hervet H, Chappe B, Masson C (1994) Inhibition of worker honeybee ovaries development by a mixture of fatty acid esters from larvae. C R Acad Sci, Ser 3 Sci vie 317: 511–515

Avitabile AR, Morse RE, Boch R (1975) Swarming honeybees guided by pheromones. Ann Entomol Soc Am 68:1079–1082

Barbier J, Lederer E (1960) Structure chimique de la substance royale de la reine d'abeille (Apis mellifera L.). C R Acad Sci, Ser 3 Sci vie 251:1131–1135

Benelli G, Lucchi D (2021) From insect pheromones to mating disruption: theory and practice. Insects 12:698

Blum MS, Brand JA (1972) Social insect pheromones: their chemistry and function. Am Zool 12:553–576

Breed MD, Stiller TM, Blum MS, Page RE (1992) Honeybee nestmate recognition – effects of queen fecal pheromones. J Chem Ecol 18:1633–1640

Breed MD, Garry MF, Pearce AN, Hibbard BE, Bjostad LB, Page RE (1995) The role of wax comb in honey bee nestmate recognition. Anim Behav 50:489–496

Breed MD, Leger EA, Pearce AN, Wang YJ (1998) Comb wax effects on the ontogeny of honey bee nestmate recognition. Anim Behav 55:13–20

Breed MD, Guzman-Novoa E, Hunt GJ (2004) Defensive behavior of honey bees: organization, genetics, and comparisons with other bees. Annu Rev Entomol 49:271–298

Brillet C, Robinson GE, Bues R, Le Conte Y (2002) Racial differences in division of labor in colonies of the honey bee (Apis mellifera). Ethology 108:115–126

Butler CG, Fairey EM (1963) The role of the queen in preventing oogenesis in worker honey bees. J Apic Res 21:14–18

Butler CG, Callow RK, Johnston NC (1961) The isolation and synthesis of queen substance, 9-oxodec-trans-2-enoic acid, a honeybee pheromone. Proc R Soc Lond B Biol Sci 155:417–432

Carde RT, Backer TC (1984) Sexual communications with pheromones, Chapter 13. In: Bell WJ, Carde RT (Hrsg) Chemical ecology of insects. Springer, S 355–383, ISBN 978- 0-412-23262-2

Chang CC, Lee CY (1963) Isolation of neurotoxins from the venom of bungarus multicinctus and their modes of neuromuscular blocking action. Arch Int Pharmacodyn Ther 144:241–257

Chen X, Gottelieb L, Millar JG (2000) Highly stereoselective syntheses of the sex pheromone components of the southern green stink bug Nezara viridula L. and the green stink bug Acrosternum hilare (SAY). Synthesis 2:269–272

Conte Le Y, Arnold G, Trouiller J, Masson C, Chappe B, Ourisson G (1989) Attraction of the parasitic mite Varroa to the drone larvae of honey bees by simple aliphatic esters. Science 245:638–639

Conte Le Y, Arnold G, Trouiller J, Masson C, Chappe B (1990) Identification of a brood pheromone in honeybees. Naturwissenschaften 77:334–336

Conte Le Y, Sreng L, Trouiller J (1994) The recognition of larvae by worker honeybees. Naturwissenschaften 81:462–465

Conte Le Y, Sreng L, Poitout SH (1995) Brood pheromone can modulate the feeding behavior of Apis mellifera workers (Hymenoptera: Apidae). J Econ Entomol 88:798–804

Conte Le Y, Mohammedi A, Robinson GE (2001) Primer effects of a brood pheromone on honeybee behavioural development. Proc R Soc Lond B Biol Sci 268:163–168

Deisig N, Dupuy F, Anton S, Renou M (2014) Responses to pheromones in a complex odor world: sensory processing and behavior (Review). Insects 5:399–422

Fitzgerald TD, St. Clair AD, Daterman GE, Smith RG (1973) Slow release plastic formulation of the cabbage looper pheromone cis-7-dodecenyl acetate: release rate and biological activity. Environ Entomol 2:607–610

Frisch von K (1967) The dance language and orientation of bees. Harvard University Press, Cambridge, MA

Gary NE (1962) Chemical mating attractants in the queen honey bee. Science 136:773–774

Groot AP, Voogd A (1954) On the ovary development in queenless worker bees (Apis mellifera L.). Experientia 10:384–385

Grozinger CM, Sharabash NM, Whitfield CW, Robinson GE (2003) Pheromone-mediated gene expression in the honey bee brain. Proc Natl Acad Sci USA 100:14519–14525

Haddad V Jr, Amorim PCH, Haddad WT Jr, Cardoso JLC (2015) Venomous and poisonous arthropods: identification, clinical manifestations of envenomation, and treatments used in human injuries. Rev Soc Bras Med Trop 48:650–657

Higo HA, Winston ML, Slessor KN (1992) Mechanisms by which honey bee (Hymenoptera: Apidae) queen pheromone sprays enhance pollination. Ann Entomol Soc Am 88:366–373

Hoover SER, Keeling CI, Winston ML, Slessor KN (2003) The effect of queen pheromones on worker honey bee ovary development. Naturwissenschaften 90:477–480

Huang ZY, Robinson GE (1996) Regulation of honey bee division of labor by colony age demography. Behav Ecol Sociobiol 39:147–158

Hunt GJ, Wood KV, Guzman-Novoa E, Lee HD, Rothwell AP, Bonham CC (2003) Discovery of 3-methyl-2-buten-yl acetate, a new alarm component in the sting apparatus of Africanized honeybees. J Chem Ecol 29:453–463

Jay SC (1968) Factors influencing ovary development of worker honeybees under natural conditions. Can J Zool 46:345–347

Jay SC (1972) Ovarian development of worker honeybees when separated from worker brood by various methods. Can J Zool 50:661–664

John B, Watkins III (2020) Toxic effects of terrestrial animal venoms and poisons. Chapter 26. In: Home books Casarett & Doull's essentials of toxicology (Book), 2. Aufl. McGraw-Hill,

Junghanss T, Bodio M. (2006) Medically important venomous animals: biology, prevention, first aid, and clinical management. Clin Infect Dis 43(10):1309–1317

Junior VH, Neto JBP, Cobo VJ (2006) Venomous mollusks: the risks of human accidents by Conus snails (Gastropoda: Conidae) in Brazil. Rev Soc Bras Med Trop 39:498–500

Kaatz HH, Hildebrandt H, Engels W (1992) Primer effect of queen pheromone on juvenile hormone biosynthesis in adult worker honey bees. J Comp Physiol B 162:588–592

Kainoh Y, Tanaka C, Nakamura S (1999) Odor from herbivoredamaged plant attracts the parasitoid fly Exorista japonica (Diptera: Tachinidae). Appl Entomol Zool 34:463–467

Kalia J, Milescu M, Salvatierra J, Wagner J, Klint JK, King GF, Olivera M, Bosmans F (2015) From foe to friend: using animal toxins to investigate ion channel function. J Mol Biol 427:158–175

Katzav-Gozansky T, Soroker V, Hefetz A, Cojocaru M, Erdmann DH, Francke W (1997) Plasticity of caste-specific Dufour's gland secretion in the honey bee (Apis mellifera L.). Naturwissenschaften 84:238–241

Katzav-Gozansky T, Soroker V, Ionescu A, Robinson GE, Hefetz A (2001a) Task-related chemical analysis of labial gland volatile secretion in worker honeybees (Apis mellifera). J Chem Ecol 27:919–926

Katzav-Gozansky T, Soroker V, Ibarra F, Francke W, Hefetz A (2001b) Dufour's gland secretion of the queen honeybee (Apis mellifera): an egg discriminator pheromone or a queen signal? Behav Ecol Sociobiol 51:76–86

Keeling CI (2001) Isolation and identification of new components of the honey bee (Apis mellifera) queen retinue pheromone. PhD dissertation, Simon Fraser University, Vancouver

Keeling CI, Slessor KN, Higo HA, Winston ML (2003) New components of the honey bee (Apis mellifera L.) queen retinue pheromone. Proc Natl Acad Sci USA 100:4486–4491

Khrimian A (2005) The geometric isomers of methyl-2,4,6- decatrienoate, including pheromones of at least two species of stink bugs. Tetrahedron 61:3651–3657

Kochansky J, Aldrich JR, Lusby WR (1989) Synthesis and pheromonal activity of 6,10,13-trimethyl-1-tetradecanol for the predatory stink bug Stiretrus anchorago (Heteroptera: Pentatomidae). J Chem Ecol 15:1717–1728

Laminna C (1959) The most poisonous poison. Science 130:763–772

Ledoux MN, Winston ML, Higo H, Keeling CI, Slessor KN, Conte LY (2001) Queen pheromonal factors influencing comb construction by simulated honey bee (Apis mellifera L.) swarms. Insect Soc 48:14–20

Leoncini I (2002) Phéromones et régulation sociale chez l'abeille Apis mellifera L.: Identification d'un inhibiteur du développement comportemental des ouvrières. PhD. dissertation, Institut National Agronomique Paris-Grignon, Paris

Leoncini I, Conte Le Y, Costagliola G, Plettner E, Toth AL, Wang M, Huang Z, Bécard J, Crauser D, Slessor KN, Robinson GE (2004) Regulation of behavioral maturation by a primer pheromone produced by adult worker honey bees. Proc Natl Acad Sci USA 101:17559–17564

Martin SJ, Jones GR (2004) Conservation of biosynthetic pheromone pathways in honeybees. Apis Naturwissenschaften 91:232–236

Mata da ÉCG, Mourão CBF, Rangel M, Schwartz EF (2017) Antiviral activity of animal venom peptides and related compounds. J Venom Anim Toxins Incl Tropl Dis 23:3–15

McBrien HL, Millar JG (1999) Phytophagous bugs. In: Hardie J, Minks AK (Hrsg) Pheromones of non-lepidopteran insects associated with agricultural plants. CAB International Publishing, Wallingford, S 277–304

McBrien HL, Millar JG, Gottlieb L, Chen X, Rice RE (2001) Male-produced sex attractant pheromone of the green stink bug Acrosternum hilare (SAY). J Chem Ecol 27:1821–1839

McBrien HL, Millar JG, Rice RE, Mccelfresh JS, Cullen E, Zalom FG (2002) Sex attractant pheromone of the redshouldered stink bug Thyanta pallidovirens: a pheromone blend with multiple redundant components. J Chem Ecol 28:1797–1818

Meier J (2008) Handbook of: clinical toxicology of animal venoms and poisons, 1. Aufl. CRC Press. https://doi.org/10.1201/9780203719442

Michener CD (1969) Comparative social behavior of bees. Annu Rev Entomol 14:299–342

Mohammedi A, Crauser D, Paris A, Conte LY (1996) Effect of a brood pheromone on honeybee hypopharyngeal glands. C R Acad Sci Paris, Sci Vie/Life Sci 319:769–772

Mohammedi A, Paris A, Crauser D, Conte LY (1998) Effect of aliphatic esters on ovary development of queenless bees (Apis mellifera L.). Naturwissenschaften 85:455–458

Naumann K, Winston ML, Slessor KN, Prestwich GD, Webster FX (1991) Production and transmission of honey bee queen (Apis mellifera L.) mandibular gland pheromone. Behav Ecol Sociobiol 29:321–332

Naumann K, Winston ML, Slessor KN (1993) Movement of honey bee (Apis mellifera L.) queen mandibular gland pheromone in populous and unpopulous colonies. J Insect Behav 6:211–223

Pain J (1961) Sur la phéromone des reines d'abeilles et ses effets physiologiques. Ann Abeille 4:73–152

Pankiw T (2004) Cued in: honey bee pheromones as information flow and collective decision-making. Apidologie 35:217–226

Pankiw T, Page RE (2001) Brood pheromone modulates honeybee (Apis mellifera L.) sucrose response thresholds. Behav Ecol Sociobiol 49:206–213

Pankiw T, Huang ZY, Winston ML, Robinson GE (1998) Queen mandibular gland pheromone influences worker honey bee (Apis mellifera L.) foraging ontogeny and juvenile hormone titers. J Insect Physiol 44:685–692

Pankiw T, Winston ML, Fondrk MK, Slessor KN (2000) Selection on worker honeybee responses to queen pheromone (Apis mellifera L.). Naturwissenschaften 87:487–490

Pankiw T, Roman R, Sagili R, Zhu-Salzman K (2004) Pheromone-modulated behavioral suites influence colony growth in the honey bee (Apis mellifera). Naturwissenschaften 91:575–578

Pickett JA, Williams IH, Smith MC, Martin AP (1980) Part I. Chemical characterization. J Chem Ecol 6:425–434

Plettner E, Slessor KN, Winston ML, Oliver JE (1996) Caste-selective pheromone biosynthesis in honeybees. Science 271:1851–1853

Pozio E (1988) Venomous snake bite in Italy: epidermalogy and clinical aspects. Trop Med Parasitol 39:62–66

Rajchard J (2005) Sex pheromones in amphibians: a review. Vet Med Czech 50:385–389

Ratnieks FLW (1995) Evidence for a queen-produced egg-marking pheromone and its use in worker policing in the honey bee. J Apic Res 34:31–37

Ratnieks FLW, Visscher PK (1989) Workers policing in the honeybee. Nature 342:796–797

Regnier FE, Law JH (1968) Insect pheromones (Review). J Lipid Res 9:542–550

Robinson GE (1992) Regulation of division of labor in insect societies. Annu Rev Entomol 37:637–665

Robinson GE, Page RE Jr, Strambi C, Strambi A (1989) Hormonal and genetic control of behavioral integration in honey bee colonies. Science 246:109–112

Robinson GE, Fernald RD, Clayton D (2008) Genes and social behavior. Science 322:896–900

Rong MA, Rangel J, Grozinger CM (2019) Honey bee (Apis mellifera) larval pheromones may regulate gene expression related to foraging task specialization. BMC Genomics 20:592–607

Sabatier JM, Cao Z, Wang JL, McNutt PM, Utkin YN, Kovacic H, Shahbazzadeh D, Wulff H (Hrsg) (2021) Venom, animal and microbial toxins. Frontiers Media SA, Lausanne. https://doi.org/10.3389/978-2-88966-991-2

Seeley TD (1979) Queen substance dispersal by messenger workers in honeybee colonies. Behav Ecol Sociobiol 5:391–415

Slessor KN, Higashi S (Hrsg) (2003) Genes, behaviors and evolution of social insects. Hokkaido University Press, Sapporo, S 55–77

Slessor KN, Kaminski LA, King GGS, Borden JH, Winston ML (1988) Semiochemical basis of the retinue response to queen honey bees. Nature 332:354–356

Slessor KN, Winston ML, Le Conte Y (2005) Pheromone communication in the honeybee (Apis mellifera L.). J Chem Ecol 31:2731–2745

Suranse V, Srikanthan A, Sunagar K (2018) Animal venoms: origin, diversity and evolution (Book). Wiley on line library: https://doi.org/10.1002/9780470015902.a0000939.pub2

Sutherland SK, Tibballs J (2001) Australian animal toxins: the creatures, their toxins and care of the poisoned patient, 2. Aufl. Oxford University Press, Melbourne

Takács Z, Nathan S (2014) Animal venoms in medicine (Book). Semantic Scholars Publication. https://doi.org/10.1016/B978-0-12-386454-3.01241-0. Corpus ID: 81683809

Tomida I (1968) Pheromone and its application to agricultural chemicals. Japan Agricultural Research Quarterly, ISSN 00213551

Utkin YN (2015) Animal venom studies: current benefits and future developments. J Biol Chem 6:28–33

Whitfield CW, Band MR, Bonaldo MF, Kumar CG, Liu L, Pardinas JR, Robertson HM, Soares MB, Robinson GE (2002) Annotated expressed sequence tags and cDNA microarrays for studies of brain and behavior in the honey bee. Genome Res 12:555–566

Wilson EO, Bossert WH (1963) Chemical communication among animals. Recent Prog Horm Res 19:673–716

Winston ML (1987) The biology of the honey bee. Harvard University Press, Cambridge, MA

Winston ML, Higo HA, Colley SJ, Pankiw T, Slessor KN (1991) The role of queen mandibular pheromone and colony congestion in honey bee (Apis mellifera L.) reproductive swarming. J Insect Behav 4:649–660

Wossler TC, Crewe RM (1999a) Honey bee races (Apis mellifera). J Apic Res 38:137–148

Wossler TC, Crewe RM (1999b) The releaser effects of the tergal gland secretion of queen honeybees (Apis mellifera). J Insect Behav 12:343–351

Wyatt TD (2003) Pheromones and animal behavior (Book). Cambridge University Press,

If you have any concerns about our products,
you can contact us on
ProductSafety@springernature.com

In case Publisher is established outside the EU,
the EU authorized representative is:
**Springer Nature Customer Service Center GmbH
Europaplatz 3, 69115 Heidelberg, Germany**

Printed by Libri Plureos GmbH
in Hamburg, Germany